浙江省普通高校“十三五”新形态教材

材料性能与智能制造综合实验教程

主编　喻彩丽
参编　凌　玮　曹丽丽　李　勇

机械工业出版社

本书是为了适应我国卓越工程师教育培养计划和实验教学改革的需要，根据新世纪人才培养模式的新变化，针对中德合作高层次应用型创新人才培养的特点而编写的。本书以训练学生的工程实践及应用能力为出发点，以培养综合及创新思维为目标，力求符合机械工程实验教学改革的基本思路。

本书内容涉及“材料力学性质”“金相分析”“热处理原理与工艺”“材料现代分析技术”“特种加工技术”“智能制造技术与工艺分析”“数字化设计和数字化检测技术”等专业主干课程的实验项目，可满足不同阶段和不同层次的实验教学需要。

本书可作为高等院校机械设计与制造、机械设计及其自动化、机械设计与装备、车辆工程、材料成型及其控制等专业本科生的实验教材，也可作为研究生及其他专业人员的参考书或培训教材。

图书在版编目（CIP）数据

材料性能与智能制造综合实验教程/喻彩丽主编. —北京：机械工业出版社，2021.5（2024.6重印）

ISBN 978-7-111-67470-2

Ⅰ.①材… Ⅱ.①喻… Ⅲ.①工程材料-结构性能-实验-教材②智能制造系统-实验-教材 Ⅳ.①TB303-33②TH166-33

中国版本图书馆CIP数据核字（2021）第020739号

机械工业出版社（北京市百万庄大街22号 邮政编码100037）
策划编辑：刘小慧 责任编辑：刘小慧 章承林
责任校对：刘雅娜 封面设计：张 静
责任印制：刘 媛
涿州市般润文化传播有限公司印刷
2024年6月第1版第4次印刷
184mm×260mm · 11.75印张 · 285千字
标准书号：ISBN 978-7-111-67470-2
定价：38.00元

电话服务	网络服务
客服电话：010-88361066	机 工 官 网：www.cmpbook.com
010-88379833	机 工 官 博：weibo.com/cmp1952
010-68326294	金 书 网：www.golden-book.com
封底无防伪标均为盗版	机工教育服务网：www.cmpedu.com

前　言

社会的发展与科学技术的进步从客观上要求现代工科大学的教育要回归工程、教学要回归实践，而实践是能力形成与提高的重要途径。本书是根据教育部卓越工程师培养要求，并结合高等工科院校培养应用型、创新型工程技术人才的实践教学特点编写而成的。

党的二十大报告中关于“深入实施人才强国战略”、“创新驱动发展战略”的要求，教材编写过程中特别强调课程思政教育，实现数字化赋能大思政。在工程实践教育过程中，着力培养学生的社会责任感，帮助学生树立正确的人生观和价值观。

本教材主要特色和创新点如下：

(1) 培养学生具有家国情怀　本课程所涉及的各种金属材料在国防军工、航天航空、工业生产和日常生活中均具有广泛的应用，与国计民生息息相关。课程的教学内容含有丰富的思政元素，有利于开展本课程的思政建设，在传授专业知识和技能的同时，深入了解国内材料领域科学家的先进事迹，瞄准金属材料性能研究前沿与应用，激发学生科技报国的家国情怀和使命担当。

(2) 增强学生的社会责任感　在不同主题中引入与工程实践相关的实际案例，学习运用新材料测试技术的相关知识分析、解决工程实际问题，激励学生学好课程知识，承担起时代赋予的责任和使命。

(3) 合理安排实验项目与设置实验内容　从材料性能与智能制造实验教学规律和工程实践应用并重入手，基本实验与创新设计性实验构思独特，体系相对完整，内容丰富。既能配合“工程材料与机械制造基础”“材料力学”“机械制造工艺学”等课程的理论教学与实践教学的同步进行，也能单独设为“材料性能与智能制造”实验课教学运行。

(4) 在实验项目的选择上注重工程应用　通过对工程材料各种性能的测试、材料金相组织的分析、热处理工艺路线和机械加工工艺路线的制定，提高对材料学研究的感性认识，强化实践与理论的联系，强化培养学生从基础实践能力过渡到综合设计能力，进一步拓展实践创新和研究的能力。

(5) 引入网络辅助教学　通过扫网址二维码，随时查阅相关实验仪器的使用、实验测试方法、典型案例分析等内容。

本教材由浙江科技学院的老师编写，其中喻彩丽担任主编，各章节编写人员及分工如下：第1章，第2章，第3章，第4章，第5章第5.1节、第5.3节，第6章第6.4节，第7章由喻彩丽编写，第5章第5.2节、第5.4节由曹丽丽编写，第6章第6.1节由凌玮编写，第6章第6.2节、第6.3节由李勇编写。北京信息科技大学的刘国庆教授对本书的编写提出许多宝贵建议，在此表示衷心感谢！

本教材得到浙江省科技厅公益基金重点项目（编号：LGC19E05002）、浙江省普通高校“十三五”新形态教材建设项目的资助。

编　者

目 录

第1章 绪论

1.1 概述

机械工程是一门有着悠久历史的学科，是国家建设和社会发展的支柱学科。该学科既具有广泛而系统的理论知识体系，又具有很强的工程应用背景。随着时代的进步和机械工程学科本身及相关学科的发展，对人才培养也提出了更新、更高的要求，提升工程应用能力和创新能力成为机械学科人才培养的重要任务。研究工程问题，采用的不外乎为教学方法和实验方法，且必须把两者有机地结合起来，才能取得理想的成效。基于这一背景和共识，作为高等学校人才培养重要内容和形式的实践教学也得到足够的重视，并提高到与理论教学等同甚至更高的地位。

实验教学是实践教学的重要内容之一，在理论知识与方法的传授、工程应用与创新能力的培养过程中起着承上启下的关键作用。随着国家对实验教学的重视，各高等院校都相继成立和建设了不同级别的实验教学中心。在建设过程中，加大了对实验教学人、财、物各方面的投入，形成了各具特色的实验教学体系。

本书以“按主题规划实验项目，分层次组织实验教学”为指导思想，将目前分散于各科教学的实验按新的课程体系和功能关系，以学科内在规律为主线重新组合，精选实验内容，改造基础应用性实验，增设综合分析性实验、设计创新性实验和科学研究性实验等；将这些实验课分为基础应用性、综合分析性、设计创新性、科学研究性四种层次不同的类型，注重创新性、综合性、开放性。这种按学科内在规律为主线设置实验的课程体系打破了传统的按课程设置的实验体系，创立了一个按实践、理论、再实践、再理论的规律并把理论与实验有机结合的、系统完整的实验教学体系，以全面培养学生的实验技能、综合分析和发现、解决问题的能力，使学生具有创新精神和实践经验。

在本书的构架上，将“工程材料与机械制造基础”“机械精度设计与测量”“材料力学”“机械制造工艺学”“智能制造技术”等课程的实验整合在一起，以理论课程为主线，并考虑到人才个性化培养的发展方向及需求，设立了不同层次的实验项目，以适应面向不同学科、专业和不同能力的学生的实验教学，使本书具有很好的教学可操作性、适应性和灵活性。

1.2 实验教学目的与要求

实验教学作为高等教育人才培养过程中的一个重要教学环节，在理论知识与方法的传授、工程应用与创新能力的培养过程中起着承上启下的关键作用。特别是对于机械这样一个工程背景和实践性很强的学科，实验教学一方面可使学生增加对理论知识的感性认识，加强对理论知识的理解和掌握，认识理论知识中对应的工程现象，培养其工程意识；另一方面，通过实验可培养学生综合分析和解决问题的能力、动手操作能力及设计创新能力。

1. 实验教学的主要目的

1）加强对理论知识的理解和掌握。

2）认识理论知识中对应的工程现象。

3）了解和掌握工具、仪器、设备的作用、基本原理和使用方法。

4）培养动手操作的能力，培养综合分析和解决实际问题的能力。

5）掌握常用的采集、处理和分析实验数据的方法。

6）培养工程意识、创新意识，锻炼设计创新能力。

2. 对指导教师的要求

1）不全盘灌输，边讲授，边设问，边启发，激发学生积极主动思维。

2）在实验讲授过程中注重理论知识和实验的联系。

3）尽量将实验和工程应用联系起来，培养学生的工程应用意识。

4）重视实验过程中良好思维和操作习惯的培养。

5）注意思维扩展的启发，培养学生的创新意识和创新能力。

3. 对学生的要求

1）认真复习相关理论知识，认真预习实验教学相关内容，完成预习思考题。

2）在教师的讲解和启发过程中，积极主动思考和回答问题。

3）实验过程中学会脑手并用、边做实验边思考。

4）正确使用和爱护实验工具及仪器设备，完成实验后整理复位。

5）保持实验室环境的整洁。

6）按要求独立完成实验报告和实验论文。

1.3 实验课程主要内容

1.3.1 材料性能与智能制造综合实验课程的指导思想

材料性能与智能制造综合实验课程以材料性能测试与智能制造实验方法为主线设置实验课，成绩单独考核和计分。实验课的教学内容满足课程的基础教学，同时更加注重培养学生的创新能力和综合设计能力。将实验分成基础应用性实验、综合分析性实验、设计创新性实验和科学研究性实验，可以根据教学内容进行不同的安排，符合因材施教的原则。

1.3.2 材料性能与智能制造综合实验课程的主要内容

1）实验的基本知识，包括材料性能测试与分析、机械智能制造与工艺等相关技能与装备基本知识，实验数据的误差分析与处理、实验设计方法。

2）基础应用性实验，包括认知实验、基础应用实验等，满足教学的要求，帮助学生理解课程内容。

3）综合分析性实验，包括工程材料及机械制造基础、材料力学、工程力学、机械制造工艺学、先进制造技术与智能装备等相关课程开设的综合性实验，要求学生综合运用所学的知识并按要求完成实验。

4）设计创新性实验，包括现代测试技术、CAD/CAM/CAQ 技术的应用等研究实验，学生根据设计要求独立完成包括实验设备、实验方法、实验途径等方面的设计。

5）科学研究性实验，主要是把教师研发的工程实际项目转化为学生的实验研究项目，紧跟信息时代发展，使学生掌握前沿的科学知识。

1.4 实验教学方法

随着科技和社会的发展，对机械工程人才更加注重个性化培养、工程应用能力和创新能力的培养。为此，在实验方法和手段上也需要进行相应的调整和改革。在实验课程体系和教学内容改革的基础上，积极开展实验教学方法的改革，努力探索和实践将现代化教学方式应用于实验教学中，通过实验教学培养学生实事求是的科学态度和百折不挠的工作作风，以及勇于开拓的创新意识和相互协作的团队精神。

1. 突出机械实验的研究方法，提高学生动手能力

在基础性实验、综合性实验和创新性实验中，力求反映工科特色，努力联系工程、社会和生活实际，在学习知识的同时，努力提高学生的动手能力、分析问题和发现问题的能力，培养学生的科学素养和创新能力。对于基础性与验证性实验，在实验前统一讲授实验理论，介绍仪器设备的操作，并针对相应的理论课内容提出若干相关问题，以帮助学生在实验前充分温习理论课的相关知识，然后分小组进行实验；对于提高性实验，在实验课前进行讲解和启发，并有针对性地提出一些扩展性问题，让学生进行充分的讨论，掌握实验原理、分析实验过程中可能出现的各种问题并提出相应的处理办法，然后进行实验；对于设计与创新性实验，先在网上提供可选课题及实验仪器设备情况，学生再提交实验题目和实验方案，由实验教师进行审核并提出相应的意见，经审核合格后再预约实验时间，实验完成后，学生提交实验分析报告。

2. 开展多媒体教学和网络教学

加强实验教学的信息化和网络化建设，建立实验教学网页，为学生提供大量的信息资源及部分实验课件。对部分实验，从预习、实验操作步骤到实验数据处理的各阶段，引入各种现代化教学手段，学生可在网上预习实验、预约开放实验、选择开放设计性实验等，充分发挥学生的主体作用。

3. 实行开放式实验教学

开放式实验教学是对传统教学方式的改革。为了激发学生学习的积极性和创新精神，培养学生的创新思维能力，开放式实验在锻炼学生独立动手能力、独立观察能力、独立分析能力和表达能力的同时，可使学生得到全面的科学研究的训练，学到科学研究的思维方式和方法。

4. 讨论式互动教学方法

讨论式互动教学方法自始至终贯穿于实验的全过程。首先，实验前，指导教师讲解有关实验要求和实验原理，通过讨论式互动方法，充分调动学生的积极性，使学生更好地理解和掌握实验要求和实验原理；其次，在实验过程中，进行设计方案的讨论，比较不同设计方案的优劣；最后，对实验结果进行讨论，有利于学生对实验结果的分析和比较。

5. 示范设计教学方法

对综合性、设计与创新性实验项目，一般都有由教师设计制作的实验样板，包括已调试好的硬件和软件。实验样板的软硬件设计为学生自主独立设计提供了很好的参考，可使学生更好地理解设计课题的功能及性能指标要求，并在模仿的基础上实现创新，符合认知过程和教学规律。

6. 任务驱动式教学方法

对设计与创新性实验项目，在给定设计任务和要求的情况下，从收集资料、拟定方案、设计与调试到撰写设计报告，主要由学生自行完成，强调学生实验过程的“自主性”。这种面向任务的教学方法可给予学生最大的发挥空间，充分培养学生分析问题与解决问题的能力。

1.5 实验学习方法

通过对材料性能与智能制造实验的学习和实践，学生应学会基本的机械实验方法与实验技术，具备一定的科学实验能力，为培养高素质的复合型人才打下坚实的实践基础。在实验前，学生必须养成良好的预习习惯，必须掌握涉及实验内容的专业理论知识和与实验仪器有关的测试技术，才能顺利、成功地完成实验内容，满足实验要求，达到实验目的。在实验过程中，学生必须按如下学习方法进行实验。

1）观察与分析相结合的方法。在实验观察的同时还要积极地思考与分析，要及时发现实验过程中出现的各种现象，从而有效地获得可靠的实验数据和结果。不管是何种类型的实验，对所观测到的实验现象和获得的实验数据都要进行认真的思考和分析。在实验学习过程中，要善于多问几个为什么，要培养勤于思考、严谨求实的科学作风，培养独立解决实际问题的工程素养。

2）动手与动脑相结合的方法。实验作为实践教学中的一个重要环节，首先是提高学生的实际动手能力，如正确操作实验仪器和设备的能力，与此同时要勤于动脑，如提高对实验数据进行分析的能力，以及提高实验报告的撰写能力等。通过实验，培养学生科学研究的基本素质和能力，培养创新意识、创新思维、创新技法和创新能力。

3）个体与团队相结合的方法。机械制造实验都具有一定的规模和复杂程度，单独一人完成很困难，往往需要多人的协同合作。因此，参与实验的学生必须要有明确的分工与合作，需要每个成员能独立完成部分实验工作，还需要成员之间能相互沟通、交流和配合，这样才能逐步培养团队合作精神。

第2章 材料力学性能测试实验

2.1 材料力学性能测定基础知识

测定材料力学性能的主要设备是材料试验机。常用的材料试验机有拉力试验机、压力试验机、扭转试验机、冲击试验机、疲劳试验机等。能兼作拉伸、压缩、弯曲等多种实验的试验机称为万能材料试验机，或简称万能机。供静力实验用的万能材料试验机有液压式、机械式、电子机械式等类型。下面着重介绍由计算机控制的电子万能材料试验机。

电子万能材料试验机是现代电子测量、控制技术与精密机械传动相结合的新型试验机，它对载荷、变形、位移的测量和控制有较高的精度和灵敏度，与计算机联机还可实现试验进程模式控制、检测和数据处理自动化，并有低载荷循环、变形循环、位移循环等功能。

国产电子万能材料试验机以 WDW 系列为代表，不同厂家生产的主机结构、信号转换元件配置、传动系统、检测控制原理基本相同，只是软件功能和操作系统有一些差异。下面介绍的 WDW-100 型电子万能材料试验机，其软件“WDW”是基于 Windows 操作平台设计的，用户界面呈现与 Windows 风格一致的中文窗口系统，掌握和使用都比较方便。

1. 加载控制系统

图 2-1 所示为 WDW-100 型电子万能材料试验机的外形，图 2-2 所示为其主机结构示意图。在加载控制系统中，由上横梁、四根导向立柱和工作平台组成门式框架。活动横梁把门式框架分成拉、压（或弯）两个试验空间，拉伸夹具安装在活动横梁与工作平台之间，压缩和弯曲辅具则安装在活动横梁与上横梁之间。活动横梁由滚珠丝杠副驱动。根据试验要求，控制系统得到信号后，经调速系统放大，驱动伺服电动机带动传动系统及滚珠丝杠转动，使活动横梁做上升或下降运动，从而实现对试样的加载。

图 2-1 WDW-100 型电子万能材料试验机的外形

2. 测量与显示系统

测量系统包括载荷测量、试样变形测量和活动横梁的位移测量三部分。当试样受力变形时，通过负荷传感器应变式引伸计分别把机械量转变为电压信号，横梁的位移通过随滚珠丝

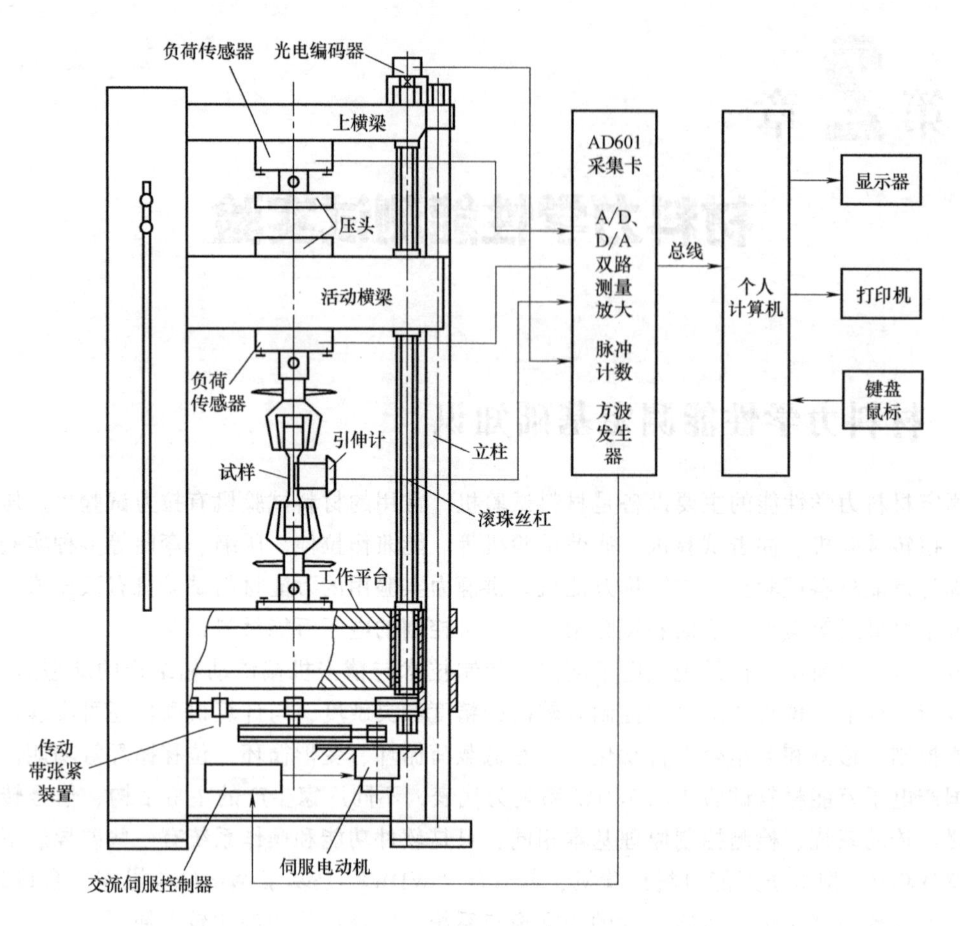

图 2-2 WDW-100 型电子万能材料试验机的主机结构示意图

注：该图取自参考文献 [1]

杠转动的光电编码器输出脉冲信号，三路信号经多功能测量控制卡放大、A/D 转换和标度变换处理后，直接在显示屏上以数字量显示试验力、试样变形和横梁位移，并自动绘出试验力-变形或试验力-位移曲线。

3. 常规静载试验操作规程

各种类型的国产电子万能材料试验机的操作程序基本相同。现以 WDW-100 型电子万能材料试验机为例，介绍其操作规程。

1）根据试样的形状、尺寸及试验目的，更换合适的夹具。

2）开启计算机，双击桌面上的“WEW”图标，在主功能界面上按试验操作按钮，进入试验基本参数界面，选择测量变形方式：用引伸计测量按“引伸计”按钮；位移测量按“位移”按钮，之后按“继续”按钮，程序进入试验操作界面，如图 2-3 所示。

3）接通主机电源，按动主机“启动”按钮，使主机进入工作状态。

4）在试验操作界面上设定试验力，输入试样信息（形状、尺寸），设定曲线图的坐标参数。然后根据试验的最大载荷选择试验力量程，并进行调零。最后把“横梁速度”项置于“200”mm/min 档。

5）安装试样。通过主机右下方的快速升降按钮，调节上夹头到适合安装试样的位置，

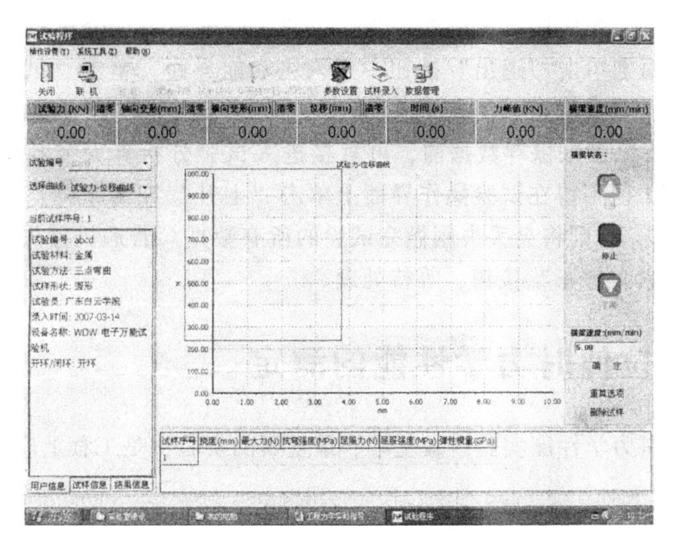

图 2-3　试验机控制系统软件操作界面

依靠转动夹具上的手柄夹紧试样。做压缩试验时，只要把试样置于上、下压头之间即可。试样安装完成后，立即把“速度”项调回到正常试验速度（2~5mm/min）的位置。

6）进行材料弹性模量 E 和屈服强度的测量。在记录试验力-变形曲线时，需在试样上安装引伸计，安装后需进行变形调零。从低放大倍数挡“×1”开始，直到高放大倍数挡“×10”应都能调零，调整方法参考试验力调零。对有明显屈服现象的材料，仅需测量上、下屈服强度及抗拉强度时，无须安装引伸计，直接把位移清零即可开始加载试验。当引伸计测量任务完成后需继续记录曲线，可单击功能按钮条的“引伸计”图形按钮，取下引伸计，则将自动转换为记录试验力-位移曲线，直至试样破坏。

7）加载过程速度的选择和控制。

① 手动操作方式。对金属材料，测量弹性模量 E 时用小于 0.5mm/min 的速度加载；测上屈服强度、下屈服强度、规定塑性延伸强度可用 2~5mm/min 的速度加载；材料进入强化阶段直到破坏，选择 10~20mm/min 的速度加载。

② 自动程序加载。加载过程完全按照设定的程序运行。可以按 GB/T 228.1—2010 关于试验速率的要求分段设置，也可以根据要求进行等速应力、等速变形或等速位移控制。

8）试验结果及曲线的打印。试样断裂后，试验机自动停机，破坏载荷在峰值窗口显示。需打印曲线时，只要把鼠标光标移至曲线图形框，单击鼠标右键就会出现提示，选打印项即可打印出曲线。曲线比例不合适时，可调整曲线坐标参数再打印。

9）自动分析试验结果。单击“分析”按钮，在要求计算的选项中单击左边的方块，如上屈服强度、下屈服强度、抗拉强度等，立即会在右边空框中显示计算结果。求断后伸长率及断面收缩率时，应手工输入 L_o、断后标距长度 L_1 及断后缩颈处的最小直径 d_1。当需在曲线上任一位置寻找载荷和变形（或位移）的关系参数时，应先修改曲线坐标参数并移动鼠标十字光标（只在分析状态时出现）在曲线上单击即可。

10）数据和曲线的存盘。需保留试验结果时，在试验操作界面上单击“保存”按钮。保存时需要输入文件名（中、英文均可），扩展名为“.dat”，以便需要时打开保存的文件，调出保存的结果（包括曲线）。

11）试验结束的关机顺序。关机顺序为：关掉主机电源→在分析状态单击“返回”按钮→在试验操作界面上单击“退出”按钮→进入主功能界面，单击“试验结束”按钮→退回 Windows 桌面后关闭计算机。

注意事项：试样断裂未保存数据前，可直接进入试验分析界面或动用试验机“快速升降”按钮取下试样，但不得在试验操作界面上单击“上升”或“下降”按钮（显示屏会提示要不要保存数据），否则将会丢失刚做完试验的所有数据。若遇机器失控，应立即按下主机右下方的红色“紧急停车”按钮，等待处理。

2.2 低碳钢拉伸时力学性能的测定

拉伸实验是材料力学性能实验中最基本、最重要的实验，是工程上广泛使用的测定力学性能的方法之一。

2.2.1 实验目的

1）学会分析材料的力学性能。

2）测定低碳钢的下屈服强度 R_{eL}、抗拉强度 R_m、断后伸长率 A 和断面收缩率 Z。

3）观察拉伸过程中的各种现象，生成并打印拉伸曲线。

2.2.2 设备及试样

1）电子万能材料试验机。

2）球铰式引伸仪或电子引伸计。

3）游标卡尺。

4）低碳钢拉伸试样，$L_o=10d$，将 L_o 分成 10 等份，用划线机刻画圆周等分线，或用打点机打上等分点。

2.2.3 实验原理及方法

拉伸实验是用拉力拉伸试样，一般拉至断裂，以测定材料的一项或几项力学性能。常温下的拉伸实验是测定材料力学性能的基本实验，可用以测定弹性模量 E 和泊松比 μ，上、下屈服强度 R_{eH}、R_{eL}，抗拉强度 R_m，断后伸长率 A 和断面收缩率 Z 等。这些力学性能指标都是工程设计的重要依据。

1. 弹性模量 E 的测定

弹性模量是应力低于比例极限时应力 σ 与应变 ε 的比值，即

$$E=\frac{\sigma}{\varepsilon}=\frac{FL_o}{S_o\Delta L} \tag{2-1}$$

可见，在比例极限内，对试样施加拉伸载荷 F，并测出标距 L_o 的相应伸长 ΔL 和试样的原始横截面面积 S_o，即可求得弹性模量 E。在弹性变形阶段内试样的变形很小，测量变形需用高放大倍数的机械式引伸仪，例如放大倍数为 2000 倍（分度值为 1/2000mm）的球铰引伸仪，或用数显电子引伸计。

为检查载荷与变形的关系是否符合胡克定律，减少测量误差，试验一般用等增量法加

载，即把载荷分成若干相等的加载等级 ΔF（图 2-4a），然后逐级加载。为保证应力不超出比例极限，加载前先估算出试样的屈服载荷，以屈服载荷的 70%~80%作为测定弹性模量的最高载荷 F_n。此外，为使试验机夹紧试样，消除引伸仪和试验机机构的间隙，以及开始阶段引伸仪刀刃在试样上的可能滑动，对试样应施加一个初始载荷 F_0，F_0 可取为最高载荷的 10%。从 F_0 到 F_n 将载荷分成 n 级，且 n 不小于 5，于是有

$$\Delta F=\frac{F_n-F_0}{n}\qquad (n\geqslant 5) \tag{2-2}$$

例如，低碳钢的下屈服强度 $R_{\mathrm{eL}}=300\mathrm{MPa}$，试样直径 $d=10\mathrm{mm}$，则

$$F_n=\frac{1}{4}\pi d^2\times R_{\mathrm{eL}}\times 80\%\mathrm{N}=18850\mathrm{N}\ （取为 18kN 或 19kN）$$

$$F_0=\frac{1}{4}\pi d^2\times R_{\mathrm{eL}}\times 10\%\mathrm{N}=2356\mathrm{N}\ （取为 3kN 或 4kN）$$

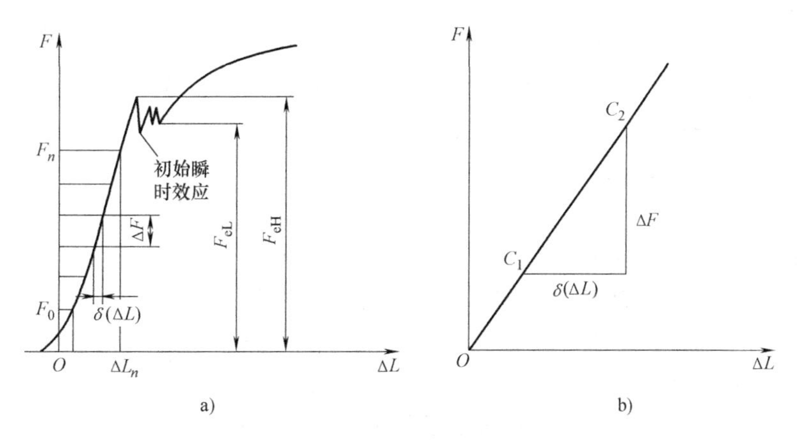

图 2-4　不同钢材的屈服

注：该图取自参考文献［1］

实验时，从 F_0 到 F_n 逐级加载，载荷的每级增量为 ΔF。对应着每个载荷 F_i（$i=1, 2, \cdots, n$），记录下相应的伸长 ΔL_i，ΔL_{i+1} 与 ΔL_1 的差值即为变形增量 $\delta(\Delta L)_i$，是由 ΔF 引起的伸长增量。在逐级加载中，若得到的各级 $\delta(\Delta L)_i$ 基本相等，就表明 ΔL 与 F 呈线性关系，符合胡克定律。完成一次加载过程，将得到 F_i 和 ΔL_i 的一组数据，按线性拟合法求得

$$E=\frac{(\Sigma F_i)^2-n\Sigma F_i^2}{\Sigma F_i\Sigma\Delta L_i-n\Sigma F_i\Delta L_i}\,\frac{L_{\mathrm{o}}}{S_{\mathrm{o}}} \tag{2-3}$$

除用线性拟合法确定弹性模量 E 外，还可用下述弹性模量平均法。对应于每一个 $\delta(\Delta L)_i$，由式（2-1）可以求得相应的 E_i 为

$$E_i=\frac{\Delta F L_{\mathrm{o}}}{S_{\mathrm{o}}\delta(\Delta L)_i}\qquad (i=1, 2, \cdots, n) \tag{2-4}$$

n 个 E_i 的算术平均值

$$E=\frac{1}{n}\Sigma E_i \tag{2-5}$$

如果能精确绘出拉伸曲线，即 $F-\Delta L$ 曲线，也可在弹性直线段上确定两点（如图 2-4b

中的 C_1、C_2），测出 ΔF 和 $\delta(\Delta L)$ 后计算 E。

2. 屈服强度（R_{eH}、R_{eL}）及抗拉强度的 R_m 的测定

上屈服强度是试样发生屈服而力首次下降前的最高应力；下屈服强度是屈服期间不计初始瞬时效应时的最低应力。

测定弹性模量 E 后重新加载，同时记录载荷-变形（或位移）曲线，当到达屈服阶段时，低碳钢的拉伸曲线呈锯齿形（图 2-4a）。与最高载荷 F_{eH} 对应的应力为上屈服强度，它受变形速度和试样形状的影响较大，没有特殊要求一般不测定，也不作为强度指标。屈服期间初始瞬时效应以后的最低载荷 F_{eL}，除以试样的原始横截面面积 S_o，为下屈服强度 R_{eL}（在材料力学中称为屈服极限），即

$$R_{eL}=\frac{F_{eL}}{S_o} \tag{2-6}$$

记录有载荷-伸长变形或载荷-横梁位移曲线的试验机，可在试验结束后，进入“分析”界面读取 F_{eL} 值或直接得到 R_{eL}。若试验机由示力刻度盘和指针指示载荷，则在进入屈服阶段后，示力指针停止前进，并开始倒退，这时应注意指针的波动情况，捕捉初始瞬时效应后指针所指的最低载荷为 F_{eL}。

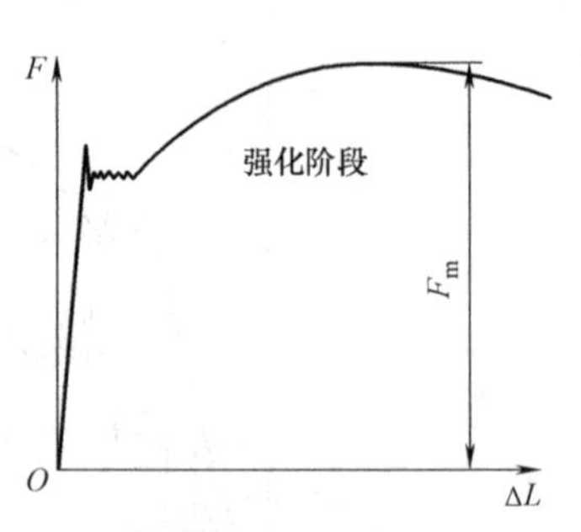

图 2-5 抗拉强度

注：该图取自参考文献［1］

屈服阶段过后，进入强化阶段，试样又恢复了抵抗继续变形的能力（图 2-5）。载荷到达最大值 F_m 时，试样某一局部的截面明显缩小，出现“缩颈”现象。这时示力刻度盘的从动针停留在 F_m 不动（屏显式试验机则显示峰值载荷 F_m），主动针迅速下降，表明载荷迅速下降，直至试样被拉断。以 F_m 除以试样的原始横截面面积 S_o 即得抗拉强度 R_m

$$R_m=\frac{F_m}{S_o} \tag{2-7}$$

3. 断后伸长率 A 及断面收缩率 Z 的测定

试样拉断后，原始标距部分的伸长与原始标距的百分比，称为断后伸长率，用 A 表示。试样的原始标距长为 L_o，拉断后将两段试样紧密地对接在一起，量出拉断后的标距长为 L_u，则断后伸长率为

$$A=\frac{L_u-L_o}{L_o}\times100\% \tag{2-8}$$

断口附近塑性变形最大，因此 L_u 的量取与断口的部位有关。如果断口发生于 L_o 的两端标记处或 L_o 之外，

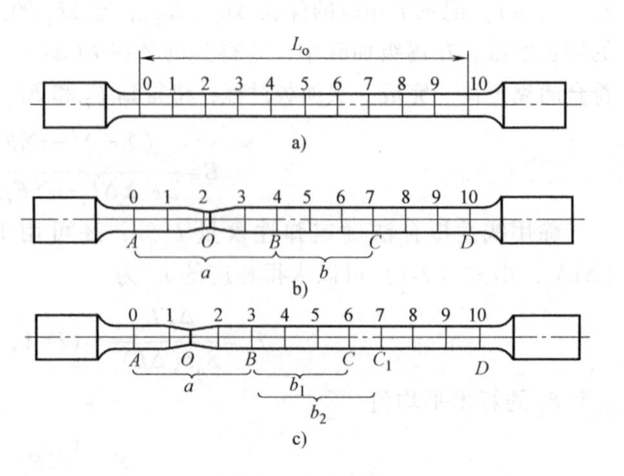

图 2-6 拉伸试样

注：该图取自参考文献［1］

则试验无效，应重做。若断口距 L_o 一端的距离小于或等于 $L_o/3$（图 2-6b、c），则按下述断口移中法测定 L_u。在拉断后的长段上，由断口处取约等于短段的格数得 B 点，若剩余格数为偶数（图 2-6b），取其一半得 C 点设 AB 长为 a，BC 长为 b，则 $L_u=a+2b$。当长段剩余格数为奇数时（图 2-6c），取剩余格数减 1 后的一半得 C 点，加 1 后的一半得 C_1 点。设 AB、BC 和 BC_1 的长度分别为 a、b_1 和 b_2，则 $L_u=a+b_1+b_2$。

断面收缩率 Z 是拉断试样后，缩颈处横截面面积的最大缩减量与原始横截面面积的百分比。设原始横截面面积为 S_o，试样拉断后，缩颈处的最小横截面面积为 S_u，由于断口不是规则的圆形，应在两个互相垂直的方向上量取最小截面的直径，以其平均值 d_u 计算 S_u，然后按式（2-9）计算断面收缩率

$$Z=\frac{S_o-S_u}{S_o}\times 100\% \tag{2-9}$$

2.2.4　实验步骤

1）测量试样尺寸。在标距 L_o 的两端及中部三个位置上，沿两个相互垂直的方向测量试样直径，以其平均值计算各横截面面积。

2）试验机准备。按使用的液压万能试验机、屏显液压万能试验机或电子万能试验机的操作规程进行准备，使机器进入试验状态。

3）安装试样和引伸仪。

4）进行预拉。为检查机器和仪表是否处于正常状态，先把载荷预加到测定弹性模量 E 的最高载荷 F_n，然后卸载到 $0\sim F_0$ 之间。当引伸仪读数不正常时应重新安装。

5）加载。测弹性模量 E 时，先加载至 F_0，记下引伸仪的初读数。加载按等增量法进行，应保持加载的均匀、缓慢，并随时检查载荷与试样变形关系是否符合胡克定律。载荷增加到 F_n 后卸载。测定 E 的试验应重复三次，完成后卸载取下引伸仪。然后以 0.5~1.0kN/s 或 1~5mm/min 的速率加载直至测出 F_{eL}。在此期间应保持加载速率相等。屈服阶段后可增大应变速率，但也不应使两夹头分离速率超过 25mm/min。最后直至将试样拉断，记下最大载荷 F_m。使用电子万能材料试验机做试验时，通过进入“分析”状态读出 F_{eL}。

6）取下试样，将试验机恢复原状。

2.2.5　实验报告

实验报告应以表格的形式表达实验结果；必要时还应附以文字说明，包括实验日期、实验温度和参照执行的标准等。

思考题：

1）材料相同、直径相等的长试样 $L_o=10d$ 和短试样 $L_o=5d$，其断后伸长率 A 是否相同？

2）试样的截面形状和尺寸对测定弹性模量有无影响？

3）测定弹性模量 E 时为何要加初始载荷 F_0 并限制最高载荷？采用分级加载的目的是什么？

4）试评价测定弹性模量 E 的两种方法——线性拟合法和弹性模量平均法。

5）为消除加载偏心的影响应采取什么措施？

6）实验时如何观察低碳钢的屈服现象？测定屈服强度时为何要限制加载速率？

2.3 材料硬度测试

2.3.1 实验目的

1) 学会布氏硬度、洛氏硬度和维氏硬度计的操作方法。

2) 熟悉布氏硬度、洛氏硬度和维氏硬度计的测试原理及应用范围。

3) 分析钢的硬度与碳含量和钢内部组织之间的关系。

2.3.2 实验基本原理

硬度是衡量金属材料软硬程度的一种性能指标，是材料抵抗另一更硬物体压入其表面的能力，其实质是材料表面在接触应力作用下对局部塑性变形的抗力。硬度可以综合反应材料的力学性能（强度、塑性、弹性、耐磨性等），它是材料的主要性能指标之一。由于硬度试验具有试验方法简单、快速，不破坏零件，和其他力学性能存在一定关系等特点，在生产实践和科学研究中得到广泛的应用，并用以检验和评价金属材料的性能。硬度的试验方法很多，基本上可以分为压入法（如布氏硬度、洛氏硬度、维氏硬度等）、刻线法（如莫氏法等）、回跳法（如肖氏法）等几种。

常用的金属硬度试验方法如下：

(1) 布氏硬度　常用于金属原材料和毛坯的硬度检验，也可以用于热处理后半成品的硬度检验。

(2) 洛氏硬度　主要用于热处理后的各类金属产品的硬度检验。

(3) 维氏硬度　大多数用于薄工件或零件表面的硬度测定，以及较精确的硬度测量，其硬度测量范围较宽。

(4) 显微硬度　用于测定金属内部显微组织或相的硬度，也可以对非金属材料进行硬度测定。

2.3.3 布氏硬度试验

1. 范围

GB/T 231.1—2018 中规定了金属布氏硬度试验的原理、符号及说明、试验设备、试样、试验程序、结果的不确定度及试验报告。

本部分适用于固定式布氏硬度计和便携式布氏硬度计。特殊材料或产品的布氏硬度试验，可参考 GB/T 9097—2016《烧结金属材料（不包括硬质合金）表观硬度和显微硬度的测定》和本部分内容。

2. 原理

对一定直径 D 的碳化钨合金球施加试验力 F 并压入试样表面，经规定的保持时间后，卸除试验力，测量试样表面压痕的直径 d，如图 2-7 所示。

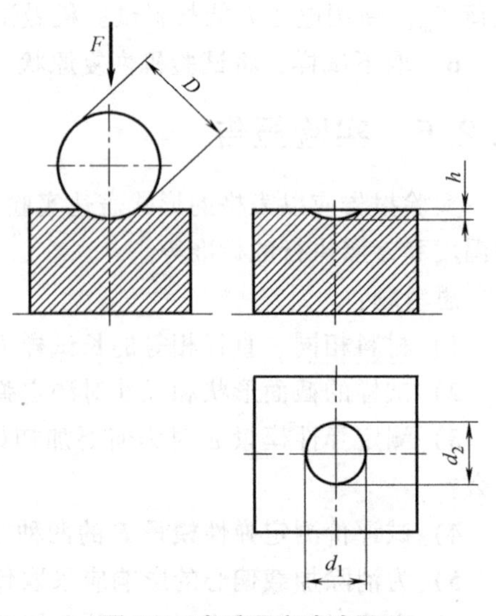

图 2-7　布氏硬度试验原理

布氏硬度与试验力除以压痕表面积的商成正比。压痕被看作是具有一定半径的球形，压痕的表面积通过压痕的平均直径和压头直径按照表 2-1 的公式计算得到。

3. 符号及说明

本试验涉及的符号及说明见表 2-1 和图 2-7。

表 2-1　符号和说明

符　号	说　明	单　位
D	球直径	mm
F	试验力	N
d	压痕平均直径，$d=\frac{d_1+d_2}{2}$	mm
d_1, d_2	在两相互垂直方向测量的压痕直径	mm
h	压痕深度，$h=\frac{D-\sqrt{D^2-d^2}}{2}$	mm
HBW	布氏硬度＝常数×$\frac{试验力}{压痕表面积}$ $\mathrm{HBW}=0.102\frac{2F}{\pi D(D-\sqrt{D^2-d^2})}$	
$0.102\times F/D^2$	试验力-压头直径平方的比率	$\mathrm{N/mm^2}$

注：常数＝$0.102\approx\frac{1}{9.80665}$。式中，9.80665 是从 kgf 到 N 的转换因子，单位为秒每平方米。

2）布氏硬度的表示方法示例：

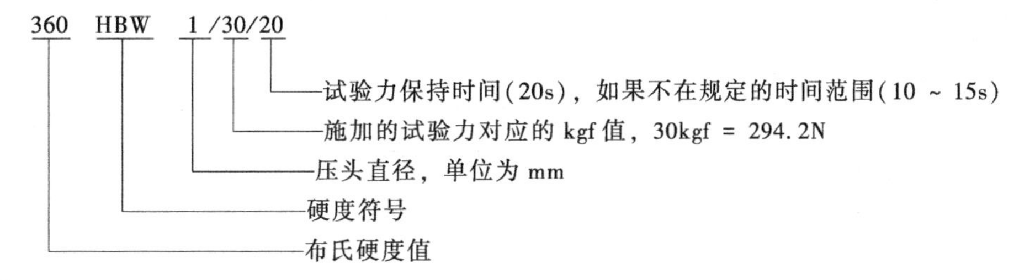

4. 试样

1）试样表面应平坦光滑，不应有氧化皮及外界污染物，尤其不应有油脂。试样表面应能保证压痕直径的精确测量。对于使用较小压头，有可能需要抛光或磨平试样表面。

2）制备试样时，应使过热或冷加工等因素对试样表面性能的影响减至最小。

3）试样厚度至少应为压痕深度的 8 倍。试样最小厚度与压痕平均直径的关系见 GB/T 231.1—2018 中的附录 A。试验后，试样背部若出现可见变形，则表明试样太薄。

5. 试验程序

1）不同条件下的试验力见表 2-2。如果有特殊协议，也可采用其他试验力和力与压头直径平方的比率。

2）试验力的选择应保证压痕直径在 $0.24D\sim0.6D$ 之间。试验力-压头直径平方的比率（$0.102F/D^2$ 比值）应根据材料和硬度值选择，见表 2-3。为了保证在尽可能大的有代表性的试验区域试验，应尽可能地选取大直径的压头。

3）试验应放置在刚性试验台上。试样背面和试验台之间应清洁和无外界污物（氧化皮、油、灰尘等）。将试样牢固地放置在试验台上，以确保试验过程中不发生位移。

4）使压头与试样表面接触，垂直于试验面施加试验力，直至达到规定的试验力值。从加力开始至全部试验力施加完毕的时间应在 7_{-5}^{+1}s 之间。试验力保持时间为 14_{-4}^{+1}s。对于要求试验力保持时间较长的材料，试验力保持时间允许误差在±2s 以内。

表 2-2　不同条件下的试验力

硬度符号	硬质合金球直径 D/mm	试验力-压头直径平方的比率 $0.102\times F/D^2/(N/mm^2)$	试验力的标称值 F/N
HBW 10/3000	10	30	29420
HBW 10/1500	10	15	14710
HBW 10/1000	10	10	9807
HBW 10/500	10	5	4903
HBW 10/250	10	2.5	2452
HBW 10/100	10	1	980.7
HBW 5/750	0	30	7355
HBW 5/250	5	10	2452
HBW 5/125	5	5	1226
HBW 5/62.5	5	2.5	612.9
HBW 5/25	5	1	245.2
HBW 2.5/187.5	2.5	30	1839
HBW 2.5/62.5	2.5	10	612.9
HBW 2.5/31.25	2.5	5	306.5
HBW 2.5/15.625	2.5	2.5	153.2
HBW 2.5/6.25	2.5	1	61.29
HBW 1/30	1	30	294.2
HBW 1/10	1	10	98.07
HBW 1/5	1	5	49.03
HBW 1/2.5	1	2.5	24.52
HBW 1/1	1	1	9.807

表 2-3　不同材料推荐的试验力-压头直径平方的比率

材　料	布氏硬度 HBW	试验力-压头直径平方的比率 $0.102\times F/D^2/(N/mm^2)$
钢、镍基合金、钛合金		30
铸铁[①]	<140	10
	≥140	30
铜和铜合金	<35	5
	35~200	10
	>200	30

（续）

材　料	布氏硬度 HBW	试验力-压头直径平方的比率 $0.102 \times F/D^2/(N/mm^2)$
轻金属及其合金	<35	2.5
	35~80	5
		10
		15
	>80	10
		15
铅、锡		1
烧结金属	依据 GB/T 9097—2016	

① 对于铸铁，压头的名义直径应为 2.5mm、5mm 或 10mm。

5）在整个试验期间，硬度计不应受到影响试验结果的冲击和振动。

6）任一压痕中心距试样边缘距离至少应为压痕平均直径的 2.5 倍；两相邻压痕中心距离至少应为压痕平均直径的 3 倍。

7）压痕直径的光学测量既可采用手动也可采用自动测量系统。光学测量装置的视场应均匀照明，照明条件应与硬度计直接校准、间接校准和日常检查一致。

8）利用表 2-1 中给出的公式计算平面试样的布氏硬度值，将试验结果修约到 3 位有效数字。布氏硬度值可通过 GB/T 231.4—2009 给出的硬度值表直接查得。

6. 结果的不确定度

1）对于完整的不确定度评估依照测量不确定度评定与表示指南 JJF 1059.1—2012 进行。

2）对于硬度试验，与来源类型无关，有以下两种测量不确定度评定方法供选择：

——基于对直接校准中出现的所有相关不确定度分量的评定。

——基于标准硬度块（有证标准物质）进行间接校准。

3）所有识别出的分量对不确定度的贡献不一定总能量化。

7. 试验报告

除非另有规定，试验报告应至少包括以下内容：

1）GB/T 231 的本部分编号。

2）有关试样的详细描述。

3）试验日期。

4）如果试验温度不在 10~35℃之间，应注明试验温度。

5）如果比值不在 0.24~0.60 之间，压痕直径与压头直径的比。

6）按照布氏硬度表达方法示例的格式报告试验结果。

7）当转换成另一硬度标尺的硬度值时，转换标准应注明。

8）不在本部分规定之内的额外要求。

9）影响试验结果的各种细节。

8. 注意事项

1）没有普遍适用的精确方法将布氏硬度值换算成其他硬度或抗拉强度。除非通过对比试验得到相关的换算依据，或产品标准另有规定，否则应避免这些换算。

2）应注意材料的各向异性，例如经过深度冷加工的材料，压痕垂直方向的两个直径可能会有较大的差异。相关的产品技术条件应规定这个差异的极限值。

3）试验一般在 10～35℃ 室温下进行。对温度要求严格的试验，室温应控制在（23±5)℃之内。

布氏硬度试验适用于退火、正火状态的钢铁件、铸铁、有色金属及其合金，特别对较软金属，如铝、铅、锡等更为适宜。由于布氏硬度试验采用较大直径的压头，所得压痕面积较大，因而测得的硬度值反映金属在较大范围内的平均性能。由于压痕较大，所测数据稳定，重复性强。布氏硬度的缺点是对不同的材料需要更换压头和改变试验力，压痕直径测量也较麻烦。同时，由于压痕较大，对成品件不宜采用。

HBRV-187.5 型布洛维硬度计结构如图 2-8 所示。

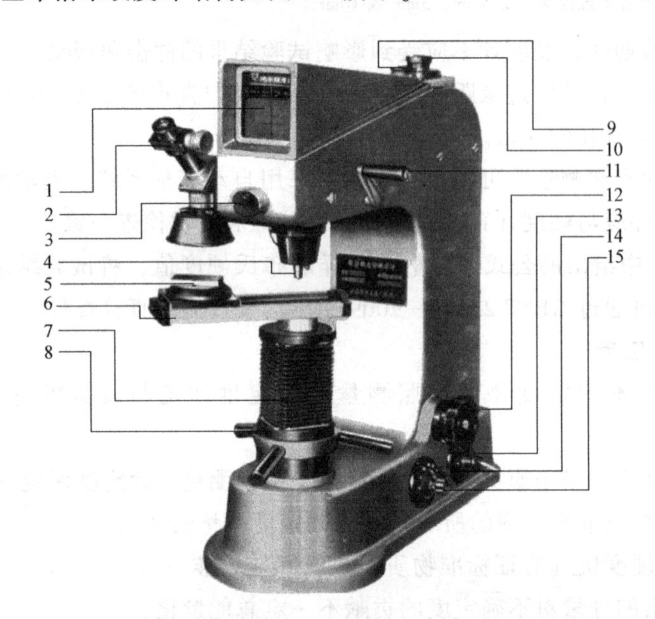

图 2-8 HBRV-187.5 型布洛维硬度计结构

1—读数投影屏 2—测量显微镜 3—微调旋钮 4—压头 5—试样 6—溜板试验台 7—防尘罩 8—升降旋轮 9—光源调节手轮 10—缓冲器调节手轮 11—加卸试验力手柄 12—变试验力手轮 13—电源插座 14—熔断器座 15—电源开关座

2.3.4 洛氏硬度试验

1. 范围

GB/T 230.1—2018 规定了标尺为 A、B、C、D、E、F、G、H、K、15N、30N、45N、15T、30T 和 45T 的金属材料洛氏硬度和表面洛氏硬度的试验方法。

GB/T 230.1—2018 适用于固定式和便携式洛氏硬度计。对于特定的材料或产品，适用其他特定标准，例如 GB/T 3849.1—2015、GB/T 9097—2016。

注意：碳化钨合金球形压头为标准型洛氏硬度压头，钢球压头仅在满足 GB/T 230.1—2018 中附录 A 的情况下才可以使用。

2. 原理

洛氏硬度试验方法是采用测量压痕深度的方法来表示材料的硬度值。试验时按规定分两级试验力压入试样表面。初试验力加载后，测量初始压痕深度；随后施加主试验力，在卸除主试验力后保持初试验力时测量最终压痕深度。洛氏硬度根据最终压痕深度和初始压痕深度的差值 h 及常数 N 和 S（见图 2-9、表 2-4 和表 2-5）通过下式计算给出：

$$洛氏硬度 = N - \frac{h}{s} \tag{2-10}$$

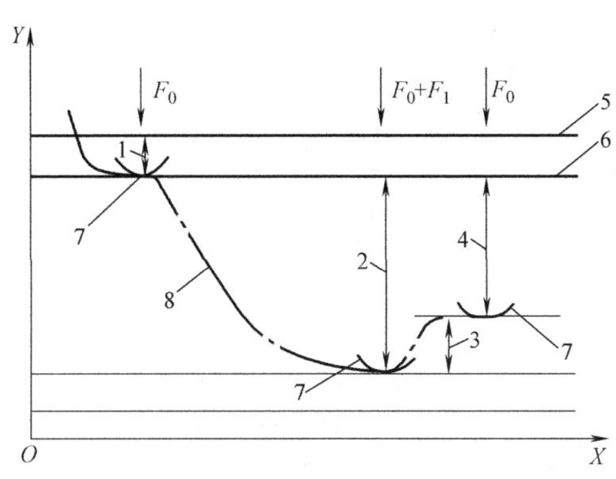

图 2-9　洛氏硬度试验原理

X—时间　Y—压头位置

1—在初试验力 F_0 下的压入深度　2—由主试验力 F_1 引起的压入深度

3—卸除主试验力 F_1 后的弹性回复深度　4—残余压痕深度 h

5—试验表面　6—测量基准面　7—压头位置　8—压头深度相对时间的曲线

表 2-4　洛氏硬度标尺

洛氏硬度标尺	硬度符号单位	压头类型	初试验力 F_0	总试验力 F	标尺常数 S	全量程常数 N	适用范围
A	HRA	金刚石圆锥	98.07N	588.4N	0.002mm	100	20~95HRA
B	HRBW	直径 1.5875mm 球	98.07N	980.7N	0.002mm	130	10~100HRBW
C	HRC	金刚石圆锥	98.07N	1.471kN	0.002mm	100	20~70HRC
D	HRD	金刚石圆锥	98.07N	980.7N	0.002mm	100	40~77HRD
E	HREW	直径 3.175mm 球	98.07N	980.7N	0.002mm	130	70~100HREW
F	HRFW	直径 1.5875mm 球	98.07N	588.4N	0.002mm	130	60~100HRFW
G	HRGW	直径 1.5875mm 球	98.07N	1.471kN	0.002mm	130	30~94HRGW
H	HRHW	直径 3.175mm 球	98.07N	588.4N	0.002mm	130	80~100HRHW
K	HRKW	直径 3.175mm 球	98.07N	1.471kN	0.002mm	130	40~100HRKW

注：当金刚石圆锥表面和顶端球面是经过抛光的，且抛光至沿金刚石圆锥轴向距离尖端至少 0.4mm，试验适用范围可延伸至 10HRC。

表 2-5 表面洛氏硬度标尺

表面洛氏硬度标尺	硬度符号单位	压头类型	初试验力 F_0	总试验力 F	标尺常数 S	全量程常数 N	适用范围（表面洛氏硬度标尺）
15N	HR15N	金刚石圆锥	29.42N	147.1N	0.001mm	100	70~94HR15N
30N	HR30N	金刚石圆锥	29.42N	294.2N	0.001mm	100	42~86HR30N
45N	HR45N	金刚石圆锥	29.42N	441.3N	0.001mm	100	20~77HR45N
15T	HR15TW	直径 1.5875mm 球	29.42N	147.1N	0.001mm	100	67~93HR15TW
30T	HR30TW	直径 1.5875mm 球	29.42N	294.2N	0.001mm	100	29~82HR30TW
45T	HR45TW	直径 1.5875mm 球	29.42N	441.3N	0.001mm	100	10~72HR45TW

3. 符号及说明

1）本试验涉及的符号及说明见表 2-6 和图 2-9。

表 2-6 符号/缩写术语及说明

符号/缩写术语	说明	单位
F_0	初试验力	N
F_1	主试验力（总试验力减去初试验力）	N
F	总试验力	N
S	给定标尺的标尺常数	mm
N	给定标尺的全量程常数	—
h	卸除主试验力，在初试验力下压痕残留的深度（残余压痕深度）	mm
HRA HRC HRD	洛氏硬度 $=100-\dfrac{h}{0.002}$	
HRBW HREW HRFW HRGW HRHW HRKW	洛氏硬度 $=130-\dfrac{h}{0.002}$	
HRN HRTW	表面洛氏硬度 $=100-\dfrac{h}{0.001}$	

2）洛氏硬度的表示方法示例：

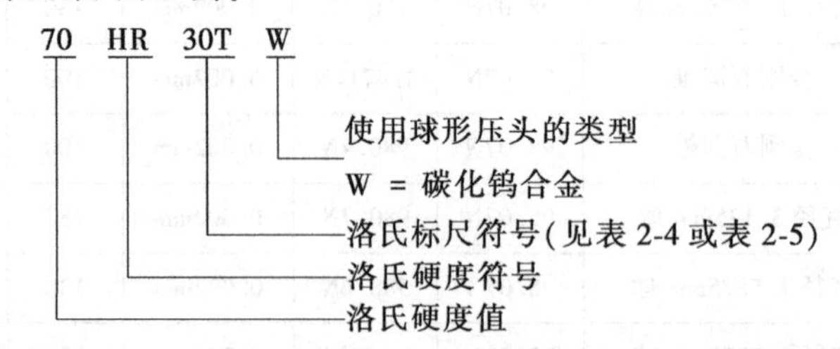

洛氏硬度的表示应注意：GB/T 230.1—2018 以前的版本允许使用钢球压头，并加后缀 S 表示；HR30TSm 和 HR15TSm 在 GB/T 230.1—2018 的附录 A 中进行了定义，使用大写 S 和小写 m 来表明使用钢球压头和金刚石试样支撑台。

4. 试验设备

（1）硬度计　硬度计应能按表 2-4 和表 2-5 全部标尺要求施加试验力，并符合 GB/T

230. 2—2012 或 JJG 112 的规定。

（2）金刚石圆锥体压头　金刚石圆锥压头应满足 GB/T 230. 2—2012 或 JJG 112 的要求，压头锥角应为 120°，顶部曲率半径应为 0. 2mm，可以用于以下试验：仅作为洛氏硬度标尺使用；仅作为表面洛氏硬度标尺使用；同时作为洛氏硬度标尺和表面洛氏硬度标尺使用。

（3）球形压头　碳化钨合金球形压头的直径为 1. 5875mm 或 3. 175mm，并符合 GB/T 230. 2—2012 的要求。

注意：球形压头通常由一个压头球和压头体组成。如果接触试样的端部为球形的单体压头，满足 GB/T 230. 2—2012 中尺寸、形状、抛光、硬度的要求以及性能要求，则这种压头也可以使用。碳化钨合金球形压头为标准型洛氏硬度压头，钢球压头仅在 HR30TSm 和 HR15TSm 时使用。

5. 试样

1）试样表面应平坦光滑，不应有氧化皮及外来污物，尤其不应有油脂。

2）试样的制备应使受热或冷加工等因素对试样表面硬度的影响减至最小。尤其对于压痕深度浅的试样应特别注意。

3）对于用金刚石圆锥压头进行的试验，试样或试验层厚度应不小于残余压痕深度的 10 倍；对于用球形压头进行的试验，试样或试验层的厚度应不小于残余压痕深度的 15 倍。除非可以证明使用较薄的试样对试验结果没有影响。通常情况下，试验后试样的背面不应有变形出现。对于特别薄的薄板金属，应符合 HR30TSm 和 HR15TSm 标尺的特别要求。

6. 试验程序

1）试验一般在 10~35℃ 的室温下进行。当环境温度不满足该规定要求时，试验室需要评估该环境下对于试验数据产生的影响。当试验温度不在 10~35℃ 范围内时，应记录并在报告中注明。

2）使用者应在当天使用硬度计之前，对所用标尺进行日常检查。

3）在变换或更换压头、压头球或载物台之后，应至少进行两次测试并将结果舍弃，然后进行日常检查，以确保硬度计的压头和载物台安装正确。

4）压头应是上一次间接校准时使用的，否则，压头应按照常用的硬度标尺至少使用两个标准硬度块进行核查（硬度块按照 GB/T 230. 2—2012 表 1 中选取最高值和最低值各一个）。

5）试样应放置在刚性支承物上，并使压头轴线和加载方向与试样表面垂直，同时应避免试样产生位移。应对圆柱形试样作适当支承，例如放置在洛氏硬度值不低于 60HRC 的带有定心 V 形槽或双圆柱的试样台上。由于任何垂直方向的不同心都可能造成错误的试验结果，所以应特别注意使压头、试样、定心 V 形槽与硬度计支座中心对中。

6）使压头与试样表面接触，无冲击、振动、摆动和过载地施加初试验力 F_0。初试验力的加载时间不超过 2s，保持时间应为 3_{-2}^{+1}s。注意：初试验力的保持时间范围是不对称的。例如：3_{-2}^{+1}s 表示 3s 是理想的保持时间，可接受的保持时间范围是 1~4s。

7）初始压痕深度测量。手动（刻度盘）硬度计需要给指示刻度盘设置设定点或设置零位。自动（数显）硬度计的初始压痕深度测量是自动进行的，不需要使用者进行输入，同时初始压痕深度的测量也可能不显示。

8）无冲击、振动、摆动和过载地施加主试验力 F_1，使试验力从初试验力 F_0 增加至总

试验力 F。洛氏硬度主试验力的加载时间为 1~8s。所有 HRN 和 HRTW 表面洛氏硬度的主试验力加载时间不超过 4s。建议采用与间接校准时相同的加载时间。注意：资料表明，某些材料可能对应变速率较敏感，应变速率的改变可能引起屈服应力值轻微变化，影响到压痕形成，从而可能改变测试的硬度值。

9）总试验力 F 的保持时间为 5^{+1}_{-3}s，卸除主试验力 F_1，初试验力 F_0 并保持 4^{+1}_{-3}s 后，进行最终读数。对于在总试验力施加期间有压痕蠕变的试验材料，由于压头可能会持续压入，所以应特别注意。若材料要求的总试验力保持时间超过标准所允许的 6s 时，实际的总试验力保持时间应在试验结果中注明（例如 65HRF/10s）。

10）保持初试验力，测量最终压痕深度。洛氏硬度值由式（2-10）使用残余压痕深度 h 计算，相应的信息由表 2-4~表 2-6 给出。对于大多数洛氏硬度计，压痕深度测量是采用自动计算，从而显示洛氏硬度值的方式进行。图 2-9 所示说明了洛氏硬度值的求出过程。

11）对于在凸圆柱面和凸球面上进行的试验，需要按要求进行修正，修正值应在报告中注明。未规定在凹面上试验的修正值，在凹面上试验时，应协商解决。

12）在试验过程中，硬度计应避免受到冲击或振动。

13）两相邻压痕中心之间的距离至少应为压痕直径的 3 倍，任一压痕中心距试样边缘的距离至少应为压痕直径的 2.5 倍。

洛氏硬度试验通过变换试验标尺可测量硬度较高的材料；压痕较小，可用于半成品或成品检验；试验操作简便迅速，工作效率高，适合于批量检验。其缺点是压痕较小，代表性差。由于材料中有偏析及组织不均匀等缺陷，致使所测硬度值重复性差、分散度大。此外，用不同的标尺测得的硬度值彼此无内在联系，也不能直接比较大小。

HR-150A 型洛氏硬度计如图 2-10 所示。

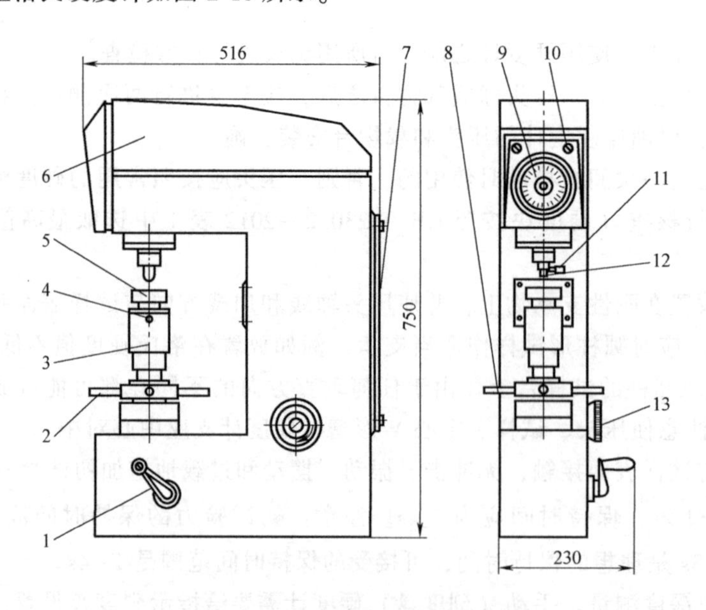

图 2-10 HR-150A 型洛氏硬度计

1—加卸试验力手柄 2—旋轮 3—保护罩 4—保护罩止紧螺钉 5—试验台
6—上盖 7—后盖 8—缓冲器调节处盖板 9—表盘 10—上盖螺钉
11—压头紧固螺钉 12—压头 13—变载手轮

2.3.5 维氏硬度试验

1. 范围

GB/T 4340.1—2009 规定了金属维氏硬度试验的原理、符号及说明、试验设备、试样、试验程序、结果的不确定度及试验报告。

GB/T 4340.1—2009 按三个试验力范围规定了测定金属维氏硬度的方法（见表 2-7）。

表 2-7　试验力范围

试验力范围/N	硬度符号	试验名称
$F \geqslant 49.03$	≥HV5	维氏硬度试验
$1.961 \leqslant F < 49.03$	HV0.2~<HV5	小力值维氏硬度试验
$0.09807 \leqslant F < 1.961$	HV0.01~<HV0.2	显微维氏硬度试验

GB/T 4340.1—2009 规定维氏硬度压痕对角线的长度范围为 0.020~1.400mm。

注意：当压痕对角线小于 0.020mm 时，必须考虑不确定度的增加；通常试验力越小，测试结果的分散性越大，对于小力值维氏硬度和显微维氏硬度尤为明显。该分散性主要是由压痕对角线长度的测量而引起的。对于显微维氏硬度来说，对角线的测量不太可能优于 ±0.001mm。

特殊材料或产品的维氏硬度试验应在相关标准中查阅。

2. 原理

将顶部两相对面具有规定角度的正四棱锥体金刚石压头用一定的试验力压入试样表面，保持规定时间后，卸除试验力，测量试样表面压痕对角线长度，如图 2-11 所示。

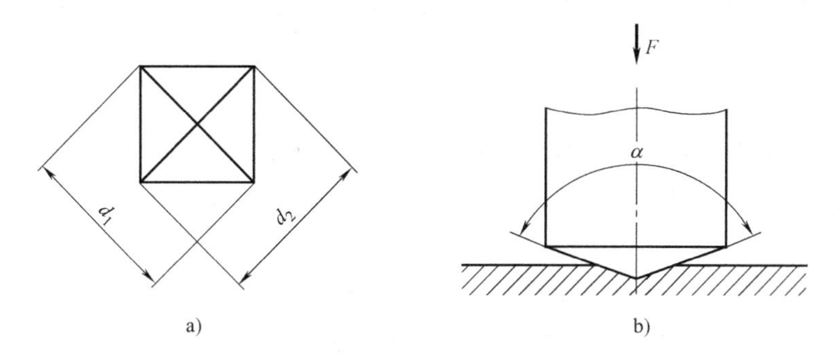

图 2-11　试验原理

a）维氏硬度压痕　b）压头（金刚石锥体）

维氏硬度值与试验力除以压痕表面积的商成正比，压痕被视为具有正方形基面并与压头角度相同的理想形状。

3. 符号及说明

1）本试验涉及的符号及说明见表 2-8 和图 2-11。

表 2-8　符号和说明

符　号	说　明	单　位
α	金刚石压头顶部两相对面的夹角(136°)	(°)

（续）

符　号	说　明	单　位
F	试验力	N
d	两压痕对角线长度 d_1 和 d_2 的算术平均值	mm
HV	维氏硬度 $=$ 常数 $\times \dfrac{试验力}{压痕表面积}$ $=0.102\dfrac{2F\sin\dfrac{136^\circ}{2}}{d^2}\approx 0.1891\dfrac{F}{d^2}$	

注：常数 $=\dfrac{1}{g_n}=\dfrac{1}{9.80665}\approx 0.102$。

2）维氏硬度的表示方法示例：

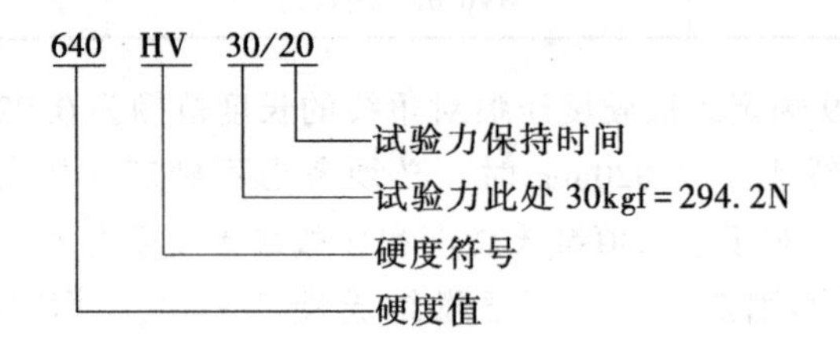

4. 试验设备

（1）硬度计　硬度计应符合 GB/T 4340.2 的规定，在要求的试验力范围内施加规定的试验力。

（2）压头　压头应是具有正方形基面的金刚石锥体，并符合 GB/T 4340.2 的规定。

（3）维氏硬度计压痕测量装置　维氏硬度计压痕测量装置应符合 GB/T 4340.2 相应的要求。

5. 试样

1）试样表面应平坦光滑，试验面上应无氧化皮及外来污物，尤其不应有油脂，除非在产品标准中另有规定。试样表面的质量应保证压痕对角线长度的测量精度，建议试样表面进行表面抛光处理。

2）制备试样时应使由于过热或冷加工等因素对试样表面硬度的影响减至最小。

3）由于显微维氏硬度压痕很浅，加工试样时建议根据材料特性采用抛光/电解抛光工艺。

4）试样或试验层厚度至少应为压痕对角线长度的 1.5 倍。试验后试样背面不应出现可见变形压痕。

5）对于在曲面试样上试验的结果，应适当进行修正。

6）对于小截面或外形不规则的试样，可将试样镶嵌或使用专用试验台进行试验。

6. 试验程序

1）试验一般在 10~35℃室温下进行，对于温度要求严格的试验，室温应为（23±5）℃。

2）应选用表 2-9 中示出的试验力进行试验。

注意：其他的试验力也可以使用，如 HV2.5（24.52N）。

表 2-9　试验力

维氏硬度试验		小力值维氏硬度试验		显微维氏硬度试验	
硬度符号	试验力标称值/N	硬度符号	试验力标称值/N	硬度符号	试验力标称值/N
HV5	49.03	HV0.2	1.961	HV0.01	0.09807
HV10	98.07	HV0.3	2.942	HV0.015	0.1471
HV20	196.1	HV0.5	4.903	HV0.02	0.1961
HV20	294.2	HV1	9.807	HV0.025	0.2452
HV50	490.3	HV2	19.61	HV0.05	0.4903
HV100	980.7	HV3	29.42	HV0.1	0.9807

注：1. 维氏硬度试验可使用大于 980.7N 的试验力。
2. 显微维氏硬度试验的试验力为推荐值。

3）试验台应清洁且无其他污物（氧化皮、油脂、灰尘等）。试样应稳固地放置于刚性试验台上，以保证试验过程中试样不产生位移。

4）使压头与试样表面接触，垂直于试验面施加试验力，加力过程中不应有冲击和振动，直至将试验力施加至规定值。从加力开始至全部试验力施加完毕的时间应在 2~8s 之间。对于小力值维氏硬度试验和显微维氏硬度试验，加力过程不能超过 10s 且压头下降速度应不大于 0.2mm/s。对于显微维氏硬度试验，压头下降速度应在 15~70μm/s 之间。试验力保持时间为 10~15s。对于特殊材料试样，试验力保持时间可以延长，直至试样不再发生塑性变形，但应在硬度试验结果中注明且误差应在 2s 以内。在整个试验期间，硬度计应避免受到冲击和振动。

5）任一压痕中心到试样边缘的距离，对于钢、铜及铜合金至少应为压痕对角线长度的 2.5 倍；对于轻金属、铅、锡及其合金至少应为压痕对角线长度的 3 倍。两相邻压痕中心之间的距离，对于钢、铜及铜合金至少应为压痕对角线长度的 3 倍；对于轻金属、铅、锡及其合金至少应为压痕对角线长度的 6 倍。如果相邻压痕大小不同，应以较大压痕确定压痕间距。

6）应测量压痕两条对角线的长度，用其算术平均值按表 2-8 计算维氏硬度值，也可按 GB/T 4340.4 查出维氏硬度值。

在平面上压痕两对角线长度之差，应不超过对角线长度平均值的 5%；如果超过 5%，则应在试验报告中注明。

放大系统应能将对角线放大到视场的 25%~75%。

2.3.6　各种硬度计硬度与强度之间的换算

通过长期的实践并针对某些材料，在进行大量对比试验的基础上，通过数据处理，获得了金属材料的各种硬度值之间，硬度值与强度之间的近似对应关系。因为硬度值大小是由起始塑性变形抗力和继续塑性变形抗力决定的，所以材料的强度越高，塑性变形抗力越高，硬度值也就越高。

1. 范围

国家标准 GB/T 33362—2016/ISO 18265：2013 规定了硬度值之间以及硬度值与抗拉强度估算值之间的换算原则，给出了换算表的使用通则。GB/T 33326—2016 附录 A~附录 G

中的换算表通常适用于：非合金钢、低合金钢、铸钢、调质钢、冷加工钢、高速钢、硬质合金、有色金属及合金、工具钢。

使用 GB/T 33362—2016 得到的换算值仅能应用于特定的被测材料，对于其他材料仅为参考。在任何情况下，换算值不能替代选用正确的试验方法测得的硬度值，与硬度值之间的换算相比，通过 GB/T 33362—2016 的换算值来估算抗拉强度值的可靠程度是最低的。

2. 换算原理

硬度试验是一种在较短时间内对试样仅做有限的轻微损坏来确定材料力学性能的试验方法。在实践中，当拉伸试验过于耗时复杂或被测件不允许被破坏时，人们通常愿意用该材料的硬度试验结果估算其抗拉强度。

由于材料应力的影响，硬度试验与拉伸试验之间存在差异，因此难以用一种模型在两个参数之间建立可靠的函数关系。但是硬度值与抗拉强度值是相关的，因此，在有限的适用范围内，确立两者关系的经验参数是可能的。

通常有必要将一个给出的硬度值与另一个由不同试验方法测得的值进行对比，尤其是当试验受到特殊试样、涂层厚度、试样尺寸、试样表面质量或可用硬度计类型的限制只允许使用某一种硬度试验方法的情况，这种换算方法才可以使用。

硬度值与抗拉强度值之间的换算使得用硬度试验代替抗拉强度试验成为可能，但是必须注意，这种转换是最不可靠的。同样，也可以通过不同硬度标尺之间的换算，用期望的试验获得的值代替另一种硬度值。

有时某个换算关系是基于个例得出的，以此获得材料硬度以外的其他特性，这个特性通常是一个恰当的抗拉强度估算值。在绘制硬度与硬度之间特定换算关系的情况下，宜满足以下条件：

1）仅在内部使用的硬度试验方法，并且获得的结果不能与其他方法的结果相比较，或者试验过程的细节足够严谨，使得可以在另一个实验室或在其他时间再现这一试验结果。

2）所使用的换算表在试验材料上进行了大量的试验并使用了不同的标尺。

3）对于通过换算得到的硬度值，应注明其原始测试值是采用何种试验方法得来的。

GB/T 33362—2016 中的换算值仅供参考。根据正确的硬度（拉伸）标准试验方法测得的试验结果应始终优先于从 GB/T 33362—2016 换算表得到的硬度（强度）值。同样地，通过换算得到的数值不应作为投诉或满足验收要求的依据。

3. 换算表的应用

1）不同硬度值之间的换算或硬度值与抗拉强度值之间的换算具有不确定性，应予以考虑。大量研究表明，无论试验进行得如何细致，用不同方法得到的硬度值之间都难以建立一种普遍适用的换算关系。这是因为材料上压痕的形成过程与它的弹性变形及塑性变形之间存在复杂的关系。因此，在被测试材料与用于建立转换关系的材料之间，其弹性性能越接近，建立的转换关系的等效性就越好。同样，产生压痕过程的相似性越好（即力作用于压痕的过程及试验参数的差异最小），转换关系的等效性就越好。因此硬度值与抗拉强度值的换算可靠性最差。

注意：在许多情况下，屈服强度或规定塑性延伸强度给出了材料弹性性能的信息。

2）应选用最佳试验方法进行硬度试验。

3）应注意，每次硬度的测试结果仅适用于当次测试的压痕范围。例如：随着与表面距离的增大，布氏硬度和维氏硬度的测试值以及抗拉强度值都会因材料在该区域延伸率的变化而偏离换算值。不同几何尺寸的压痕受到的影响不同，因此，即使是同一试样从一种硬度标尺换算成另外一种硬度标尺其结果也是不一致的。

只有当不能使用规定的试验方法时，才可以对硬度值进行换算，例如：没有适当的硬度计可用，或无法获得要求的试样。

2.4　夏比摆锤冲击试验

1. 范围

GB/T 229—2007 规定了测定金属材料在夏比冲击试验中吸收能量的方法（V 型和 U 型缺口试样）。

GB/T 229—2007 不包括仪器化冲击试验方法，这部分内容在 GB/T 19748—2005《金属材料仪器化夏比冲击试验方法》中有规定。

2. 术语和定义

（1）能量

1）实际初始势能（势能）K_p：对试验机直接检验测定的值。

2）吸收能量 K：由指针或其他指示装置示出的能量值。用字母 V 和 U 表示缺口几何形状，用下标数字 2 或 8 表示摆锤刀刃半径，例如 KV_2。

（2）试样　根据试样在试验机支座上的位置，使用下列术语（图 2-12）：

1）高度 h：开缺口面与其相对面之间的距离。

2）宽度 w：与缺口轴线平行且垂直于高度方向的尺寸。

3）长度 l：与缺口方向垂直的最大尺寸。缺口方向即缺口深度方向。

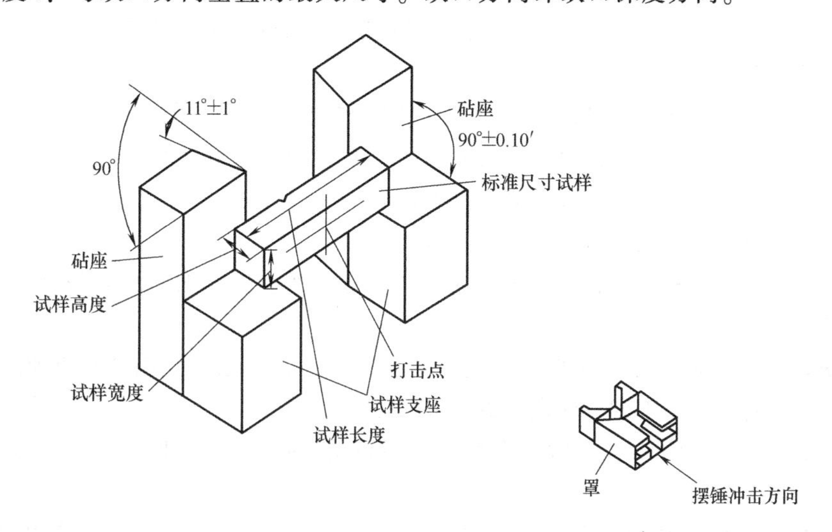

图 2-12　试样与摆锤冲击试验机支座及砧座相对位置示意图

3. 符号

本试验涉及的符号见表 2-10 及图 2-13。

表 2-10　符号、名称及单位

符号	单位	名　称
K_p	J	实际初始势能(势能)
FA	—	剪切断面率(%)
h	mm	试样高度
KU_2	J	U 型缺口试样在 2mm 摆锤刀刃下的冲击吸收能量
KU_8	J	U 型缺口试样在 8mm 摆锤刀刃下的冲击吸收能量
KV_2	J	V 型缺口试样在 2mm 摆锤刀刃下的冲击吸收能量
KV_8	J	V 型缺口试样在 8mm 摆锤刀刃下的冲击吸收能量
LE	mm	侧膨胀值
l	mm	试样长度
T_t	℃	转变温度
w	mm	试样宽度

4. 原理

将规定几何形状的缺口试样置于试验机两支座之间，缺口背向打击面放置，用摆锤一次打击试样，测定试样的吸收能量。

由于大多数材料冲击值随温度变化，因此试验应在规定温度下进行。当不在室温下试验时，试样必须在规定条件下加热或冷却，以保持规定的温度。

5. 试样

(1) 一般要求　标准尺寸冲击试样长度为 55mm，横截面为 10mm×10mm 的方形截面，在试样长度中间有 V 型或 U 型缺口。

如果试料不够制备标准尺寸试样，可使用宽度 7.5mm、5mm 或 2.5mm 的小尺寸试样(见图 2-13 和表 2-11)。

注意：对于低能量的冲击试验，因为摆锤要吸收额外能量，因此垫片的使用非常重要。对于高能量的冲击试验并不十分重要。应在支座上放置适当厚度的垫片，以使试样打击中心的高度为 5mm（相当于宽度为 10mm 的标准试样打击中心的高度）。

试样表面粗糙度 Ra 值应小于 5μm，端部除外。

对于需热处理的试验材料，应在最后精加工前进行热处理，除非已知两者顺序改变不导致性能的差别。

(2) 缺口几何形状　对缺口的制备应仔细，以保证缺口根部没有影响吸收能量的加工痕迹。缺口对称面应垂直于试样纵向轴线（图 2-13）。

1) V 型缺口。V 型缺口应有 45°夹角，其深度为 2mm，底部曲率半径为 0.25mm（见图 2-13a 和表 2-11）。

2) U 型缺口。U 型缺口的深度应为 2mm 或 5mm（除非另有规定），底部曲率半径为 1mm（见图 2-13b 和表 2-11）。

(3) 试样尺寸及偏差　规定的试样及缺口尺寸与偏差在图 2-13 和表 2-11 中示出。

(4) 试样的制备　试样样坯的切取应按相关产品标准或 GB/T 2975 的规定执行。试样制备过程应使由于过热或冷加工硬化而改变材料冲击性能的影响减至最小。

(5) 试样的标记　试样标记应远离缺口，不应标在与支座、砧座或摆锤刀刃接触的面上。试样标记应避免塑性变形和表面不连续性对冲击吸收能量的影响。

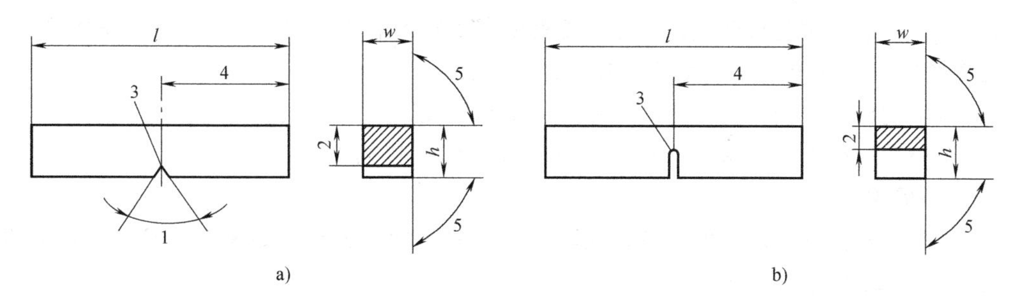

图 2-13　夏比冲击试样

a) V 型缺口　b) U 型缺口

图 2-13 中，符号 l、h、w 和数字 1~5 的尺寸见表 2-11。

表 2-11　试样的尺寸与偏差

名　称	符号及序号	V 型缺口试样		U 型缺口试样	
		公称尺寸	机加工偏差	公称尺寸	机加工偏差
长度	l	55mm	±0.60mm	55mm	±0.60mm
高度①	h	10mm	±0.075mm	10mm	±0.11mm
宽度①	w				
——标准试样		10mm	±0.11mm	10mm	±0.11mm
——小试样		7.5mm	±0.11mm	7.5mm	±0.11mm
——小试样		5mm	±0.06mm	5mm	±0.06mm
——小试样		2.5mm	±0.04mm	—	—
缺口角度	1	45°	±2°	—	—
缺口底部高度	2	8mm	±0.075mm	8mm② 5mm②	±0.09mm ±0.09mm
缺口根部半径	3	0.25mm	±0.025mm	1mm	±0.07mm
缺口对称面-端部距离①	4	27.5mm	±0.42mm③	27.5mm	±0.42mm③
缺口对称面-试样纵轴角度	—	90°	±2°	90°	±2°
试样纵向面间夹角	5	90°	±2°	90°	±2°

① 除端部外，试样表面粗糙度 Ra 值应小于 5μm。

② 如果规定其他高度，应规定相应偏差。

③ 对自动定位试样的试验机，建议偏差用±0.165mm 代替±0.42mm。

6. 试验设备

(1) 一般要求　所有测量仪器均应溯源至国家标准或国际标准。这些仪器应在合适的周期内进行校准。

(2) 安装及检验　试验机应按 GB/T 3808 或 JJG 145 进行安装及检验。

(3) 摆锤刀刃　摆锤刀刃半径应为 2mm 和 8mm 两种。用符号的下标数字表示：KV_2 或 KV_8。摆锤刀刃半径的选择应参考相关产品标准。

注意：对于低能量的冲击试验，一些材料用 2mm 和 8mm 摆锤刀刃试验测定的结果有明显不同，2mm 摆锤刀刃的结果可能高于 8mm 摆锤刀刃的结果。

7. 试验程序

（1）一般要求

1）试样应紧贴试验机砧座，摆锤刀刃沿缺口对称面打击试样缺口的背面，试样缺口对称面偏离两砧座间的中点应不大于 0.5mm（图 2-13）。

2）试验前应检查摆锤空打时的回零差或空载能耗。

3）试验前应检查砧座跨距，使其保证在 $40^{+0.2}_{0}$mm 以内。

（2）试验温度

1）对于试验温度有规定的，应在规定温度±2℃范围内进行；如果没有规定，室温冲击试验应在 23℃±5℃范围进行。

2）当使用液体介质冷却试样时，试样应放置于一容器中的网栅上，网栅至少高于容器底部 25mm，液体浸过试样的高度至少为 25mm，试样距容器侧壁至少为 10mm。应连续均匀搅拌介质，以使温度均匀。测定介质温度的仪器推荐置于一组试样的中间处。介质温度应在规定温度的±1℃以内，至少保持 5min。当使用气体介质冷却试样时，试样距低温装置内表面以及试样与试样之间应保持足够的距离，试样应在规定温度下至少保持 20min。

注意：当液体介质接近沸点时，从液体介质中移出试样至打击的时间间隔中，介质蒸发冷却会明显降低试样温度。

3）对于试验温度不超过 200℃ 的试验，试样应在规定温度±2℃ 的液池中至少保持 10min。对于试验温度超过 200℃的试验，试样应在规定温度±5℃以内的高温装置内至少保持 20min。

（3）试样的转移

1）当试验不在室温进行时，试样从高温或低温装置中移出至打断的时间应不大于 5s。

2）转移装置的设计和使用应能使试样温度保持在允许的温度范围内。转移装置与试样接触部分应与试样一起加热或冷却。应采取措施确保试样对中装置不引起低能量高强度试样断裂后回弹到摆锤上，而引起不正确的能量偏高指示。现已表明，试样端部和对中装置的间隙或定位部件的间隙应大于 13mm，否则，在断裂过程中，试样端部可能回弹至摆锤上。

注意：对于试样从高温或低温装置中移出至打击时间在 3～5s 的试验，可考虑采用过冷或过热试样的方法补偿温度损失。过冷度或过热度参见 GB/T 229—2007 附录 E。对于高温试样，应充分考虑过热对材料性能的影响。类似于 GB/T 229—2007 附录 A 示出的 V 型缺口自动对中夹钳，一般用于将试样从控温介质中移至适当的试验位置。此类夹钳消除了由于断样和固定的对中装置之间相互影响带来的潜在间隙问题。

（4）试验机能力范围　试样吸收能量 K 不应超过实际初始势能 K_p 的 80%，如果试样吸收能超过此值，在试验报告中应报告为近似值并注明超过试验机能力的 80%。建议试样吸收能量 K 的下限应不低于试验机最小分辨力的 25 倍。

注意：理想的冲击试验应在恒定的冲击速度下进行。在摆锤式冲击试验中，冲击速度随断裂进程而降低，对于冲击吸收能量接近摆锤打击能力的试样，打击期间摆锤速度已下降至不再能准确获得冲击能量。

（5）试样未完全断裂　对于试样试验后没有完全断裂，可以报出冲击吸收能量，或与完全断裂试样结果平均后报出。由于试验机打击能量不足，试样未完全断开，吸收能量不能确定，试验报告应注明用×J 的试验机试验，试样未断开。

（6）试样卡锤　如果试样卡在试验机上，试验结果无效，应彻底检查试验机，否则试验机的损伤会影响测量的准确性。

（7）断口检查　如断裂后检查出试样标记是在明显的变形部位，则试验结果可能不代表材料的性能，应在试验报告中注明。

（8）试验结果　读取每个试样的冲击吸收能量，应至少估读到 0.5J 或 0.5 个标度单位（取两者之间较小值）。试验结果至少应保留两位有效数字，修约方法按 GB/T 8170 执行。

8. JB-30B 冲击机操作步骤

1）打开机身上的电源开关（在机身侧面下方），如果冲击机指示灯亮，表示已接通电源。

2）将按钮匣拿住，把按钮开关拨到“开”的位置。

3）按动“取摆”按钮，则摆锤自动扬起（平时摆锤处于铅垂的最低位置）。摆杆上的钩子被“挂脱机构”钩住，使摆锤悬于空中。

4）将试样放在支承上。注意利用“定位片”定位，以使切槽处于摆锤刀刃位置。

5）按“冲击”按钮，摆杆自动脱钩，摆锤自由落下，冲断试件。当试件冲断后，摆杆（锤）又按冲击的相反方向扬起，再次被自动钩住，便于做第二个试样的试验。

6）要将摆锤放下，只要按住“放摆”按钮，待摆锤到达最低位置时，放开按钮即停摆。

9. 安全规则

1）摆锤运动区域和试样冲断后可能飞出的区域，禁止站人，手、头切勿伸入危险区。

2）在装试件时，切勿乱动按钮，更不能按“冲击”按钮。

3）严格听从指导人员的指导，确实了解机器的操作步骤后方能动手试验。

JB-30B 型冲击机机身结构如图 2-14 所示。

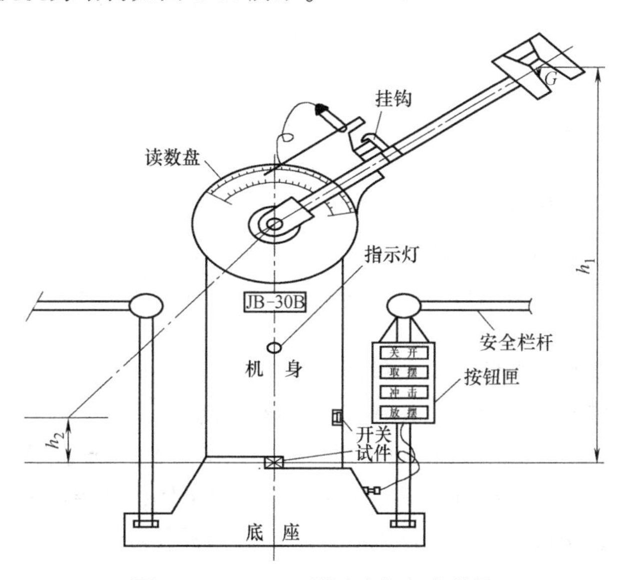

图 2-14　JB-30B 型冲击机机身结构

第3章 工程材料基础实验

3.1 材料分析的基础知识

3.1.1 显微镜的常用类型

普通光学金相显微镜的类型很多，通常可分为台式、立式及卧式三大类。此外，按用途不同还有各种特种金相显微镜，如偏光显微镜、干涉显微镜、相衬显微镜及高温、低温金相显微镜等。目前，最新型的万能金相显微镜具备多种用途，这里主要介绍普通光学金相显微镜的特点和用途。

1. 台式金相显微镜

台式金相显微镜具有体积小、重量轻、携带方便等优点，是专为金相观察而设计的。

其放大倍数为60×~1250×，可配接摄影装置，进行显微摄影，但通常摄影幅面较小。多数采用钨丝灯泡作为光源，仪器有直立式光程和倒立式光程两种。

台式金相显微镜主要由四部分构成：①显微镜筒，上装目镜，下配物镜；②镜体，包括座架及调焦装置；③光源系统，包括光源、灯座及垂直照明器；④样品台。

2. 立式金相显微镜

立式金相显微镜是按倒立式光程设计的，并带有垂直方向的投影摄影箱。如奥地利的ReichestMEF型、德国的Penphotz型、前苏联的MNM-7型、日本的UnionUM型等。与台式金相显微镜相比，立式金相显微镜具有附件多，使用性能广泛，可做明视场、暗视场、偏光观察与摄影等。某些显微镜还具有多种光源，并配备干涉、相衬装置，高温金相附件等。与大型显微镜相比具有体积小、结构紧凑、重量轻、使用方便等优点。

3. 卧式金相显微镜

大型卧式金相显微镜是按倒立式光程设计的，并带有可伸缩的水平投影暗箱。其设计较为完善，对各种光学像差矫正较好，具有优良的观察和摄像像质。目前，常用的卧式金相显微镜有德国的MM-6型、德国的Neophot-2型、国产江南的XJG-05型及XJW-1型万能金相显微镜等。卧式金相显微镜由三部分构成：①倒立式光程镜体；②照明系统；③照相系统。此外，显微镜配有暗场、相衬、干涉及显微硬度、低倍分析等附件。

3.1.2 光学金相显微镜的基本原理

光学金相显微镜由两组透镜及一些辅助光学零件组成，对着金相试样的透镜为物镜，对着人眼的透镜为目镜。借助于物镜与目镜的两次放大，就能使物像放大到很高的倍数。现代光学金相显微镜的物镜和目镜是由复杂的透镜系统所组成的，放大倍数可提高到 1600～2000 倍。其光学原理如图 3-1 所示。

当所观察的物体 AB 置于物镜焦点 F_1 外一点时，物体的反射光线穿过物镜经折射后，就得到一个放大了的倒立实像 $A'B'$。若 AB 处于目镜的前焦距以内，再经过目镜放大后，人眼在目镜上观察时，在 250mm 的明视距离处（正常人眼看物体时，最适宜的距离为 250mm 左右，这时人眼可以很好地区分物体的细微部分而不易发生疲劳，这个距离称为“明视距离”）看到一个经再次放大的虚像 $A''B''$。因此，观察到的物像是经物镜和目镜两次放大的结果。

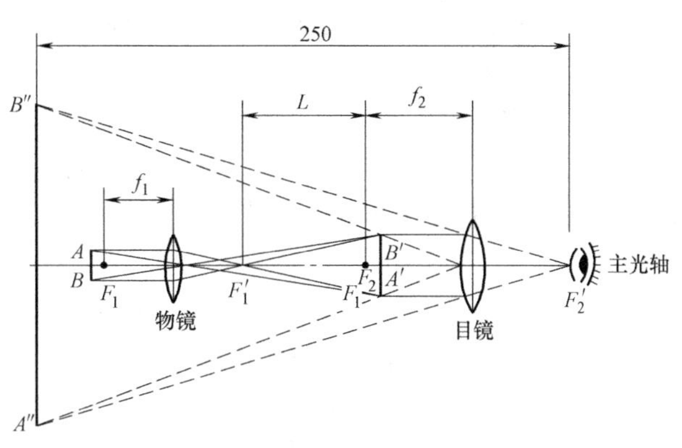

图 3-1　金相显微镜的光学原理

1. 金相显微镜的放大倍数

金相显微镜经物镜放大后的像 $A'B'$ 的放大倍数为

$$M_{物}=\frac{L}{f_1}$$

式中　L——金相显微镜的镜筒长度（即物镜与目镜的距离）；

f_1——物镜焦距。

金相显微镜目镜倍数为

$$M_{目}=\frac{D}{f_2}$$

式中　D——明视距离；

f_2——目镜焦距。

很显然，金相显微镜的总放大倍数应为两者放大倍数的乘积，即

$$M_{总}=M_{物}\ M_{目}=\frac{DL}{f_1 f_2}=\frac{250L}{f_1 f_2}$$

金相显微镜中的主要放大倍数一般是通过物镜来保证的，物镜的最高放大倍数可达 100 倍，目镜的放大倍数可达 25 倍。

放大倍数的符号用“×”表示，例如物镜的放大倍数为 25×，目镜的放大倍数为 10×，则金相显微镜的放大倍数为 25×10＝250×。放大倍数均分别标注在物镜与目镜的镜筒上。在使用金相显微镜观察物体时，应根据其组织的粗细情况，选择适当的放大倍数。以细节部分观察清晰为准，不要盲目追求过高的放大倍数。因为放大倍数与透镜的焦距有关，放大倍数越大，焦距必须越小，结果会带来许多缺陷，同时所看到的物体区域也越小。

2. 金相显微镜的鉴别率

金相显微镜的鉴别率是金相显微镜最重要的特征，它是以金相显微镜在视场中能分辨出相邻两点间的最小距离 d 来表示的。显然，d 值越小，鉴别率就越高。由于物镜使被观察物体第一次放大，故金相显微镜的鉴别率主要取决于物镜的鉴别率。它可由式（3-1）求得

$$d=\frac{\lambda}{2NA} \tag{3-1}$$

式中　d——物镜能分辨出的物体相邻两点间的最小距离；

λ——入射光线的波长；

NA——物镜的数值孔径，表示物体的聚光能力。

由式（3-1）可知，波长越短，数值孔径越大，则物镜所能分辨出的物体相邻两点间的最小距离越小，其鉴别率越高。光线的波长可通过滤色片来选择，数值孔径可由式（3-2）求得

$$NA=n\sin\varphi \tag{3-2}$$

式中　n——物镜与物体间介质的折射率；

φ——物镜孔径角的半角。

进入物镜的光线所张开的角度为物镜的孔径角，其半角为 φ。

由式（3-2）可知，当 φ 值越大，则数值孔径就越大，物镜的鉴别能力也就越高。由于 φ 总是小于 90°，而一般物镜与物体的介质是空气，光线在空气中的折射率 $n=1$，其数值孔径总是小于 1，这类物镜被称为“干系物镜”。当物镜与物体之间充满柏油介质（$n=1.51$）时，其数值孔径最高可达 1.4 左右，这就是金相显微镜在高倍观察时使用的“油浸系物镜”（又称为油镜头）。

由此可见，物镜的数值孔径对鉴别率起着决定性的作用。如果数值孔径小，此时提高放大倍数也没有意义。因为相邻两点若不能很好地鉴别，即使放大倍数再高（即虚伪放大），实际上还是不能清楚地区别两点。这是因为：人眼在 250mm 处的鉴别率为 0.15~0.30mm，要使物镜可分辨的最近两点的距离 d 能为人眼所分辨，则必须将 d 放大到 0.15~0.30mm，即 $dM=0.15\sim0.30\text{mm}$。

因

$$d=\frac{\lambda}{2NA}$$

则

$$M=\frac{1}{\lambda}(0.3\sim0.6)NA$$

若取 $\lambda=0.55\mu\text{m}=0.00055\text{mm}$，则有

$$M\approx(500\sim1000)NA$$

所以金相显微镜的放大倍数 M 与 NA 之间存在一定的关系。该 M 称为有效放大倍数，是选择物镜和目镜的基础。物镜的数值孔径与其放大倍数一起刻在镜头的外壳上，例如镜头上 25/0.50 或 65×的下面刻有 0.75 等数字，这个 0.50 或 0.75 即表示物镜的数值孔径（NA）。高倍物镜通常都为油浸系，油镜头的标记有“油”（或 Oil）或外壳涂一黑圈来表示。

3. 透镜成像的质量

单片透镜在成像过程中，由于几何光学条件的限制，以及其他因素的影响，常使映像变得模糊不清或发生变形现象，这种缺陷称为像差。像差主要包括球面像差和色像差。

（1）球面像差　球面像差的产生是由于透镜的表面呈球曲形，通过透镜中心及边缘的光线折射后不能相交于一点，而变成几个呈前后分布的交点；来自透镜边缘的光线靠近透镜交集，而靠近透镜中心的光线则交集在较远的位置，这样得到的映像显然是不清晰的。球面

像差的程度与光通过透镜的面积有关。光圈放得越大，则光线通过透镜的面积越大，球面像差就越严重。但是光圈太小，也会影响成像的清晰度。

校正透镜球面像差的方法，一是采用多片透镜组成透镜组，即将凸透镜和凹透镜组合在一起（称为复合透镜），由于这两种透镜有着性质相反的球面像差，因此可以相互抵消；二是在使用金相显微镜时也可采用调节孔径光栏，适当控制入射光光束粗细，减少透镜表面面积等方法，把球面像差降低到最低程度。

（2）色像差　色像差的产生是由于组成的白色光线是由多种单色光组成的，且光线的波长不同，在穿过透镜时折射率也不同，使光线折射后不能交于一点。紫光折射最强，红光折射最弱，结果使成像模糊不清，此种现象称为色像差。

消除色像差的方法，一是制造物镜时进行校正。根据校正的程度，物镜可分为消色差物镜和复色差物镜。消色差物镜和普通目镜配合，用于低倍和中倍观察；复色差物镜和补偿目镜配合，用于高倍观察。二是使用滤色片得到单色光。常用的滤色片有蓝色、绿色和红色。

金相显微镜的放大作用主要取决于物镜，物镜质量的好坏直接影响金相显微镜映像的质量，因此对物镜的校正是很重要的。根据对透镜球面像差和色像差的校正程度不同，物镜可分为消色差物镜、复消色差物镜和半复消色差物镜等。

目镜也是金相显微镜的主要组成部分，它的主要作用是将由物镜放大所得的实像再度放大，因此它的质量将最后影响到物像的质量。按照构造型式，目镜一般可分为普通目镜、补偿目镜和测微目镜等。普通目镜的映像未被校正，应与消色差物镜配合使用。补偿目镜必须与复消色差物镜或半复消色差物镜配合使用，以抵消这些物镜的残余色像差。

3.1.3　光学金相显微镜的构造

光学金相显微镜的种类很多，按其外形可分为台式、立式和卧式三大类。显微镜的构造通常由光学系统、照明系统和机械系统三大部分组成。有的显微镜带有摄影装置。现以国产 4X 型光学金相显微镜为例进行说明。

4X 型光学金相显微镜的光学系统如图 3-2 所示。由灯泡 1 发出的光线经聚光镜组（一）2 及反光镜 8 聚集到孔径光栏 9 上，然后经过聚光镜组（二）3，再度将光聚集在物镜的后焦面上，最后通过物镜平行照射到试样 7 表面。从试样反射回来的光线复经物镜组 6 和辅助透镜 5，由半反射镜 4 转向，经过棱镜 12 及棱镜 13、场镜 14 造成一个被观察物体的倒立放大实像，该像再经过目镜 15 的放大，即可得到所观察的试样表面的放大图像。

4X 型光学金相显微镜的外形结构如图 3-3 所示。下面分析各部件的功能与作用。

（1）照明系统　在底座 8 内部装有一低压（6V、15V、20V）灯泡作为光源，由变压器降压供电，靠调节次级电压（6~8V）来改变灯光亮度，聚光镜、孔径光栏及反光镜等装置均安装在圆形底座上，视场光栏 11 及另一聚光镜则安装在支架上，它们组成显微镜的照明系统，使试样表面获得充分、均匀的照明。

（2）显微镜调焦装置　在显微镜的两侧有粗动和微动调焦旋钮，两者在同一部位。随着粗动调焦手轮 5 转动，通过内部齿轮传动，使支承载物台的弯臂做上下运动。在粗动调焦旋钮的一侧有制动装置，用以固定正确调焦后载物台的位置。微动调焦手轮 6 转动内部一组齿轮，使其沿着滑轨缓慢移动。在右侧旋钮上刻有分度格，每一格表示物镜座上下微动 0.002mm。与刻度同侧的齿轮箱上刻有两条白线，用以指示微动升降的极限范围。微调时不能超过这一范围，否则将会损坏机件。

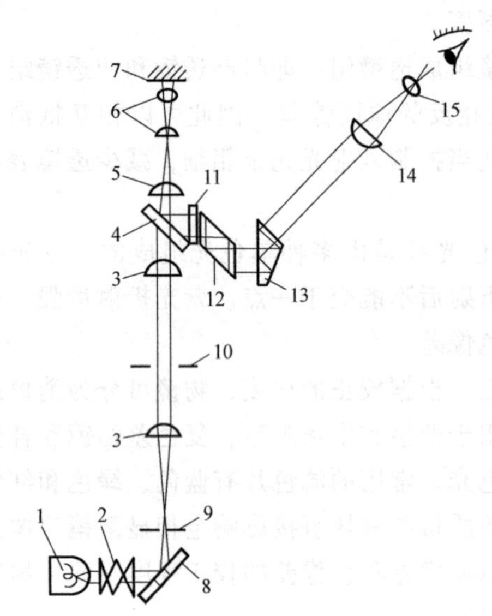

图 3-2 4X 型光学金相显微镜的光学系统

1—灯泡 2—聚光镜组（一） 3—聚光镜组（二） 4—半反射镜 5—辅助透镜（一） 6—物镜组 7—试样 8—反光镜 9—孔径光栏 10—视场光栏 11—辅助透镜（二） 12、13—棱镜 14—场镜 15—目镜

注：该图取自参考文献［3］

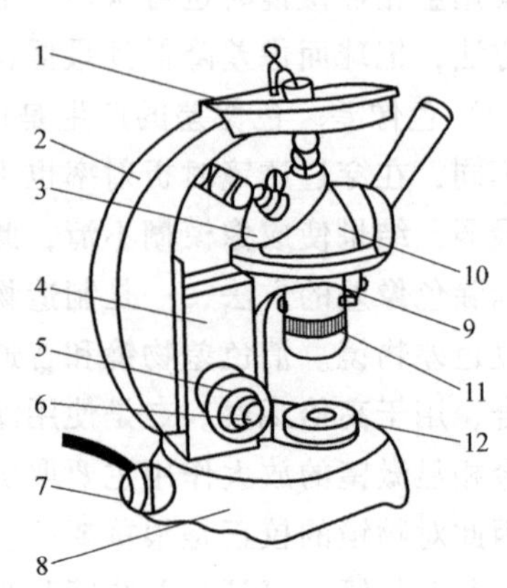

图 3-3 4X 型光学金相显微镜的外形结构

1—载物台 2—镜臂 3—物镜转换器 4—微动座 5—粗动调焦手轮 6—微动调焦手轮 7—照明装置 8—底座 9—平台托架 10—碗头组 11—视场光栏 12—孔径光栏

注：该图取自参考文献［3］

（3）载物台　载物台用于放置金相试样。载物台和下面托盘之间有导架，在手的推动下，可使载物台在水平面上做一定范围的移动，以改变试样的观察部位。

（4）孔径光栏 12 和视场光栏 11　在目镜的镜筒中抽出目镜，可直接用肉眼观察到物镜的孔径光栏（圆形通光孔）。旋转孔径光栏的滚花圈，使光栏缩小，直至目视能观察到多边形的可变孔径光栏，使可变孔径光栏小于物镜的孔径光栏。视场光栏的作用是控制视场范围，使目镜中视场明亮而无阴影。在刻有直纹的套圈上还有两个调节螺钉，用来调整光栏中心。

（5）物镜转换器　转换器呈球面形，上面有三个螺孔，可安装不同放大倍数的物镜。旋动转换器可使各物镜镜头进入光路，与不同的目镜搭配使用，可获得各种放大倍数。

（6）目镜筒　目镜筒呈 45°倾斜安装在附有棱镜的半球形的座上，还可将目镜转向 90°呈水平状态，以配合照相装置进行金相摄影。

表 3-1 列出了 4X 型光学金相显微镜的物镜和目镜不同配合情况下的放大倍数。

表 3-1 4X 型光学金相显微镜的物镜和目镜不同配合情况下的放大倍数

光学系统	物镜放大倍数	目镜放大倍数		
		5×	10×	15×
干燥系统	8×	40×	80×	120×
干燥系统	45×	225×	450×	675×
浸油系统	100×	500×	1000×	1500×

光学金相显微镜的主要光学零件：

1. 物镜

物镜的质量直接影响显微镜的成像质量。物镜通常是由固定在金属筒内相隔一定距离的复式透镜组合而成的。

在物镜的外壳上，一般都标注其主要性能指标，如物镜类型、放大倍数、数值孔径及所用的介质等。

（1）物镜类型　国产物镜标有物镜类别的汉语拼音第一个字母，如平面消色差物镜标有“Plananrchromatic 或 PI”，消色差物镜标有“Achromatic”，复消色差物镜标有“Apochromatic”。

（2）放大倍数　如标有15×、20×、32×、40×，分别表示放大倍数为15倍、20倍、32倍、40倍。

（3）数值孔径　物镜数值孔径的数值均直接标注，如0.30、0.65、0.95分别表示物镜的数值孔径分别为0.30、0.65、0.95。

（4）配用的镜筒长度　如标有170、190、∞/0，分别表示物镜适用的机械镜筒长度分别为170mm、190mm和无限长。镜筒长度将直接影响显微镜的放大倍数。当镜筒长度超出规定长度时，放大倍数应按比例修正，必要时可用测微标尺校准。

2. 目镜

目镜是用来观察由物镜所成像的放大镜，其作用是将物镜放大的中间像再放大。此外，有些目镜（如补偿目镜）除放大作用之外，还能将物镜造像的残余像差予以校正。

由于入射光束接近于平行，而从目镜射出的光束也接近平行光束，因此目镜的孔径角极小，目镜本身的鉴别能力甚低，但能满足物镜初步映像的放大需求。显微观察时，在明视距离处可形成一个清晰放大的虚像；而在显微摄影时，通过投射目镜后，在成像屏上可得到一个放大的实像。以下简单介绍各类目镜的适用范围。

（1）负性（福根）目镜　负性目镜未进行像差校正，或仅作部分球差校正，造像仍有一定程度的像差和畸变，其放大率一般不超过15×，适宜与低倍、中倍消色差物镜配用。负性目镜既可做显微观察，也可做摄影投射之用。

（2）正型（雷斯登）目镜　正型目镜对像场弯曲及畸变有良好的校正，对球差有一定程度的校正，但放大率色差较为严重。除了用于显微观察或摄影投射之外，还可单独做放大镜使用。

（3）补偿型目镜　补偿型目镜具有过度的校正放大率色差的特征，以补偿复消色差物镜或半复消色差物镜的残余色差，故称为补偿型目镜。由于像差校正极佳，故它的放大率较高（最高可达30×），适合与复消色差物镜配用但不能与消色差物镜配用，否则映像将产生负向色差。

（4）放大型目镜　放大型目镜是专为摄影及近距离投射而设计的，故只能做摄影投射，而不能做显微观察或单独放大使用。其像差校正与补偿型目镜基本相同，适宜与平面消色差物镜或半消色差物镜配用，能在规定放大倍数后具有足够平坦的映像。

（5）测微目镜　测微目镜的透镜组合并无特殊之处，只是在目镜中加入了一片有刻度的玻璃薄片，用于金相组织的定量测量，或用显微硬度压痕的长度测量。根据测量目的，可将刻度设为直线、十字交叉线、方格网、同心圆或其他几何图形。

(6) 双筒目镜　为减轻显微观察时眼睛的疲劳，目前多数新型显微镜改用双筒目镜，使观察者能同时进行双目观察。这类目镜中透镜的组合像差校正也无特殊之处，只是在光路中加入了特制的反射棱镜，使经物镜放大的映像能同时进入两个目镜。

3.1.4 金相显微镜的安装、调焦与保养

1. 安装

显微镜应安装在干燥通风、无灰尘、无腐蚀气氛的室内，并置于稳固的桌面和基座上。基座最好附带振动吸收机构。

2. 调焦

调节焦距时，应避免物镜头部与试样接触。操作时应先转动粗调旋钮使物镜尽量接近试样，然后再观察物镜视场，同时转动粗调旋钮使物镜渐渐离开试样，直到目镜视场中出现纤维组织位置。

3. 保养

装卸或更换镜头时应避免手指触摸镜头表面；镜头表面有污垢时，严禁用手或硬纤维织物擦拭，应使用橡皮球吹去表面尘埃，再用干净软毛刷、镜头纸或软麂皮擦干净；镜头用毕应储存于干燥洁净的玻璃器皿中，以免镜片胶合剂发霉。

3.2 铁碳合金平衡组织观察实验

3.2.1 实验目的

1) 识别和研究铁碳合金在平衡状态下的显微组织。

2) 加深理解铁碳合金成分、组织与性能之间的相互关系。

3.2.2 实验概述

铁碳合金的显微组织是研究钢铁材料性能的基础。铁碳合金平衡组织是指合金在极为缓慢的冷却条件下（如退火状态）所得到的组织。因为其相变过程按 $Fe-Fe_3C$ 相图（图 3-4）进行，所以可以根据该相图来分析铁碳合金在平衡状态下的显微组织。

从 $Fe-Fe_3C$ 相图中可以看出，所有碳钢和白口铸铁的室温组织均由铁素体（F）和渗碳体（Fe_3C）这两个基本相组成。但是由于碳含量不同，铁素体和渗碳体的相对数量、析出条件以及分布情况均有所不同，因而呈现各种不同的组织形态（见表 3-2）。

通过侵蚀剂侵蚀后，可以在金相显微镜下观察到碳钢和白口铸铁的几种基本组织。

1. 铁素体（F）

它是碳在 α-Fe 中的固溶体。铁素体为体心立方晶格，具有磁性及良好的塑性，硬度较低。用 3%～4%的硝酸乙醇溶液侵蚀后，在显微镜下呈现明亮的等轴晶粒。在亚共析钢中，铁素体呈块状分布；当碳含量接近于共析成分时，铁素体则呈断续的网状分布于珠光体周围。

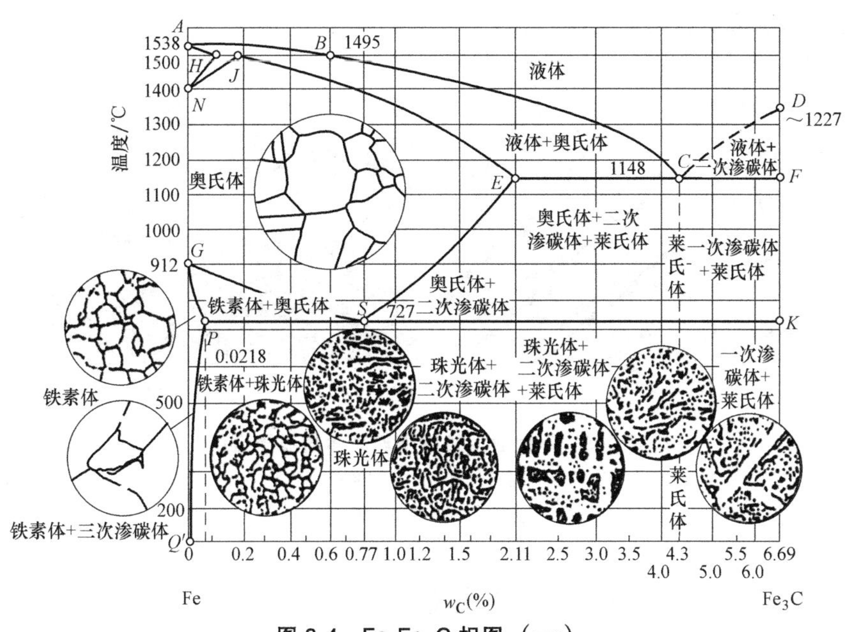

图 3-4　$Fe\text{-}Fe_3C$ 相图（一）

注：该图取自参考文献［3］

2. 渗碳体（Fe_3C）

表 3-2　各种铁碳合金在室温下的显微组织

类型		碳含量(质量分数，%)	显微组织	侵蚀剂
工业纯铁		<0.0218	铁素体	4%硝酸乙醇溶液
碳钢	亚共析钢	0.0218~0.77	铁素体+珠光体	4%硝酸乙醇溶液
	共析钢	0.77	珠光体	4%硝酸乙醇溶液
	过共析钢	0.77~2.11	珠光体+二次渗碳体	4%硝酸乙醇溶液；苦味酸钠溶液
白口铸铁	亚共晶白口铁	2.11~4.3	珠光体+二次渗碳体+莱氏体	4%硝酸乙醇溶液
	共晶白口铁	4.3	莱氏体	4%硝酸乙醇溶液
	过共晶白口铁	4.3~6.69	莱氏体+一次渗碳体	4%硝酸乙醇溶液

Fe_3C 是铁与碳形成的一种化合物，其碳含量为 6.69%。经 3%~4%的硝酸乙醇溶液侵蚀后，渗碳体呈亮白色。若用苦味酸钠溶液侵蚀，则渗碳体呈黑色而铁素体仍为白色。由此可区别铁素体与渗碳体。此外，按铁碳合金成分与形成条件的不同，渗碳体呈现不同的形态：一次渗碳体（初生相）是直接由液体中析出的，故在白口铸铁中呈粗大的条片状；二次渗碳体（次生相）是从奥氏体中析出的，往往呈网络状沿奥氏体晶界分布。

3. 珠光体（P）

它是铁素体和渗碳体的机械混合物，在一般退火处理情况下是由铁素体和渗碳体交替排列形成的层片状组织。经硝酸乙醇溶液侵蚀后，在不同放大倍数的显微镜下，可以看到具有不同特征的层片状组织。当放大倍数较高时，能清楚地看到珠光体中平行相间的宽条铁素体和细条渗碳体（图 3-5a）；当放大倍数较低时，由于显微镜的鉴别能力小于渗碳体片厚度，这时就只能看到一条黑线，它实际上就是渗碳体（图 3-5b）；当组织较细而放大倍数更低时，珠光体片层就无法分辨而呈黑色。

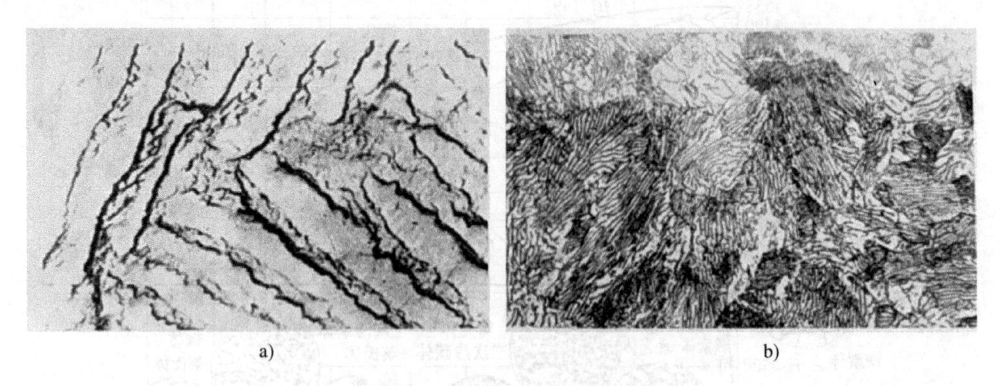

图 3-5 不同放大倍数下珠光体的显微组织

a）1500× b）400×

注：该图取自参考文献［4］

3.2.3 Fe-C（$Fe-Fe_3C$）相图分析

1. 相图中的点、线、区的意义

由于碳在铁中的含量超过溶解度后剩余的碳可以有两种存在形式，即以渗碳体 Fe_3C 和石墨碳的形式存在，因此，Fe-C 合金有两种相图，即 Fe-C 相图和 $Fe-Fe_3C$ 相图。在通常情况下，铁碳合金是按 $Fe-Fe_3C$ 系进行转变的。图 3-6 即为 $Fe-Fe_3C$ 相图。铁碳合金相图中的特性点见表 3-3。特性点的符号是国际通用的，不能随便变换。

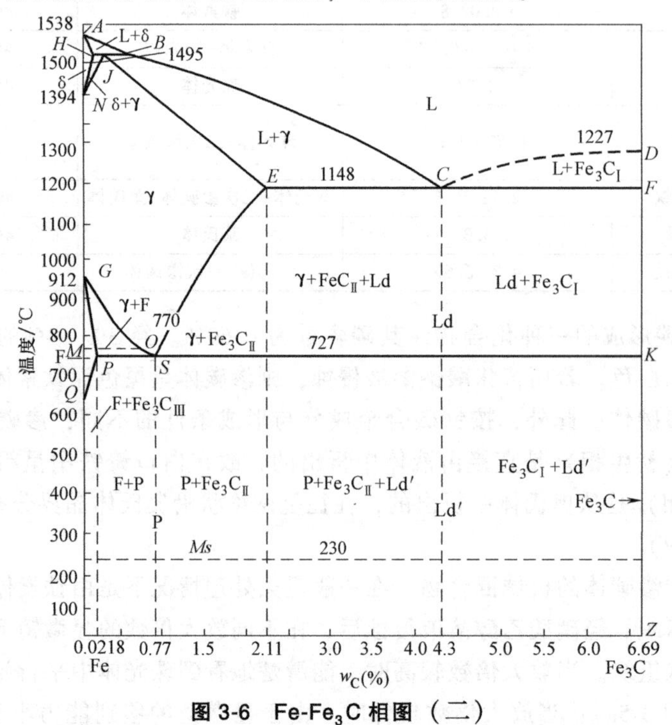

图 3-6 $Fe-Fe_3C$ 相图（二）

注：该图取自参考文献［4］

表 3-3 铁碳合金相图中的特性点

符号	温度/℃	w_C(%)	说明	符号	温度/℃	w_C(%)	说明
A	1538	0	纯铁的熔点	*J*	1495	0.17	包晶点
B	1495	0.53	包晶转变时液态合金的成分	*K*	727	6.69	渗碳体成分
C	1148	4.3	共晶点	*M*	770	0	纯铁的磁性转变点
D	1227	6.69	渗碳体的熔点	*N*	1394	0	γ-Fe↔δ-Fe 的转变温度
E	1148	2.11	碳在 γ-Fe 中的最大溶解度	*P*	727	0.0218	碳在 α-Fe 中的最大溶解度
G	912	0	α-Fe↔γ-Fe 转变温度	*S*	727	0.77	共析点
H	1495	0.09	碳在 δ-Fe 中的最大溶解度	*Q*	600	0.0057	碳在 α-Fe 中的溶解度

相图中的 *ABCD* 为液相线，*AHJEC* 是固相线，相图中有五个单相区，它们是：

ABCD 以上——液相区（用符号 L 表示）；

AHNA——固溶体区（用符号 δ 表示）；

NJESGN——奥氏体区（用符号 γ 表示）；

GPQG——铁素体区（用 F 表示）；

DFKZ——渗碳体线区（用 Fe_3C 表示）。

相图中有七个两相区，它们是 L+δ、L+γ、L+Fe_3C、δ+γ、γ+F、γ+Fe_3C 及 F+Fe_3C。

Fe-Fe_3C 相图上有三条水平线，即包晶转变线 *HJB*、共晶转变线 *ECF* 和共析转变线 *PSK*。

此外相图上还有两条磁性转变线：*MO* 细虚线（770℃）为铁素体的磁性转变线，230℃虚线为渗碳体的磁性转变线。

2. 相图分析

（1）包晶转变（水平线 *HJB*） 在 1495℃恒温下，碳的质量分数为 0.53%的液相与碳的质量分数为 0.09%的 δ 铁素体发生包晶反应，形成碳的质量分数为 0.17%的奥氏体，其反应式为

$$L_B+\delta_H \Leftrightarrow \gamma_J$$

进行包晶反应时，奥氏体沿 δ 相与液相的界面成核，并向 δ 相和液相两个方向长大，包晶反应终了时 δ 相和液相同时耗尽，变成单一的奥氏体相。

此类转变仅发生在碳的质量分数为 0.09%～0.53%的铁碳合金中。

（2）共晶转变（水平线 *ECF*） 共晶转变发生在 1148℃的恒温中，由碳的质量分数为 4.3%的液相转变为碳的质量分数为 2.11%的奥氏体和渗碳体（w_C=6.69%）所组成的混合物，称为莱氏体，用 Ld 表示。其反应式为

$$Ld \Leftrightarrow \gamma_E+Fe_3C$$

在莱氏体中，渗碳体是连续分布的相，而奥氏体则呈颗粒状分布在其上。由于渗碳体很脆，因此莱氏体的塑性很差，无使用价值。凡碳的质量分数为 2.11%～6.69%的铁碳合金都发生了转变。

（3）共析转变（水平线 *PSK*） 共析转变发生在 727℃恒温下，由碳的质量分数为 0.77%的奥氏体转变成碳的质量分数为 0.0218%的铁素体和渗碳体所组成的混合物，称为珠光体，用符号 P 表示。其反应式为

$$\gamma_S \Leftrightarrow F+Fe_3C$$

珠光体组织是片层状的，其中的铁素体体积大约是渗碳体的 8 倍，因此在金相显微镜

下，较厚的片是铁素体，较薄的片是渗碳体。所有碳的质量分数超过 0.02%的铁碳合金都发生这个转变。共析转变温度常标为 A_1 温度。

此外，$Fe\text{-}Fe_3C$ 相图中还有三条重要的固态转变线，它们是：

1）*GS* 线——奥氏体中开始析出铁素体或铁素体全部溶入奥氏体的转变线。此温度称为 A_3 温度。

2）*ES* 线——碳在奥氏体中的溶解度线。此温度称为 A_{cm} 温度。低于此温度时，奥氏体中仍将析出 Fe_3C，把它称为二次 Fe_3C，记作 Fe_3C_{II}，以区别从液体中经 *CD* 线直接析出的一次渗碳体（Fe_3C_I）。

3）*PQ* 线——碳在铁素体中的溶解度线。在 727℃时，碳的质量分数在铁素体中的最大溶解度仅为 0.0218%，随着温度的降低，铁素体中的溶碳量逐渐减少，在 300℃以下溶碳量少于 0.001%。因此，铁素体从 727℃冷却下来，也会析出渗碳体，称为三次渗碳体，记作 Fe_3C_{III}。

3.2.4 铁碳合金平衡组织

在铁碳相图上，根据碳的质量分数的不同，铁碳合金分为工业纯铁、碳钢及白口铸铁。

1. 工业纯铁

碳的质量分数小于 0.0218%的铁碳合金称为工业纯铁。室温下的组织为单相的铁素体晶粒。用 4%的硝酸乙醇侵蚀后，铁素体呈白色。当碳的质量分数偏高时，在少数铁素体晶界上析出微量的三次渗碳体小薄片，如图 3-7 所示。

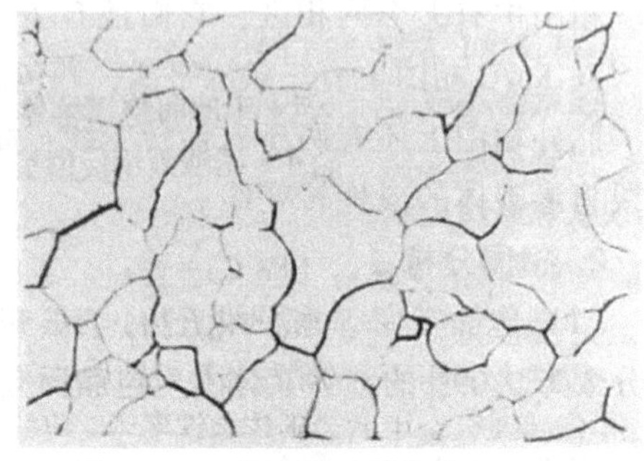

图 3-7 工业纯铁显微组织（100×）

注：该图取自参考文献［4］

2. 碳钢

碳的质量分数在 0.0218%～2.11%范围内的铁碳合金称为碳钢，根据钢中碳的质量分数的不同，其组织也不同。钢又分为亚共析钢、共析钢、过共析钢三种。

（1）亚共析钢 碳的质量分数在 0.0218%～0.77%范围内的碳钢为亚共析钢，其室温下的组织为铁素体和珠光体，如图 3-8 所示。在图中白色有晶界的为铁素体，黑色层片状的组

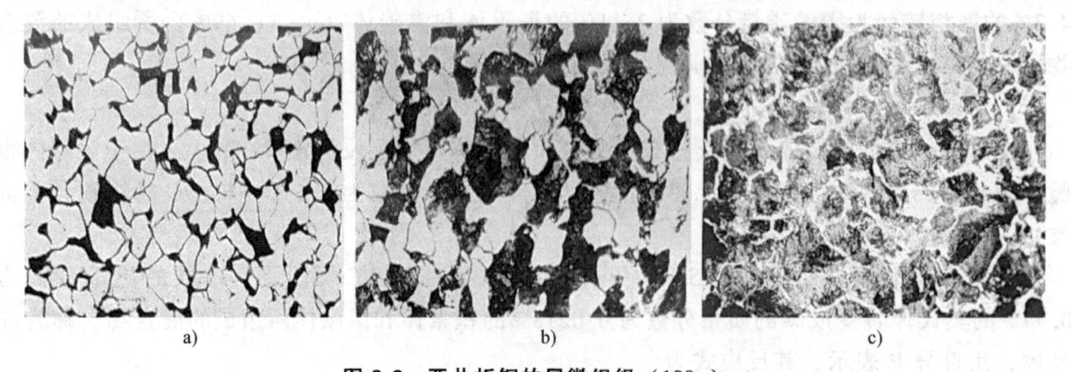

a) b) c)

图 3-8 亚共析钢的显微组织（100×）

a）20 钢 b）45 钢 c）65 钢

注：该图取自参考文献［4］

织为珠光体。随着碳的质量分数的增加，先共析铁素体逐渐减少，珠光体数量增加。

在显微镜下，可根据珠光体所占面积的百分数估计出亚共析钢中碳的质量分数：

$$w_C \approx w_P \times 0.77\%$$

式中　w_C——碳的质量分数；

w_P——珠光体所占面积的百分数。

（2）共析钢　碳的质量分数为 0.77%的碳钢为共析钢。其室温下的组织为层片状珠光体，如图 3-9 所示。在生产中，通常以 T8 钢作为共析钢处理。

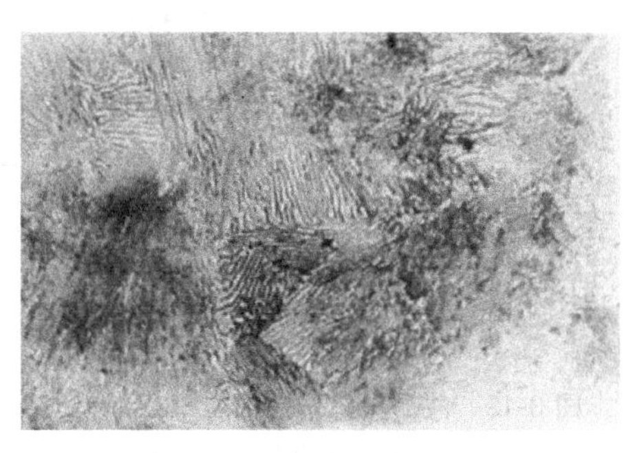

图 3-9　共析钢退火后的显微组织

注：该图取自参考文献［4］

（3）过共析钢　碳的质量分数在 0.77%～2.11%范围内的碳钢为过共析钢。其室温下的组织为层片状珠光体和二次渗碳体，如图 3-10 所示。用 4%的硝酸乙醇侵蚀，二次渗碳体呈白色网状分布在珠光体周围；用碱性苦味酸钠溶液热蚀后，渗碳体呈黑色。

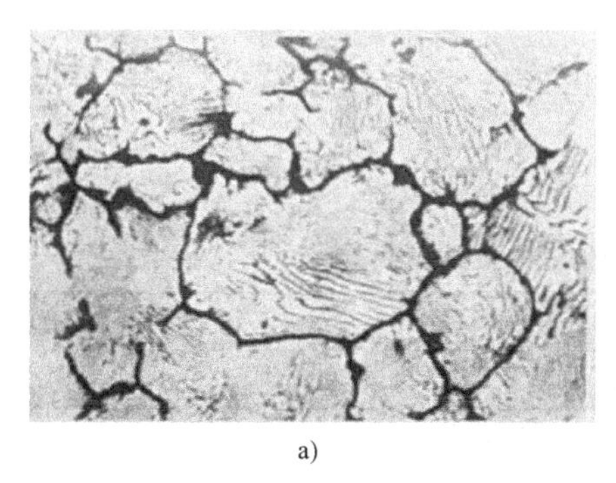

a)

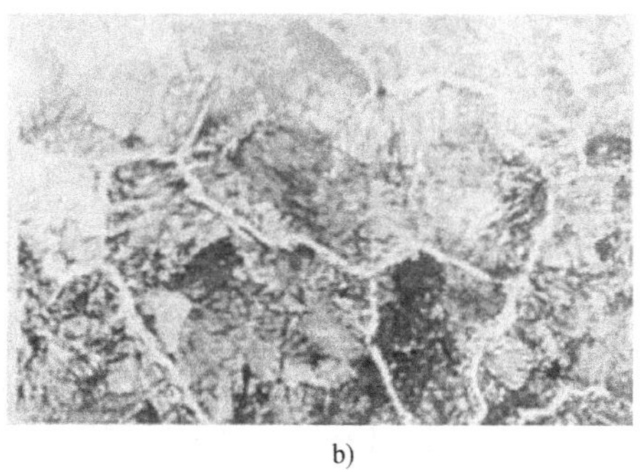

b)

图 3-10　过共析钢（T12 钢）**退火后的显微组织**（400×）

a）用碱性苦味酸钠溶液热蚀　b）用 4%的硝酸乙醇侵蚀

注：该图取自参考文献［4］

3. 白口铸铁

碳的质量分数在 2.11%～6.69%范围内的铁碳合金为白口铸铁。根据碳的质量分数的不同又分为亚共晶白口铸铁、共晶白口铸铁、过共晶白口铸铁三类。

（1）亚共晶白口铸铁　其碳的质量分数为 2.11%～4.3%，室温组织为珠光体、二次渗碳体和低温莱氏体，如图 3-11 所示。黑色树枝状为初生奥氏体转变的珠光体，其周围白色网状物为二次渗碳体，其余为莱氏体。莱氏体中的黑色粒状或短杆状物为共晶珠光体。

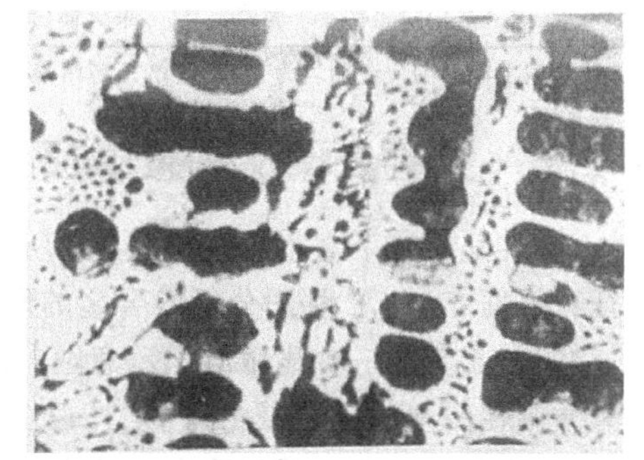

图 3-11　亚共晶白口铸铁的显微组织（400×）

注：该图取自参考文献［4］

（2）共晶白口铸铁　其碳的质量分数为 4.3%，室温组织为单一的莱氏体，如图 3-12 所示。图中的黑色粒状或短杆状物为珠光体，白色基体为渗碳体。

（3）过共晶白口铸铁　其碳的质量分数为4.3%~6.6%，室温组织为一次渗碳体和莱氏体，如图3-13所示。一次渗碳体呈白色长条状，贯穿在莱氏体基体上，其余为共晶莱氏体。

图3-12　共晶白口铸铁的显微组织（100×）

注：该图取自参考文献［4］

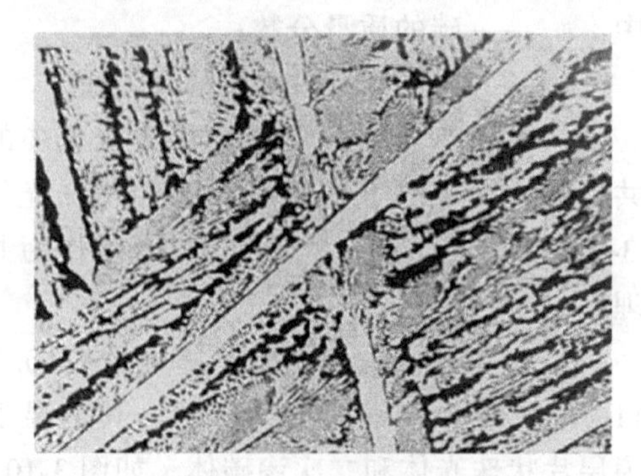

图3-13　过共晶白口铸铁的显微组织（100×）

注：该图取自参考文献［4］

3.2.5　实验设备及材料

1）金相显微镜。

2）铁碳合金相图。

3）各种铁碳合金的显微样品，见表3-4。

表3-4　碳钢和白口铸铁的显微组织

编号	材料	热处理	组织名称及特征	放大倍数
1	工业纯铁	退火	铁素体(呈等轴晶粒)和微量三次渗碳体(薄片状)	100~400
2	20钢	退火	铁素体(呈块状)和少量的珠光体	100~400
3	45钢	退火	铁素体(呈块状)和相当数量的珠光体	100~400
4	T8钢	退火	铁素体(宽条状)和渗碳体(细条状)相间交替排列	100~400
5	T12钢	退火	珠光体(暗色基底)和细网格状二次渗碳体	100~400
6	亚共晶白口铸铁	铸态	珠光体(呈黑色枝晶状)、莱氏体(斑点状)和二次渗碳体(在枝晶周围)	100~400
7	共晶白口铸铁	铸态	莱氏体,即珠光体(黑色细条及斑点状)和渗碳体(亮白色)	100~400
8	过共晶白口铸铁	铸态	莱氏体(暗色斑点)和一次渗碳体	100~400

注：以上样品的侵蚀剂均为4%的硝酸乙醇溶液。

3.2.6　实验步骤及注意事项

1）在显微镜下观察和分析表3-4所列铁碳合金的平衡组织，识别钢和铸铁组织形态的特征；根据Fe-Fe_3C相图分析各合金的形成过程。

2）绘出其中三种显微组织示意图。画图时，应抓住组织形态的典型特征，不要将磨痕或杂质画在图上。

3）根据显微组织近似确定亚共析钢中碳的质量分数

$$w_C = w_P \times 0.77\% + w_F \times 0.0008\%$$

式中，w_P、w_F 分别为珠光体和铁素体所占面积的百分数（%）。

3.2.7　实验报告要求

1）明确本次实验的目的。

2）画出所观察的亚共析钢、共析钢和过共析钢显微组织示意图，说明材料名称，并将组成物名称用指引线注明。

3）根据显微组织估算其中亚共析钢中碳的质量分数。

4）分析碳的质量分数对铁碳合金组织和性能的影响。

3.3　铸铁材料组织检验与热处理分析实验

3.3.1　实验目的

1）学会铸铁组织的检验与分析。

2）了解铸铁材料的热处理过程。

3.3.2　实验概述

铸铁是一种碳的质量分数大于 2.11% 的铁碳合金。除含有碳元素外，还含有大量的硅元素。普通铸铁的成分一般为：2.0%～4.0%C，0.6%～3.0%Si，0.2%～1.2%Mn，0.1%～1.2%P，0.08%～0.15%S。铸铁中的碳可以固溶物、化合物、游离物三种状态存在。铸铁的显微组织主要由石墨和金属基体组成。按照铸铁中碳的存在状态、石墨的形态特征及铸铁的性能特点的不同，铸铁可以分为白口铸铁、灰铸铁、球墨铸铁、可锻铸铁和蠕墨铸铁五类。铸铁的金相检验主要包括石墨形态、大小和分布情况，以及金属基体中各种组织组成物的形态、分布和数量等，并按照相应标准进行各种评定。本节主要介绍灰铸铁、球墨铸铁、可锻铸铁和蠕墨铸铁的组织特点与检验。

3.3.3　灰铸铁

灰铸铁是指金相组织中石墨呈片状的铸铁。按照灰铸铁的化学成分和性能特点，将其分为普通灰铸铁、合金灰铸铁和特殊性能灰铸铁。在生产上，通过孕育处理而获得的高强度铸铁又称为孕育铸铁。按照其抗拉强度的不同，灰铸铁可分为 HT100、HT150、HT200、HT250、HT300、HT350 六级牌号。

灰铸铁在平衡冷却的室温组织均为石墨和铁素体，如图 3-14 所示。为了确保灰铸铁的强度，一般需要获得珠光体基体。

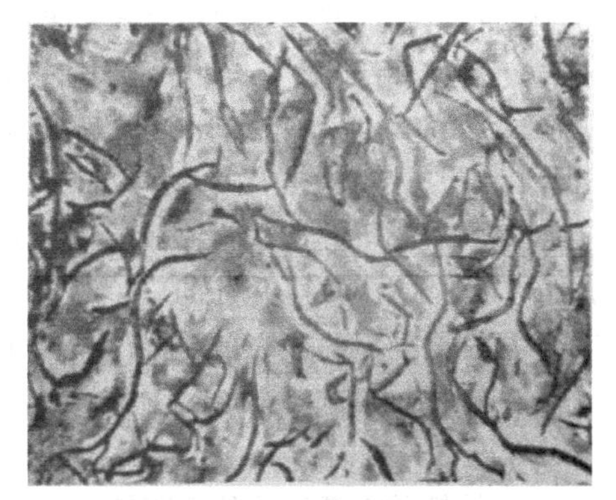

图 3-14　灰铸铁的金相组织（100×）

注：该图取自参考文献［4］

灰铸铁中的片状石墨在空间的分布实际上并非是孤立的片状，而是以一个个石墨核心出发，形成一簇簇不同位向的石墨分枝，以构成一个个空间立体结构。同簇石墨与其间的共晶奥氏体构成一个共晶团。铸铁凝固之后，便由这种相互毗邻的共晶团所组成。灰铸铁的金相检验按照 GB/T 7216—2009《灰铸铁金相检验》的规定方法和内容进行。

3.3.4 球墨铸铁

球墨铸铁的石墨呈球状或接近球状，如图 3-15 所示。由于不像灰铸铁中片状石墨那样对金属基体产生严重的割裂作用，就为通过热处理以提高球墨铸铁基体组织性能提供了条件。根据球墨铸铁的成分、力学性能和使用性能，一般可分为普通球墨铸铁、高强度合金球墨铸铁和特殊性能球墨铸铁。球墨铸铁中的石墨和基体组织的检验是球墨铸铁生产过程中的主要环节。

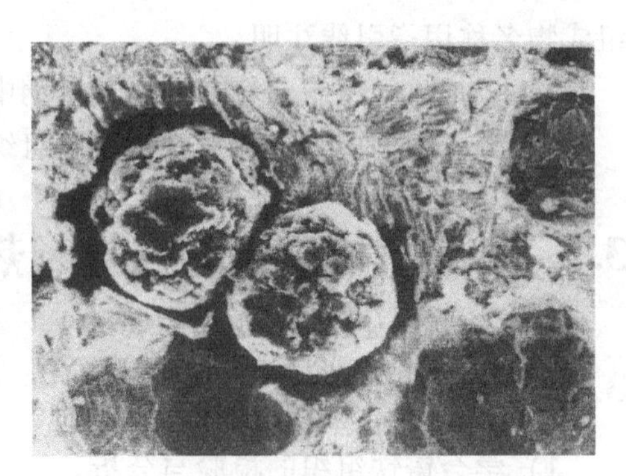

图 3-15 球墨铸铁铸造状态的石墨球

注：该图取自参考文献［4］

球墨铸铁的牌号共有八种，即 QT400-18、QT400-15、QT450-10、QT500-7、QT600-3、QT700-2、QT800-2、QT900-2。牌号中短划线前面的数字表示抗拉强度（R_m，MPa），后面的数字为断后伸长率（A,%）。各种牌号的球墨铸铁有其相应的金属基体组织：QT400-18、QT400-15、QT450-10 主要为铁素体，QT500-7 为铁素体+珠光体，QT600-3 为珠光体+铁素体，QT700-2 为珠光体，QT800-2 为珠光体或回火组织，QT900-2 为贝氏体或回火组织。此外，还可能存在碳化物及磷共晶等组织。

3.3.5 可锻铸铁

可锻铸铁是将铸态白口铸铁毛坯经过石墨化或脱碳处理而获得的铸铁，具有较高的强度及良好的塑性和韧性，故又称为延展性铸铁。

按照可锻铸铁的化学成分、热处理工艺及由此而导致的组织和性能之别，将其分为黑心可锻铸铁和白心可锻铸铁。黑心可锻铸铁是由白口铸铁毛坯经石墨化退火后获得团絮状石墨；白心可锻铸铁是由白口铸铁毛坯经高温氧化脱碳后获得全部铁素体或铁素体加珠光体组织（心部可能尚有渗碳体或石墨）。在黑心可锻铸铁中，又分为黑心铁素体可锻铸铁和黑心珠光体可锻铸铁。我国应用最多的是黑心铁素体可锻铸铁。通常所指的黑心可锻铸铁即指黑心铁素体可锻铸铁，其组织是团絮状石墨和铁素体，如图 3-16 所示。由于团絮状石墨对金属基体的割裂作用远比片状石墨小，因此可锻铸铁的性能介于灰铸铁与球墨铸铁之间。

我国的黑心可锻铸铁的牌号是按其力学性能指标划分的，共分为八级，即 KTH300-06、KTH300-08、KTH350-10、KTH370-12、KTH450-06、KTH550-04、KTH650-02、KTH700-02。牌号中短划线前面的数字表示抗拉强度（R_m，MPa），后面的数字为断后伸长率（A%）。

3.3.6 蠕墨铸铁

蠕墨铸铁的石墨结构处于灰铸铁的片状石墨和球墨铸铁的球状石墨之间，特征是石墨的长和厚之比较小，在光学显微镜下，片厚且短，两端部圆钝，如图 3-17 所示。

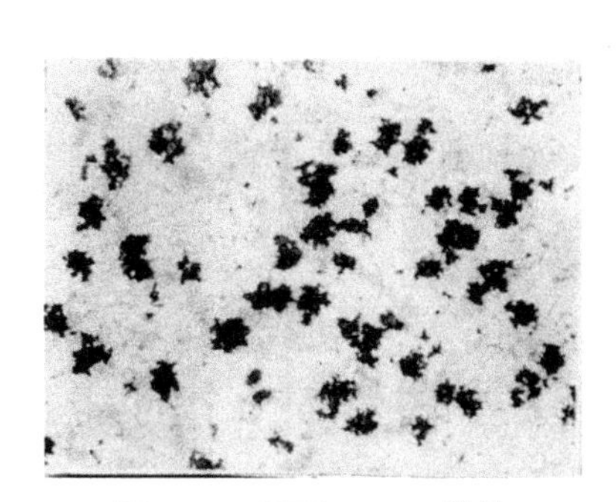

图 3-16　KTH300-06 铸铁石墨化退火组织（100×）

注：该图取自参考文献［4］

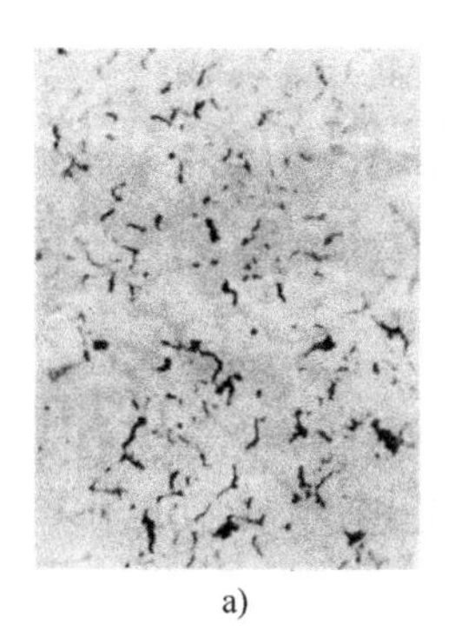

a)

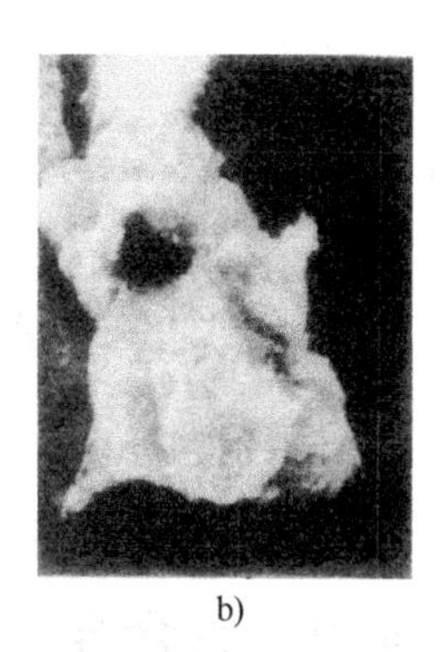

b)

图 3-17　蠕墨铸铁的石墨形态

a）100×　b）1200×

注：该图取自参考文献［4］

蠕墨铸铁的金相检验包括蠕化率和基体组织（珠光体的数量）的检验。如图 3-18 所示，图 3-18a 中石墨呈蠕虫状和团状石墨，蠕化率为 75%；图 3-18b 中石墨呈蠕虫状石墨和球团状石墨，蠕化率为 85%；图 3-18c 中石墨呈蠕虫状石墨和部分开花状石墨，蠕化率为 95%。在图 3-19 中，图 3-19a 中的珠光体体积分数为 25%，图 3-19b 中的珠光体体积分数为 45%。

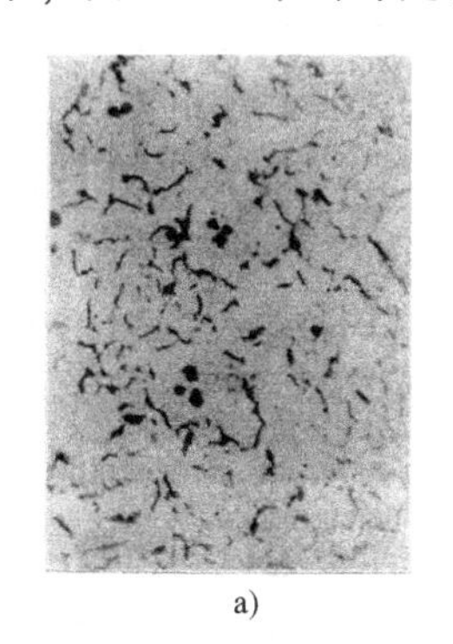

a)

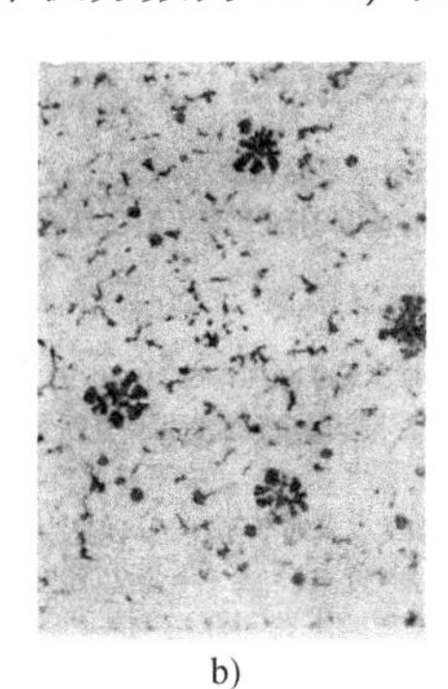

b)

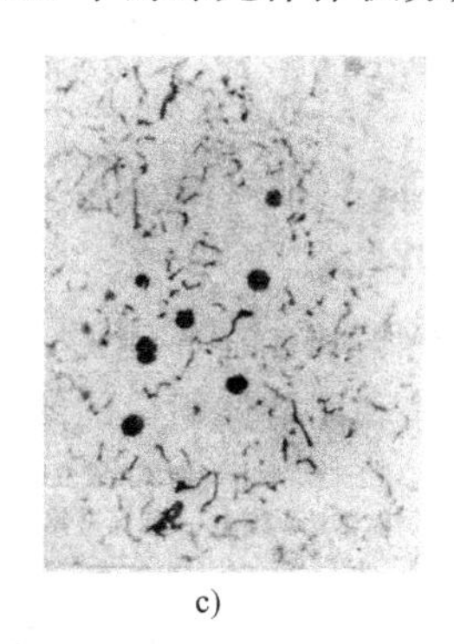

c)

图 3-18　蠕墨铸铁的蠕化率（100×）

a）蠕化率为 75%　b）蠕化率为 85%　c）蠕化率为 95%

注：该图取自参考文献［4］

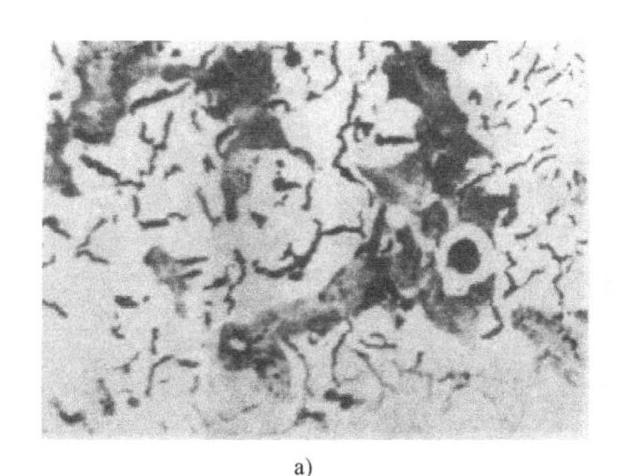

a)

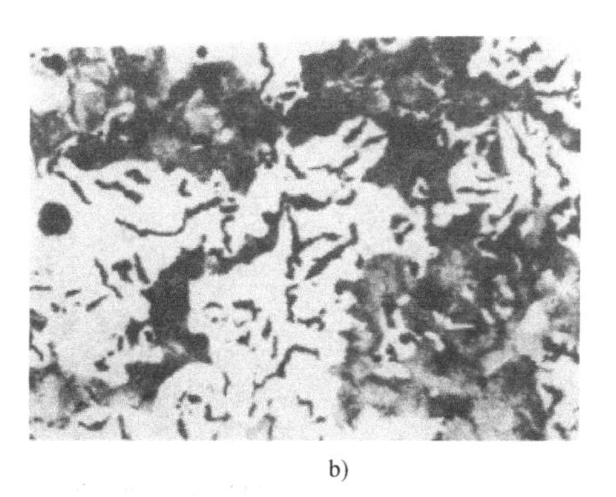

b)

图 3-19　蠕墨铸铁的珠光体级别（100×）

a）珠光体体积分数为 25%　b）珠光体体积分数为 45%

注：该图取自参考文献［4］

3.4 有色金属的显微组织分析

3.4.1 实验目的

1）识别和分析有色金属在平衡状态下的显微组织。

2）加深理解有色金属处理过程和实际应用。

3.4.2 铝合金

铝及铝合金具有优良的塑性，高的导电性、导热性、耐蚀性，其铸造性、切削性、加工成形性能也十分优异，特别是通过合金化、热处理、加工硬化等手段，可以显著提高铝合金的强韧性，并使比强度和比刚度远远超过一般的合金结构钢，因而应用极为广泛。在工业上常用的铝合金为 Al-Si 系、Al-Cu 系、Al-Mg 系和 Al-Zn 系四大类。

按生产方法可将铝合金分为铸造铝合金和变形铝合金。铸造铝合金根据主要合金元素的不同，分为铸造铝硅合金、铸造铝铜合金、铸造铝镁合金、铸造铝锌合金、压铸铝合金等。根据合金化及其热处理特性，通常将变形铝合金分为热处理不可强化铝合金（纯铝系列，防锈铝 Al-Mn、Al-Mg 系列）和热处理可强化铝合金（硬铝 Al-Cu-Mg-Mn 系列、锻铝 Al-Mg-Si-Cu 系列、超硬铝 Al-Zn-Mg-Cu 系列及其他系列）等。现简单介绍常见的几种铝合金。

1. ZL102

ZL102 属于二元铝-硅合金，又称为硅铝明，含 $w_{Si}=10\%\sim13\%$。ZL102 的铸造组织为粗大针状硅晶体和固溶体组成的共晶体，以及少量呈多面体形的初生硅晶体。粗大的硅晶体极脆，严重降低铝合金的塑韧性。为了改善合金的性能，通常进行变质处理，即浇注之前在合金液体中加入占合金质量 2%~3%的变质剂。由于这些变质剂能促进硅的生核，并能吸附在硅表面阻碍硅的生长，而使合金组织大大细化，同时使合金共晶右移，使合金变为亚共晶成分。经变质处理后的组织由 α 固溶体和细密的共晶体（α+Si）组成。由于硅的细化，使合金的强度和塑性明显改善。图 3-20 所示为 ZL102 合金的显微组织。

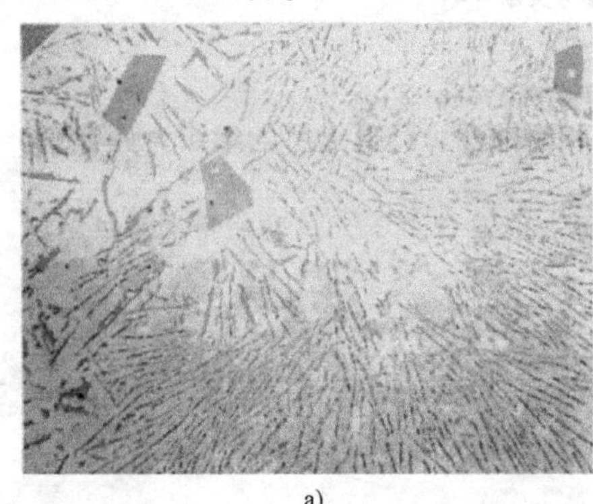
a)

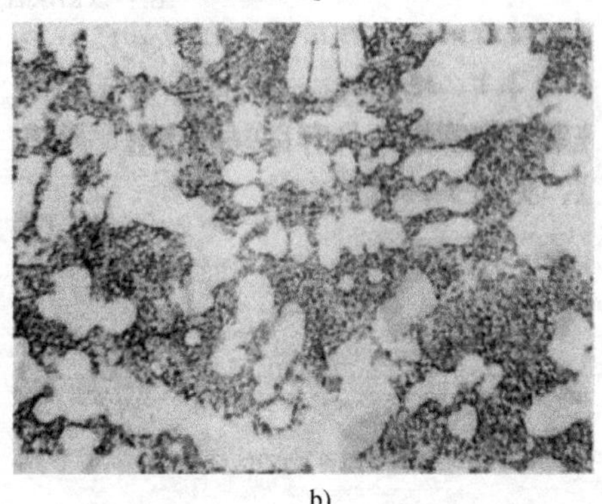
b)

图 3-20 ZL102 合金的显微组织（100×）

a）未变质处理 b）变质处理

注：该图取自参考文献［3］

2. ZL109

ZL109属共晶型铝合金，成分为$w_{Si}=11\%\sim13\%$、$w_{Cu}=0.5\%\sim1.5\%$、$w_{Mg}=0.8\%\sim1.3\%$、$w_{Ni}=0.8\%\sim1.5\%$，余量为铝。金相显微组织为$\alpha(Al)+Si+Mg_2Si+Al_3Ni$，如图3-21所示。其中$\alpha(Al)$为白色基体，灰色板片为Si，黑色板块状为Al、Ni，黑色骨骼状为Mg_2Si。该合金加入Ni的目的主要是形成耐热相。

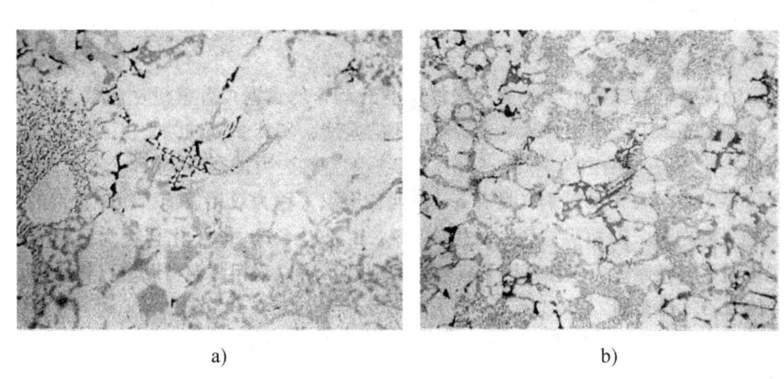

a) b)

图3-21 ZL109合金的显微组织

a）未变质处理 b）变质处理

注：该图取自参考文献［3］

3. ZL203

ZL203属于Al-Cu系合金，成分为$w_{Cu}=4.0\%\sim5.0\%$，余量为铝。在铸态下它由$\alpha(Al)$和晶间分布的$\alpha(Al)+Al_2Cu+N(Al_2Cu_2Fe)$相组成，经淬火处理后，$Al_2Cu$全部溶入$\alpha(Al)$，其强度和塑性都比铸态高。ZL203合金的显微组织如图3-22所示。

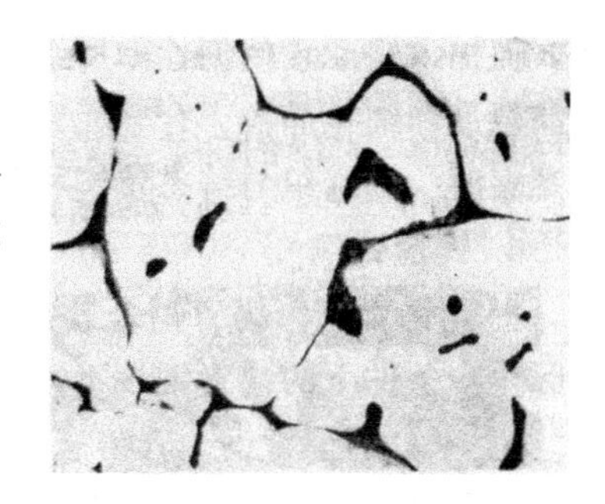

图3-22 ZL203合金的显微组织（400×）

注：该图取自参考文献［3］

3.4.3 铜合金

铜及铜合金具有优良的导电、导热性能，足够的强度、弹性和耐磨性，良好的耐蚀性，在电气、石油化工、船舶、建筑、机械等行业得到广泛应用。按照传统的分类方法，铜合金可分为纯铜、黄铜（铜锌合金）、白铜和青铜四大类；按照加工方法的不同，铜合金又可分为铸造铜合金和变形铜合金。

1. 纯铜

纯铜具有良好的导电、导热性和耐蚀性。纯铜经退火后的组织为具有孪晶的等轴晶粒，如图3-23所示。

图3-23 纯铜的显微组织（100×）

注：该图取自参考文献［3］

2. 黄铜

常用的黄铜中锌的质量分数小于45%，锌的质量分数小于39%的黄铜具有单相α晶粒，呈多边形，并有大量的孪晶产生。单相黄铜由于晶粒位相的差别，使其受侵蚀的程度不同，晶粒颜色有明显差异。与纯铜相似，单相黄铜具有良好的塑性，可进行冷变形。

含锌为39%~45%的黄铜，具有α+β′两相组织，称为双相黄铜。黄铜H62的显微组织中α相呈亮白色，β′相为黑色，如图3-24所示。β′是以CuZn电子化合物为基的有序固溶体，在室温下较硬而脆，但在高温下有较好的塑性，因此双相黄铜可以进行热压力加工。

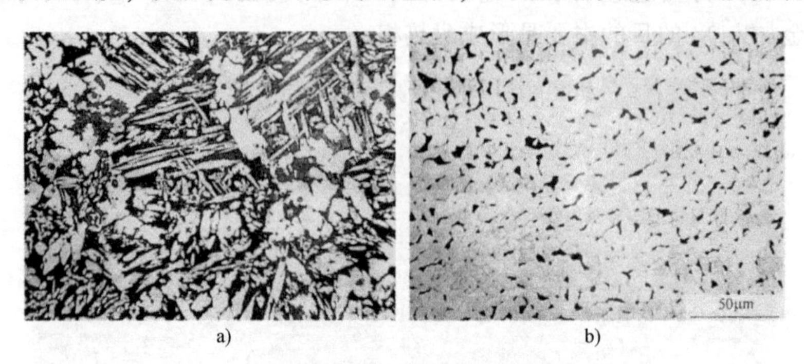

图3-24　两相黄铜的显微组织

a）铸态未变形处理　b）变形后退火处理

注：该图取自参考文献［3］

3. 锰黄铜

为了改善铜合金的性能，在黄铜中加入锰元素，目的是提高合金强度和对海水的耐蚀性。但加入锰元素使韧性有所下降。而加入锰元素的同时再加入铁元素能明显提高黄铜的再结晶温度和细化晶粒，合金元素的加入只改变了组织中α相和β′相组成的比例。在显微镜下观察时，其组织与铸态黄铜相似，不出现新相，如图3-25所示。

4. 铸造青铜

（1）锡青铜　锡青铜是最常用的青铜材料。由于锡原子在铜中的扩散速度极慢，因此实际生产条件下的锡青铜按不平衡相图进行结晶。

w_{Sn}<6%的锡青铜，其铸态组织为树枝晶外形的单相固溶体，如图3-26所示。这种合金经变形及退火后的组织为具有孪晶的α等轴晶粒。w_{Sn}>6%时，其铸态组织为α+(α+δ）的共析体。δ相是以$Cu_{31}Sn_8$为基体的固溶体，性硬而脆，不能进行变形加工。

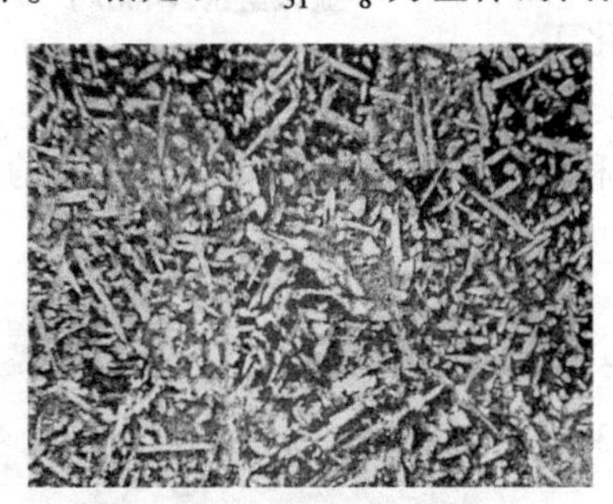

图3-25　锰黄铜的铸态显微组织

注：该图取自参考文献［3］

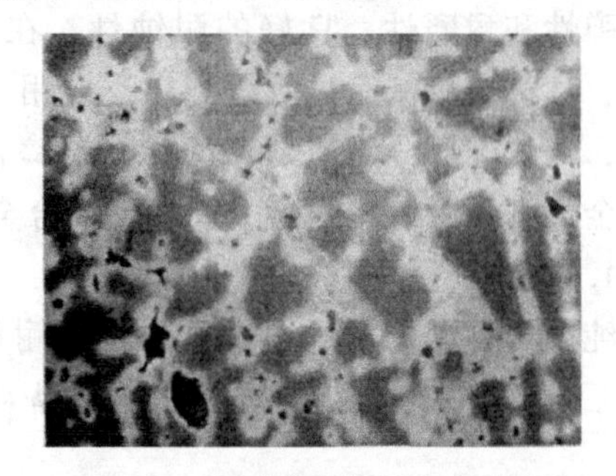

图3-26　锡青铜的铸态显微组织

注：该图取自参考文献［3］

（2）铝青铜　铝青铜是以Cu-Al为基体的合金，w_{Al}≤11%。常用的铝青铜的平衡组织有两种：一种是w_{Al}<9.4%的、组织为单的树枝状α相，用于压力加工；一种是w_{Al}=9.4%~11.8%的、组织为树枝状的α固溶体与层片状的$\alpha+\gamma_2$共析体。

铝青铜的铸态显微组织与平衡组织区别比较大，只要 $w_{Al}>7.5\%$ 就可能出现 $\alpha+\gamma_2$ 共析体。γ_2 相质硬而脆，是一种不利于应用的化合物。为了得到 $\alpha+\beta$ 组织，可以采取急冷的办法避免 β 相的分解，或在合金中加入 Ni-Mn 元素，以扩大 α 相区，减少 β 相区。图 3-27 所示为铝青铜的铸态显微组织。

3.4.4　轴承合金

轴瓦合金主要用于涡轮内燃机、汽车、拖拉机、空压机、柴油机等的轴瓦、轴套、衬套等。轴瓦合金的金相组织可以分为两大类：一类是具有软基体、硬质点的金相组织，如锡基和铅基巴氏合金；另一类是具有硬基体、软质点的金相组织，如铜铅合金、铝锡合金等。

1. 锡基轴承合金

锡基轴承合金是以 Sn 为基础，加入 Sb-Cu 等元素组成的合金，称为巴氏合金。其显微组织为 $\alpha+\beta'+Cu_6Sn_5$ 相组成，如图 3-28 所示。软基体 α 呈黑色，是 Sb 在 Sn 中的固溶体。白色方块为硬质点 β′相，是以 SnSb 为基的有序固溶体。白色星状或针状物 Cu_6Sn_5 为硬质点。加入铜的目的是为了防止 β′相上浮减少合金的密度偏析，同时提高合金的耐磨性。

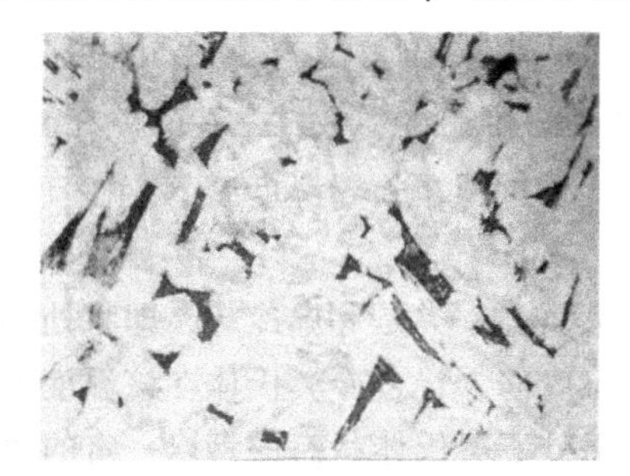

图 3-27　铝青铜的铸态显微组织（200×）

注：该图取自参考文献［3］

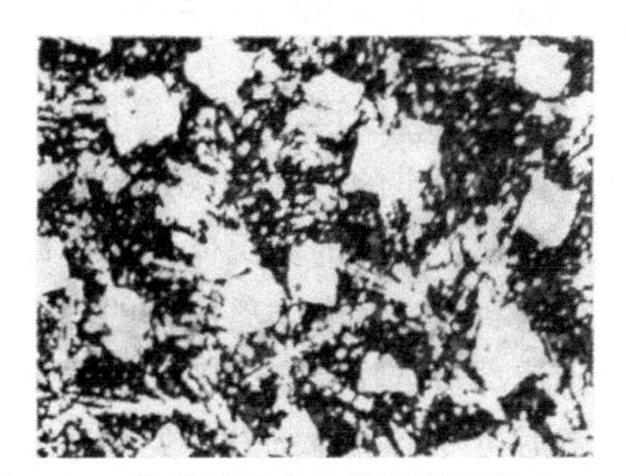

图 3-28　锡基轴承合金的显微组织（100×）

注：该图取自参考文献［3］

2. 铅基轴承合金

铅基轴承合金是以 Pb 为基础，加入 Sb、Sn、Cu 等元素组成的合金，其显微组织为 $(\alpha+\beta)+\beta'+Cu_2Sb$ 相组成，如图 3-29 所示。组织中的软基体是 $\alpha+\beta$ 共晶体，呈暗黑色。硬质点 B′相为化合物 SnSb，呈白色方块。化合物 Cu_2Sb 呈白色针状，也是硬质点。

3. 铜基轴承合金

铜基轴承合金为 Cu-Pb 二元系合金，组织特点为硬基体、软质点，如图 3-30 所示。白色树枝状为 α 固溶体，树枝间隙中的灰色相为铅质点。一般认为铅质点分布越均匀，性能越好。

图 3-29　铅基轴承合金的显微组织（100×）

注：该图取自参考文献［3］

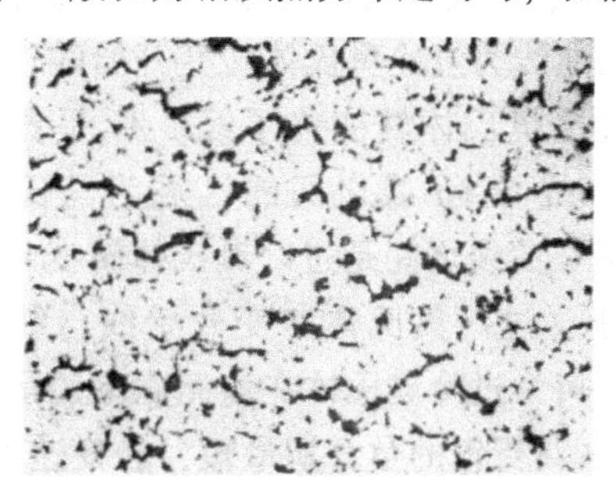

图 3-30　铜基轴承合金的显微组织（100×）

注：该图取自参考文献［3］

3.5 钢的热处理实验

3.5.1 实验目的

1）了解碳钢的基本热处理（退火、正火、淬火及回火）工艺方法。

2）了解加热温度、冷却条件与钢性能的关系。

3）分析淬火及回火温度对钢性能的影响。

3.5.2 实验概述

钢的热处理就是通过加热、保温和冷却三个步骤来改变内部组织，从而获得所需性能的一种加工工艺。根据加热、保温和冷却方式的不同，钢的热处理基本工艺方法可分为退火、正火、淬火及回火等。

3.5.3 钢在冷却时的转变

由 $Fe\text{-}Fe_3C$ 相图可知，在 A_1 温度以上，奥氏体是稳定的，不会发生转变；在 A_1 温度以下，奥氏体是不稳定的，将向珠光体和其他组织转变。这种在临界温度以下存在且处于不稳定状态、将要发生转变的奥氏体称为过冷奥氏体。

在热处理实际生产中，奥氏体的冷却方法有两大类：一类是等温冷却，即将处于奥氏体状态的钢迅速冷却至临界点以下某一温度并保温一定时间，让过冷奥氏体在该温度下发生组织转变，然后再冷至室温；另一类是连续冷却，即将处于奥氏体状态的钢以一定的速度冷却至室温，使奥氏体在一个温度范围内发生连续转变。

1. 过冷奥氏体等温转变曲线

过冷奥氏体等温转变曲线称为C曲线，也称为TTT（Time Temperature Transformation）曲线，如图3-31所示（以共析钢为例）。

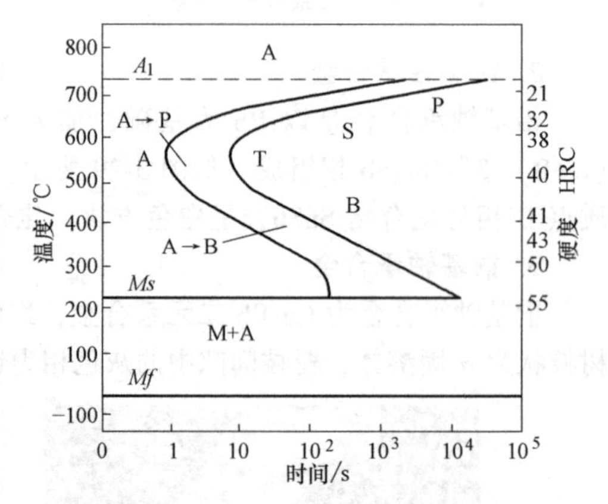

图3-31 共析钢过冷奥氏体等温转变曲线

注：该图取自参考文献［3］

图中最上面的水平虚线表示钢的临界点 A_1（723℃，奥氏体与珠光体的平衡温度），下方的一根水平线 *Ms* 为马氏体转变开始温度，另一条水平线 *Mf* 为马氏体转变终了温度。A_1 和 *Ms* 之间左边的曲线为过冷奥氏体转变开始线；右边的曲线为过冷奥氏体转变终了线。A_1 是奥氏体稳定区，*Ms* 线与 *Mf* 线之间的区域为马氏体转变区。两条C曲线之间是过冷奥氏体转变区域。在 A_1 温度下，过冷奥氏体转变开始线与纵坐标间的水平距离为过冷奥氏体在该温度下的孕育期。在不同温度下等温，其孕育期是不同的。在550℃左右共析钢的孕育期最短，转变速度最快，此处称为C曲线的鼻子。

C曲线的形状和位置会随材料中的主要成分的不同而变化。

（1）碳含量的影响　与共析钢相比，亚共析钢和过共析钢的C曲线都多出一条先共析相曲线，如图 3-32 所示。在发生珠光体转变以前，亚共析钢会先析出铁素体，过共析钢则先析出渗碳体。

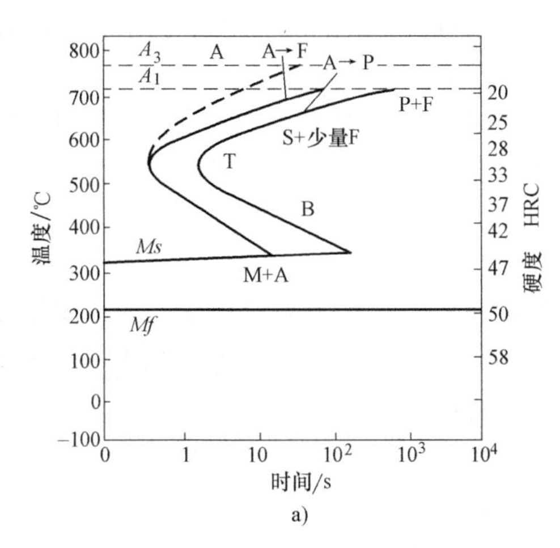

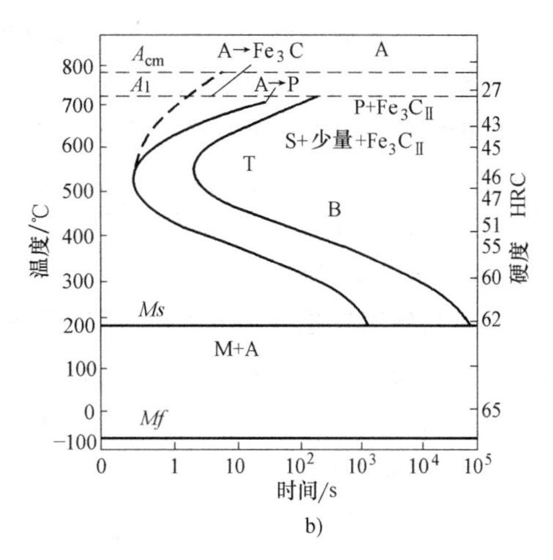

图 3-32　过冷奥氏体等温转变曲线

a）亚共析钢　b）过共析钢

注：该图取自参考文献［3］

（2）合金元素的影响　材料中加入微量合金元素可以明显地提高过冷奥氏体的稳定性。在一般情况下，除 Co 元素和 Al（$w_{Al}>2.5\%$）元素以外的所有溶入奥氏体中的合金元素，都会增加过冷奥氏体的稳定性，使 C 曲线向右移，并使 *Ms* 点降低，其中 Mo 元素的影响最为强烈。

（3）奥氏体的晶粒度和均匀化程度的影响　奥氏体晶粒细化有利于新相的形核和原子的扩散，有利于奥氏体共析转变和珠光体转变，但晶粒度对贝氏体转变和马氏体转变的影响不大。奥氏体越均匀，稳定性越好，奥氏体转变所需时间越长，C 曲线往右移。因此，奥氏体化温度越高，保温时间越长，则奥氏体晶粒越粗大，成分越均匀，从而增加了它的稳定性，使 C 曲线向右移。反之 C 曲线向左移。

2. 过冷奥氏体连续转变曲线

共析钢的过冷奥氏体连续转变曲线只有珠光体转变区和马氏体转变区，无贝氏体转变区，如图 3-33 所示。珠光体转变区由三条线构成。图中左边一条线为过冷奥氏体转变开始线，右边一条为转变终了线，两条曲线下面的连线为过冷奥氏体转变终止线。*Ms* 线和临界冷却速度 v_c 线以下为马氏体转变区。

从图 3-33 中可以看出，过冷奥氏体以 v_1 速度冷却时，当冷却曲线与珠光体转变线相交时，奥氏体便开始向珠光体转变，当与珠光体转变终了线相交时，表明奥氏体转变完毕，获得 100%的珠光体。但冷却速度增大到 v_c 时，冷却曲线不与珠

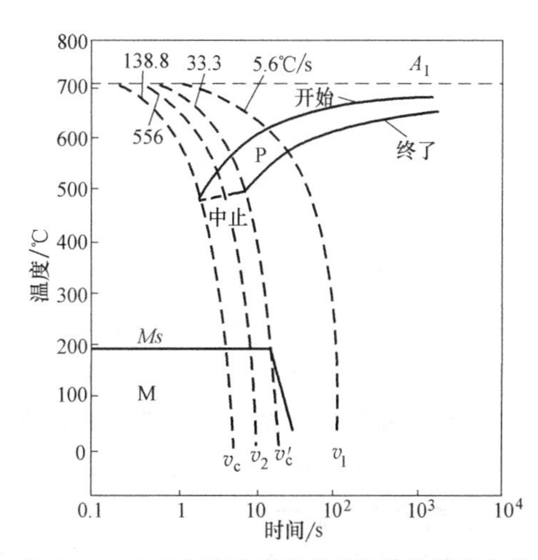

图 3-33　共析钢过冷奥氏体连续冷却转变曲线

注：该图取自参考文献［3］

光体转变线相交，而与 *Ms* 线相交，此时发生马氏体转变。冷至 *Mf* 点时转变终止，得到的组织为马氏体+未转变的残留奥氏体。冷却速度介于 v_c 与 v'_c 之间时，则过冷奥氏体先开始珠光体转变，冷至转变终了线时，珠光体转变停止，继续冷却至 *Ms* 点以下，未转变的过冷奥氏体开始发生马氏体转变，最后的组织为珠光体+马氏体。

亚共析钢的转变与共析钢相比有较大差别。亚共析钢在转变时出现了先共析铁素体区和贝氏体转变区，且点 *Ms* 右端降低。对于过共析钢而言，虽然也无贝氏体转变区，但有先共析渗碳体析出区，*Ms* 点右端则有所升高。

3. 钢的珠光体转变

珠光体的转变发生在临界温度 A_1 以下较高的范围内，又称为高温转变。珠光体转变是单相奥氏体分解为铁素体和渗碳体相的机械混合物的相变过程，属于扩散型相变。按照珠光体中的 Fe_3C 形态，可把珠光体分为片状珠光体和粒状珠光体。

（1）片状珠光体　片状珠光体是由片层相间的铁素体和渗碳体片组成的，若干大致平行的铁素体和渗碳体片组成一个珠光体领域或珠光体团，在一个奥氏体晶粒内，可形成几个珠光体团。图 3-34a 所示为扫描电镜下典型的珠光体组织形态。珠光体团中相邻的两片渗碳体（或铁素体）之间的距离称为珠光体片间距。珠光体片间距是用来衡量珠光体组织粗细程度的一个重要指标。珠光体片间距的大小主要与过冷度（即珠光体的形成温度）有关，而与奥氏体的晶粒度和均匀性无关。片状珠光体的力学性能主要取决于片间距和珠光体团的直径。珠光体团的直径越小，片间距越小，则钢的强度和硬度越高，塑性显著增强。

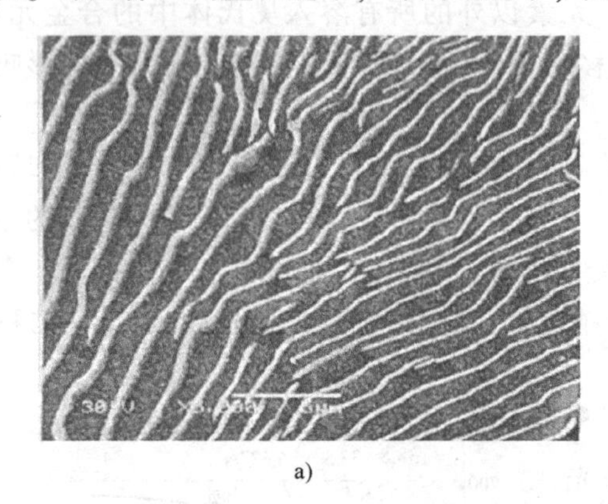

a)

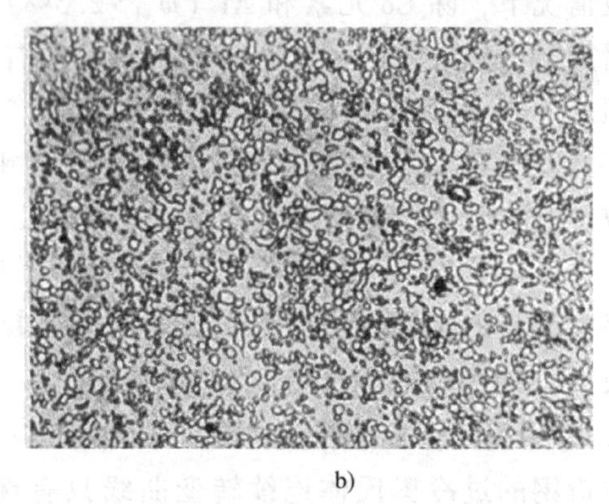

b)

图 3-34　珠光体的显微组织形态

a）扫描电镜下的片状珠光体（5000×）　b）粒状珠光体（500×）

注：该图取自参考文献［3］

（2）粒状珠光体　粒状珠光体是由片状珠光体经球化退火后，变为在铁素体基体上分布着颗粒状渗碳体的组织。粒状珠光体的力学性能主要取决于渗碳体颗粒的大小、形态与分布状况。一般情况下，钢的成分一定时，渗碳体颗粒越细，形状越接近等轴状，分布越均匀，其强度和硬度就越高，韧性越好。在相同成分下，粒状珠光体的硬度比片状珠光体的硬度稍低，但塑性、冷加工性较好。

4. 钢的马氏体转变

马氏体转变属于低温转变。钢的马氏体组织是碳在 α-Fe 中的过饱和固溶体，具有很高的硬度和强度。由于马氏体转变是在较低温度下进行的，此时，碳原子和铁原子均不能进行扩散。马氏体转变过程中铁的晶格改组是通过切变方式来完成的，因此，马氏体转变是典型的非扩散型相变。马氏体分为板条马氏体和片状马氏体，如图 3-35 所示。

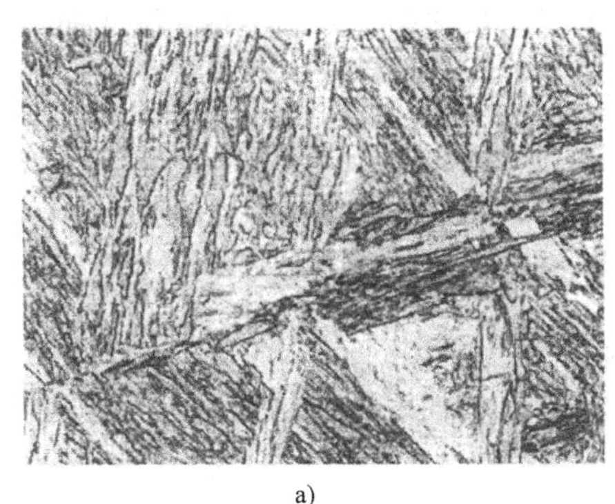

a)

b)

图 3-35　马氏体的显微组织形态

a）板条马氏体　b）片状马氏体

注：该图取自参考文献［4］

（1）板条马氏体　板条马氏体是中、低碳钢及马氏体时效钢、不锈钢等铁基合金中形成的一种典型马氏体组织。它是由许多成群的、相互平行排列的板条所组成，如图 3-35a 所示。板条马氏体的空间形态是扁条状，其亚结构主要为高密度的位错。这些位错分布不均匀且相互缠结，形成胞状亚结构。

（2）片状马氏体　片状马氏体是在中、高碳钢和 Ni 的质量分数大于 20%的 Fe-Ni 合金中出现的马氏体。片状马氏体的空间形态呈双凸透镜状，由于与试样的磨面相截，在光学显微镜下，则呈针状或竹叶状，因此又称为针状马氏体。马氏体片之间不平行，呈一定的交角，其组织形态如图 3-35b 所示。片状马氏体内部的亚结构主要是孪晶，因此片状马氏体又称为孪晶马氏体。

影响马氏体转变的主要因素有：

1）化学成分。钢的 *Ms* 点主要取决于奥氏体成分，其中碳是影响最强烈的因素。随着奥氏体中碳含量的增加，*Ms* 和 *Mf* 点下移。溶入奥氏体中的合金元素除 Al、Co 提高 *Ms* 点，Si、B 不影响 *Ms* 点外，绝大多数合金元素均不同程度地降低 *Ms* 点。

2）奥氏体晶粒大小。奥氏体晶粒增大会使 *Ms* 点升高。

3）奥氏体的强度。随着奥氏体强度的提高，*Ms* 点降低。

5. 钢的贝氏体转变

贝氏体转变是介于马氏体和珠光体之间的转变，属于中温转变。其转变特点既有珠光体转变特征，又有马氏体转变特征。其转变产物是碳过饱和的铁素体和碳化物组成的机械混合物。根据形成温度的不同，可分为上贝氏体和下贝氏体。由于下贝氏体具有优良的综合力学性能，故在工业中得到广泛应用。

（1）上贝氏体　上贝氏体形成于贝氏体转变区中较高温度范围内。钢中的贝氏体呈成束分布，是平行排列的铁素体和夹于其间的断续的条状渗碳体的混合物。在中、高碳钢中，当上贝氏体形成量不多时，在光学显微镜下可观察到成束排列的铁素体的羽毛状特征。图 3-36a 所示为上贝氏体的显微组织形态。

（2）下贝氏体　下贝氏体形成于贝氏体转变区中较低温度范围内。典型的下贝氏体是由含碳过饱和的片状铁素体和其内部沉淀的碳化物组成的机械混合物。下贝氏体的空间形态呈双凸透镜状，在光学显微镜下呈黑色针状或竹叶状，针与针之间呈一定夹角。图 3-36b 所示为下贝氏体显微组织形态。下贝氏体可以在奥氏体晶界上形成，但更多的是在奥氏体晶内形成。

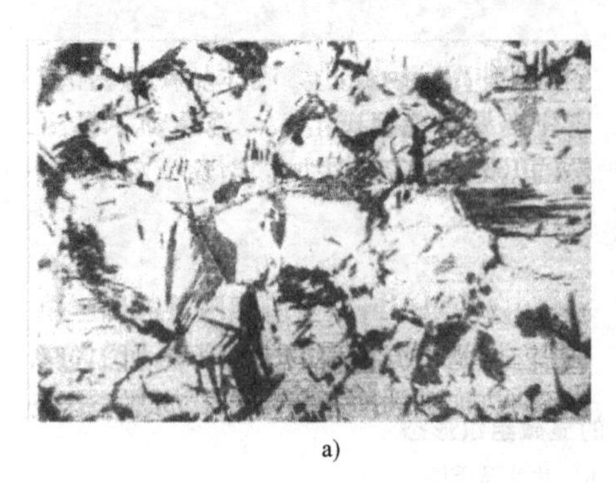

a)

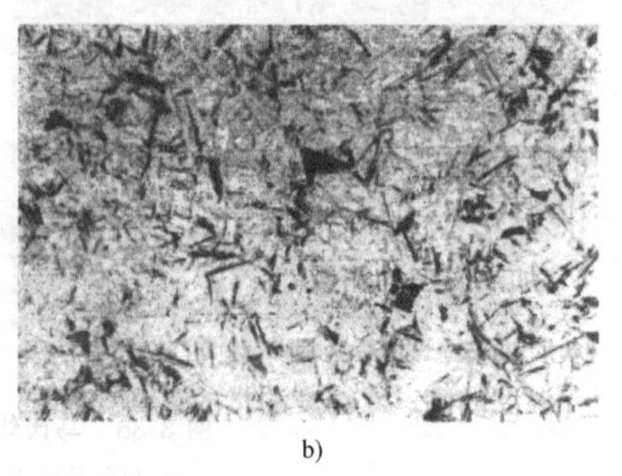

b)

图 3-36　贝氏体的显微组织形态

a）羽毛状的上贝氏体　b）黑色针状的下贝氏体

注：该图取自参考文献［3］

粒状贝氏体是近年来在一些中、低碳合金钢中发现的一种贝氏体，形成于上贝氏体转变区上限温度范围内。其组织特征是在粗大的块状或针状铁素体内或晶界上分布着一些孤立的、形态为粒状或长条状的小岛，这些小岛是未转变的奥氏体。图 3-37 所示为粒状贝氏体的显微组织形态。

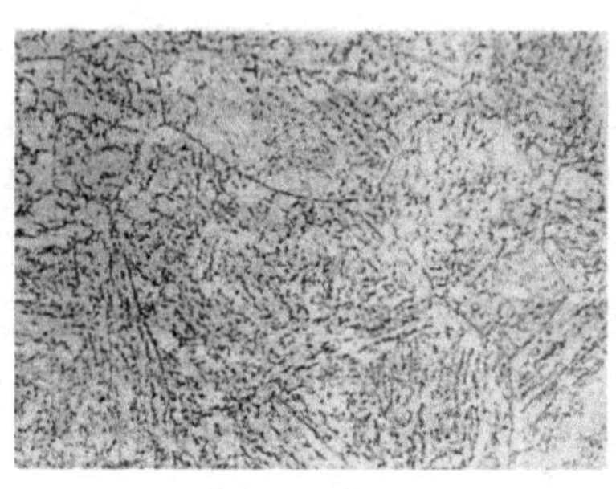

图 3-37　粒状贝氏体的显微组织形态

注：该图取自参考文献［4］

6. 魏氏组织

当亚共析钢或过共析钢在高温以较快的速度冷却时，先共析的铁素体或渗碳体从奥氏体晶界上沿一定的晶面向晶内生长，呈针状析出。在光学显微镜下，先共析的铁素体或渗碳体近似平行，呈羽毛或三角状。其间存在着珠光体组织，称为魏氏组织，如图 3-38 所示。生产中的魏氏组织大多为铁素体魏氏组织。

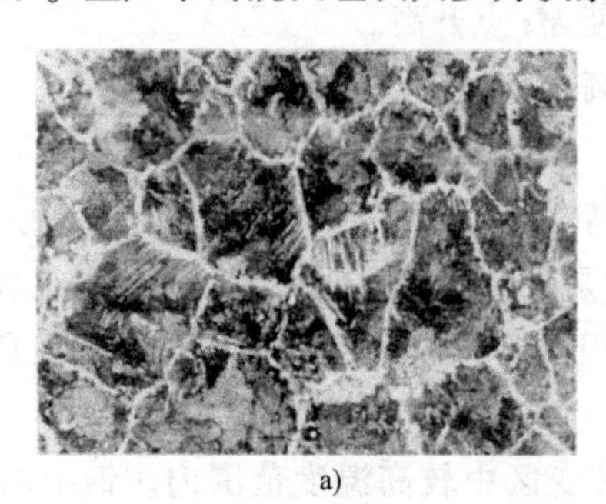

a)

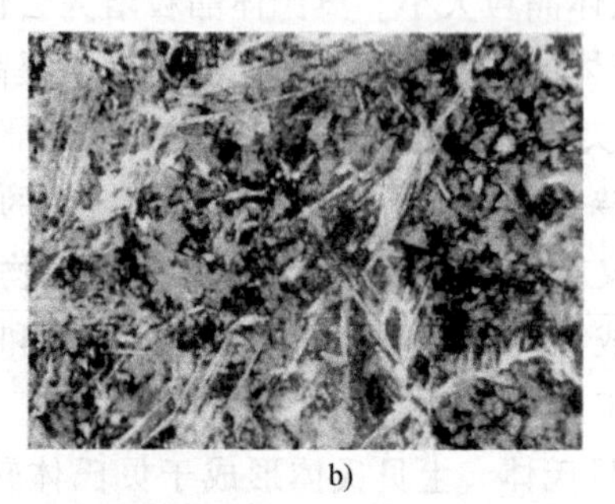

b)

图 3-38　碳钢锻后空冷魏氏组织

a）45 钢铁素体魏氏组织（100×）　b）T12 钢渗碳体魏氏组织（500×）

注：该图取自参考文献［3］

魏氏组织容易出现在过热钢中，常伴随着奥氏体晶粒粗大面出现，使钢的力学性能尤其是塑性和冲击韧性显著降低，同时使脆性转变温度升高。因此，奥氏体晶粒越粗大，越容易出现魏氏组织。钢由高温较快地冷却下来往往容易出现魏氏组织，慢冷则不易出现。钢中的魏氏组织一般可通过细化晶粒的正火、退火以及锻造等方法加以消除，程度严重的可采用二次正火方法加以消除。

3.5.4　加热温度的选择

1. 退火

将钢加热到 Ac_3（或 Ac_1）以上适当的温度，保温一定时间，然后缓慢冷却，以获得接近平衡状态组织的热处理工艺称为退火。退火的种类较多，可分为完全退火、不完全退火、球化退火、扩散退火、去应力退火、再结晶退火等多种。

（1）完全退火　完全退火是将钢加热到 Ac_3 以上 30~50℃，保温足够的时间，使组织完全奥氏体化后缓慢冷却，以获得平衡组织的热处理工艺。完全退火的目的是细化晶粒，均匀组织，消除内应力和热加工缺陷，降低硬度，改善切削加工性能和冷塑性变形能力。

（2）不完全退火　不完全退火是将钢加热至 Ac_1 ~ Ac_3（亚共析钢）或 Ac_1 ~ Ac_{cm}（过共析钢）之间，保温后缓慢冷却，以获得接近平衡组织的热处理工艺。其主要目的是降低硬度，改善切削加工性能，消除内应力。由于加热温度在两相区之间，组织没有完全奥氏体化，仅使珠光体发生相变，重新结晶转变为奥氏体，因此，基本上不改变先共析铁素体或渗碳体的形态及分布。

（3）球化退火　球化退火是使钢中的碳化物球化，获得粒状珠光体的一种热处理工艺。它实际上属于不完全退火的一种退火工艺。球化退火的目的是降低硬度，改善机加工性能，以及获得均匀的组织，改善热处理工艺性能，为以后的淬火做组织准备。过共析钢锻件锻后的组织一般为细片状珠光体，如果锻后冷却不当，还会存在网状渗碳体，不仅锻件难以加工，而且增加钢的脆性，淬火时容易产生变形或开裂。因此，锻后必须进行球化退火处理，使碳化物球化以获得粒状珠光体组织。球化退火温度一般在 Ac_1 以上 30~50℃。

（4）扩散退火　扩散退火又称为均匀化退火。其目的是消除晶内偏析，使成分均匀化。扩散退火的实质是使钢中各元素的原子在奥氏体中进行充分扩散，因此扩散退火的温度高，时间长。扩散退火加热温度选择在 Ac_3 或 Ac_{cm} 以上 150~300℃，保温时间通常是根据钢件最大截面厚度按经验公式来计算的，一般不超过 15h。保温后随炉冷却，冷至 350℃以下可以出炉。工件经扩散退火后，奥氏体晶粒十分粗大，因此，必须再进行一次完全退火或正火处理，以细化晶粒，消除过热缺陷。

（5）去应力退火　去应力退火是将工件加热至 Ac_1 线以下某个温度（一般在 500~650℃之间），保温一定时间后缓慢冷却，冷至 200~300℃出炉，再空冷至室温。去应力退火的目的是消除铸、锻、焊、冷冲件中的残余应力，以提高工件的尺寸稳定性，防止变形和开裂。

（6）再结晶退火　再结晶退火是将冷变形后的金属加热到再结晶温度以上，保温适当时间后使变形晶粒重新转变为新的等轴晶粒，同时消除加工硬化和残余应力的热处理工艺。一般钢材的再结晶退火温度为 650~700℃，保温 1~3h，然后空冷至室温。

图 3-39 列举了退火、正火加热温度与 $Fe\text{-}Fe_3C$ 相图的关系。

2. 正火

将工件加热到 Ac_3（或 Ac_{cm}）以上，保温适当时间后，在空气中冷却的热处理工艺称为正火。正火要使工件完全奥氏体化，其加热温度与钢的化学成分有关。一般亚共析钢的加热温度为 Ac_3+(50~70)℃；共析钢和过共析钢的加热温度为 Ac_{cm}+(50~70)℃。过共析钢正火的目的主要是消除网状碳化物，为球化处理做准备。

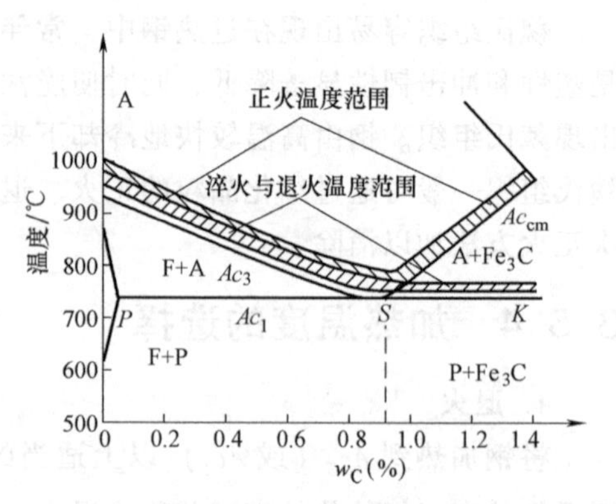

图 3-39　碳钢热处理加热温度的选择范围

注：该图取自参考文献［3］

3. 淬火

淬火是将工件加热到 Ac_3 或 Ac_1 以上某一温度保温一定时间，然后以适当速度冷却，获得马氏体或贝氏体组织的热处理工艺。工件淬火温度的选择由工件的化学成分来决定。亚共析钢的淬火温度为 Ac_3+(30~50)℃，过共析钢的淬火温度为 Ac_1+(30~50)℃。

4. 回火

回火是指工件淬硬后，再加热到 Ac_1 点以下某一温度，保温一定时间，然后冷却到室温以下的热处理工艺。回火按加热温度分为低温回火、中温回火和高温回火三类。

(1) 低温回火（150~250℃）　低温回火组织为回火马氏体。硬度变化不大，略有下降，主要目的是降低淬火应力和脆性。低温回火主要用于耐磨件的处理。淬火钢在 250℃以下（一般为 150~250℃）回火，得到回火马氏体组织（$M_{回}$）。由于有细小碳化物在 $M_{针}$ 内弥散沉淀，易于被侵蚀，其显微组织为暗黑色 $M_{针}$，硬度为 58~64HRC。它仍具有高硬度、高耐磨性，但淬火内应力和脆性减小，冲击韧性有所改善。它主要用于高碳的切削刃具、量具、冷冲模具和滚动轴承及渗碳件等的热处理。

(2) 中温回火（350~500℃）　中温回火组织为回火托氏体，目的是获得高的屈服强度，好的弹性和韧性，主要用于弹性零件的热处理。淬火钢件在 350~500℃之间的回火，所得组织为回火托氏体（$T_{回}$）。经中温回火后的组织仍具有 $M_{针}$ 的取向。它的硬度一般为 35~50HRC，冲击韧性较好，特别是钢的屈服强度和弹性极限得到提高。它主要用于各种弹簧和热作模具的热处理。

(3) 高温回火（500~650℃）　高温回火组织为回火索氏体，目的是获得高的硬度、强度，以及塑性、韧性都较好的力学性能，主要用于中碳结构钢的热处理。淬火钢件在高于 500℃（一般为 500~650℃）的回火，得到回火索氏体组织，它是由再结晶的铁素体和均匀分布的细粒状渗碳体组成，硬度为 25~35HRC（200~300HBW）。因此，把钢件淬火后再高温回火的复合热处理工艺称为调质。它主要用于中碳结构钢零件的热处理。高于 650℃的回火得到回火珠光体（$P_{回}$），其组织形态与球状珠光体近似，可以改善高碳钢的切削性能。

3.5.5　加热时间的选择

热处理加热时间包括工件的加热升温和保温所需的时间。在热处理过程中，加热时间过长，工件组织粗化，表面容易脱碳；加热时间过短，则组织转变不能充分进行，达不到热处理的预期效果。工件的加热时间与钢的成分、原始组织、工件的形状尺寸、加热介质、装炉量、装炉时的温度等因素都有很大关系。因此在一般生产中，常根据工件的有效厚度和实际经验来估算加热时间。一般碳钢在箱式电阻炉中加热，取 1～1.5min/mm，合金钢取 2min/mm；在盐浴炉中，保温时间则可缩短，取 0.5min/mm。回火保温时间的选择原则是保证工件组织转变充分，一般需要 1～3h。实验时，若工件小，装炉量少，则保温 30min 即可。

3.5.6　冷却方式的选择

工件热处理后的冷却方式直接决定工件的组织和性能，可根据热处理的目的和要求选择。

1. 退火、正火的冷却

一般规定退火工艺随炉缓慢冷却至 650℃以下，再出炉空冷；正火工艺在空气中冷却。

2. 淬火冷却介质

为了使钢获得马氏体组织，淬火冷却速度必须大于临界冷却速度。但冷却速度过大，又会使工件的内应力增加，使工件变形或开裂的倾向变大。因此，要合理地确定淬火冷却速度，选择适当的淬火介质，以达到既能减小工件变形和开裂的倾向又能获得马氏体组织的目的。

淬火冷却介质的选择，应根据钢的化学成分、工件尺寸的特殊性来选择。一般常用的淬火介质有水、盐水和碱水、油、熔盐等，此外还有新型淬火剂。

（1）水　水是冷却能力较强的淬火介质，来源广、价格低、成分稳定且不易变质。其缺点是在 C 曲线的“鼻温”区（500～600℃），水处于蒸汽膜阶段，冷却不够快，会形成“软点”；而在马氏体转变温度区（300～100℃），水处于沸腾阶段，冷却太快，易使马氏体转变速度过快而产生很大的内应力，致使工件变形甚至开裂。当水温升高，水中含有较多气体或水中混入不容杂质（如油、肥皂、泥浆等），均会显著降低冷却能力。因此，水适用于截面尺寸不大、形状简单的碳素钢工件的淬火冷却。

（2）盐水和碱水　在水中加入适量的食盐和碱，使高温工件浸入该冷却介质后，在蒸汽膜阶段析出盐和碱的晶体并立即爆裂，将蒸汽膜破坏，工件表面的氧化皮也被炸碎，这样可以提高介质在高温区的冷却能力。其缺点是介质的腐蚀性大。一般情况下，盐水的浓度为 10%，氢氧化钠水溶液的浓度为 10%～15%，可用作碳素钢及低合金结构钢工件的淬火介质，使用温度不应超过 60℃。淬火后应及时清洗并进行防锈处理。

（3）油　冷却介质一般采用矿物质油（矿物油），如机油、变压器油和柴油等。一般采用 10 号、20 号、30 号的机油。油的号数越大，黏度越大，闪点越高，冷却能力越低，使用温度相应提高。目前使用的新型淬火油主要有高速淬火油、光亮淬火油和真空淬火油三种。

高速淬火油是在高温区冷却速度得到提高的淬火油。获得高速淬火油的基本途径有两种：一种是选取不同类型和不同黏度的矿物油，以适当的配比相互混合，通过提高特性温度来提高高温区的冷却能力；另一种是在普通淬火油中加入添加剂，在油中形成粉灰状浮游物。添加剂有钡盐、钠盐、钙盐以及磷酸盐、硬脂酸盐等。生产实践表明，高速淬火油在过冷奥氏体不稳定区的冷却速度明显高于普通淬火油，而在低温马氏体转变区的冷却速度与普通淬火油相接近。这样既可得到较高的淬透性和淬硬性，又可大大减少变形，适用于形状复杂的合金钢工件的淬火。

光亮淬火油能使工件在淬火后保持光亮表面。在矿物油中加入不同性质的高分子添加物，可获得不同冷却速度的光亮淬火油。这些添加物的主要成分是光亮剂，其作用是将不溶于油的老化物悬浮起来，防止在工件上积累和沉淀。另外，光亮淬火油添加剂中还含有抗氧化剂、表面活性剂和催冷剂等。

真空淬火油是用于真空热处理淬火的冷却介质。真空淬火油必须具备低的饱和蒸汽压，较高而稳定的冷却能力以及良好的光亮性和热稳定性，否则会影响真空热处理的效果。

（4）熔盐　熔盐通常选用氯化钠、氯化钾、氧化钡、氰化钠、氰化钾、硝酸钠、硝酸钾等盐类作为加热介质，使用盐浴炉作为加热的工业炉。根据炉子的工作温度，盐浴炉的加热速度快，温度均匀。工件始终处于熔盐内加热，工件出炉时表面会附有一层盐膜，因此能防止工件表面氧化和脱碳。使用熔盐作为淬火介质可以使工件保持恒定温度，控温准确。但熔盐的蒸气对人体有害，使用时必须通风。

（5）新型淬火剂　新型淬火剂主要有聚乙烯醇水溶液、三硝水溶液和 PAG（聚烷撑乙二醇）淬火液等。

聚乙烯醇常用质量分数为 0.1%~0.3%之间的水溶液，其冷却能力介于水和油之间。当工件淬入该溶液时，工件表面形成一层蒸汽膜和一层凝胶薄膜，这两层膜使加热工件冷却。进入沸腾阶段后，薄膜破裂，工件冷却加快。当达到低温时，聚乙烯醇凝胶薄膜复又形成，工件冷却速度又下降。因此这种溶液在高、低温区冷却能力低，在中温区冷却能力高，有良好的冷却特性。

三硝水溶液由 25%硝酸钠+20%亚硝酸钠+20%硝酸钾+35%水组成。在高温（650~500℃）时，由于盐晶体析出，破坏蒸汽膜的形成，冷却能力接近于水。在低温（300~200℃）时，由于浓度极高，流动性差，冷却能力接近于油，故可代替水-油双介质淬火。

PAG 淬火液是一种高分子聚合物水溶性淬火液，它克服了水冷却速度快、易使工件开裂，油品冷却速度慢、淬火效果差且易燃等缺点。PAG 淬火液具有独特的逆溶性（一般称为浊点效应），使用安全、寿命长，能有效改善工作环境，提高零件的淬火质量，降低生产成本，是一种成熟的热处理淬火介质，因此在热处理中得到广泛应用。

3. 淬火方法

常用的淬火方法有单液淬火法、双液淬火法、分级淬火法或等温淬火法，如图 3-40 所示。

（1）单液淬火法　单液淬火法就是将加热到奥氏体状态的工件淬入某种淬火介质中，使工件连续冷却至介质温度的淬火方法。一般的单液淬火就是将碳钢淬入水中，合金钢淬入油中。

（2）双液淬火法　双液淬火法常用于合金钢中。方法是将加热到奥氏体状态的工件先在冷却能力强的淬火介质中快速冷却至接近 *Ms* 点的温度，然后再移入冷却能力较弱的淬火介质中继续冷却，使过冷奥氏体在缓

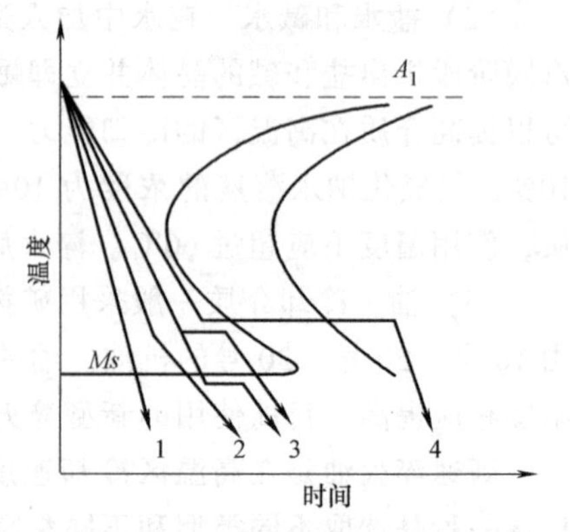

图 3-40　各种淬火方法的冷却曲线

1—单液淬火法　2—双液淬火法
3—分级淬火法　4—等温淬火法

注：该图取自参考文献［3］

慢冷却条件下转变为马氏体。这种方法既可以保证淬火工件得到马氏体组织，又可降低工件的残余应力，从而减少工件变形开裂的倾向。

（3）分级淬火法　分级淬火法是将加热至奥氏体状态的工件先淬入高于 *Ms* 点的热浴中并停留一定时间，待工件与热浴的温度一致后取出空冷至室温，完成马氏体转变的方法。这种淬火方法由于马氏体转变是在缓慢条件下完成的，因此能有效降低工件的淬火应力，预防工件的变形和开裂。

（4）等温淬火法　等温淬火法是将加热到奥氏体状态的工件淬入温度稍高于 *Ms* 点盐浴中等温，保持足够长的时间，使之转变成下贝氏体组织，然后将工件取出在空气中冷却的淬火方法。

第4章 材料力学应力测定实验

4.1 电测应力分析基本知识

4.1.1 实验概述

电测应力分析又称为应变电测法，简称电测法。它以电阻应变片为敏感元件，通过电阻应变仪测出构件表面测点的应变，然后借助胡克定律求出测点的应力。电测应力分析在工程中广泛使用，是实验应力分析中的重要方法之一。其主要优点如下：

1）测量精度高。电测法利用电阻应变仪测量应变，具有较高的精度，可以分辨数值为 10^{-6} 的一个微应变。

2）传感元件小。电测法以电阻应变片为传感元件，它的尺寸可以很小，最小标距可达 0.2mm，可粘贴到构件的很小部位上以测取局部应变。利用由电阻应变片组成的应变花，可以测量构件一点处的应变状态。应变片的质量很小，其惯性影响甚微，故能适应高速转动等动态测量。

3）测量范围广。电阻应变片能适应高温、低温、高压、远距离等各种环境下的测量。它不仅能传感静载下的应变，也能传感频率从零到几万赫兹的动载下的应变。此外，如将电阻应变仪配以预调平衡箱，又可进行多点测量。

当然，电测法也有局限性。例如，一般情况下，只便于构件表面应变的测量；在应力集中的部位，若应力梯度很大，则测量误差较大。

4.1.2 电阻应变片

金属电阻丝承受拉伸或压缩变形的同时，电阻也将发生变化。实验结果表明，在一定应变范围内，电阻丝的电阻改变率 $\frac{\Delta R}{R}$ 与应变 $\varepsilon=\frac{\Delta l}{l}$ 成正比，即

$$\frac{\Delta R}{R}=K_s\varepsilon \tag{4-1}$$

式中　K_s——比例常数，称为电阻丝的灵敏系数。

如将单根电阻丝粘贴在构件的表面上，使它随同构件有相同的变形。由式（4-1）可看出，若能测出电阻丝的电阻改变率，便可求得电阻丝的应变，也就是求得了构件在粘贴电阻丝处沿电阻丝方向的应变。由于在弹性范围内变形很小，电阻丝的电阻改变量 ΔR 也就很小。为提高测量精度，希望增大电阻改变量，这就要求增加电阻丝的长度；但同时又要求能

反映一“点”处的应变，因此把电阻丝往复绕成栅状（图4-1），就成为电阻应变片。和单根电阻丝相似，电阻应变片也有类似于式（4-1）的关系，即

$$\frac{\Delta R}{R}=K\varepsilon \tag{4-2}$$

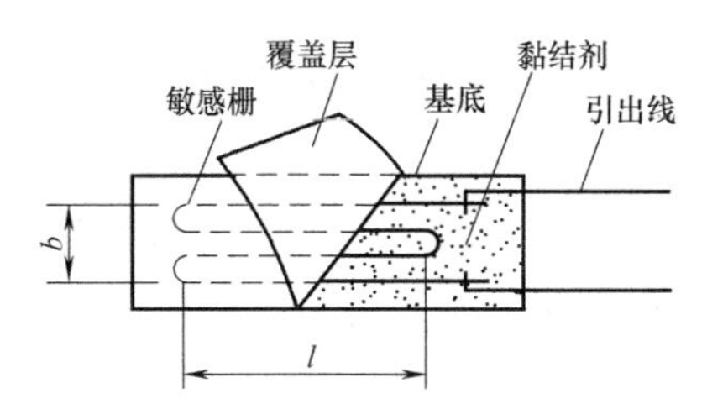

图4-1 电阻应变片

注：该图取自参考文献［1］

式中，比例常数 K 称为电阻应变片的灵敏系数，它是电阻应变片的重要技术参数。实际使用的应变片，是把由电阻丝往复绕成的敏感栅用黏结剂固定在绝缘基底上，两端加焊引出线，并加盖覆盖层而成的。电阻应变片的灵敏系数 K 不但与电阻丝的材料有关，还与电阻丝的往复回绕形状、基底和黏结层等因素有关，故与单根电阻丝是不相同的。K 的数值一般由制造厂用实验的方法测定，并在成品上标明。

常温应变片有丝绕式应变片、箔式应变片和半导体应变片等。

（1）丝绕式应变片　图4-1所示丝绕式应变片用直径为0.02~0.05mm的康铜（Cu55Ni45）丝或镍铬丝绕成栅状（敏感栅），基底和覆盖层用绝缘薄纸或胶膜，引出线为0.25mm左右的镀银铜线，以便焊接导线。这种应变片的栅长难以做得很小。

（2）箔式应变片　图4-2a所示箔式应变片用厚度为0.003~0.01mm的康铜或镍铬箔片，涂以底胶，利用光刻技术腐蚀成栅状，再焊上引出线，涂上覆盖层。这种应变片尺寸准确，可制成各种形状，散热面积大，可通过较大的电流，基底有良好的化学稳定性和绝缘性。它适宜于长期测量和高压下测量，并可作为传感器的敏感元件。

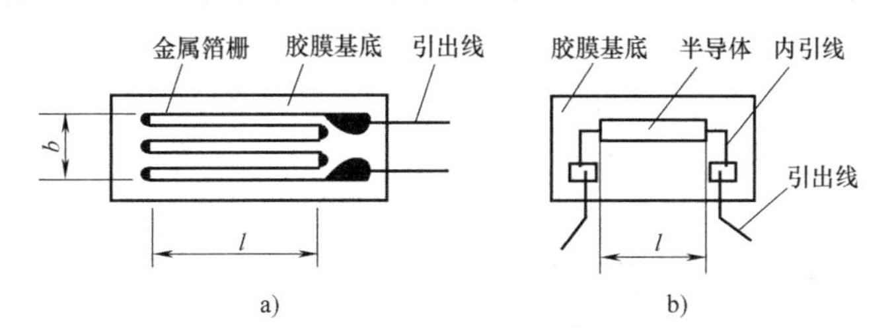

图4-2 常温应变片

a）箔式应变片　b）半导体应变片

注：该图取自参考文献［1］

（3）半导体应变片　图4-2b所示半导体应变片的敏感栅为半导体，灵敏系数高，用数字欧姆表就能测出它的电阻变化，可作为高灵敏度传感器的敏感元件。

4.1.3 实测应变值的修正

有一些应变仪，当使用不是120Ω的应变片时，会给出一个修正系数 α。若仪器显示值为 ε_r'，则真实应变为

$$\varepsilon_r=\alpha\varepsilon_r' \tag{4-3}$$

另外，在现场实测中，应变片的连接导线有时长达几十米，这时应考虑导线电阻的影响。设单根导线的电阻为 r，电阻为 R 的应变片与两根导线连接后电阻为 $R+2r$。当应变片电

阻变化为 ΔR 时，应变片连同导线的电阻变化率为 $\frac{\Delta R}{R+2r}$，由式（4-2）得实测读数为

$$\varepsilon_{\mathrm{r}}'=\frac{1}{K}\left(\frac{\Delta R}{R+2r}\right)=\frac{1}{K}\left(\frac{R}{R+2r}\frac{\Delta R}{R}\right)=\frac{R}{R+2r}\varepsilon_{\mathrm{r}}$$

因此正确读数 ε_{r} 应为

$$\varepsilon_{\mathrm{r}}=\left(1+\frac{2r}{R}\right)\varepsilon_{\mathrm{r}}' \tag{4-4}$$

4.1.4 电桥的接法

电桥的接法有半桥接线法和全桥接线法，相应的测量方法分别称为半桥测量和全桥测量。若半桥测量中只有一枚应变片产生机械变形，另一枚不参与机械应变，则称为单臂测量，又称为1/4桥测量。组成电桥的应变片感受的应变不同，电桥的输出也就不同，因而用合适的方式组成电桥，不仅可以达到测量目的，还可以提高测量的灵敏度，减小测量误差。同时，应变仪读数 ε_{r} 代表的是连接于桥臂上应变片应变的代数和。在应变测量中，组桥方式不同，ε_{r} 值代表的意义也不同。下面就介绍几个这方面的例子，并同时讨论电测法中的几个问题。

1. 温度补偿

实测时应变片粘贴在构件上，若温度发生变化，因应变片的线胀系数与构件的线胀系数并不相同，且应变片电阻丝的电阻也随温度变化而改变，所以测得的应变将包含温度变化的影响，不能真实反映构件因受载荷而引起的应变。消除温度变化的影响有下述两种补偿方法。

一种是把粘贴在受载构件上的应变片作为 R_1（图4-3a），应变为 $\varepsilon_1=\varepsilon_{1F}+\varepsilon_T$。其中，$\varepsilon_{1F}$ 是因载荷引起的应变；ε_T 是因温度变化引起的应变。以相同的应变片粘贴在材料和温度都与构件相同的补偿块上，作为 R_2。补偿片不受力，只有温度应变，且因材料和温度都与构件相同，温度应变也与构件一样，即 $\varepsilon_2=\varepsilon_T$。以 R_1 和 R_2 组成测量电桥的半桥，电桥的另外两臂 R_3 和 R_4 为应变仪内部的标准电阻，都不感受应变，$\varepsilon_3=\varepsilon_4=0$，它们的温度影响相互抵消，则有

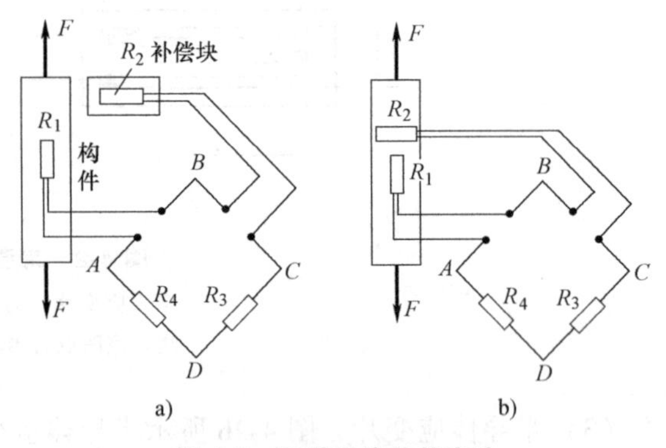

图 4-3 两种温度补偿方法

注：该图取自参考文献［1］

$$\varepsilon_{\mathrm{r}}=\varepsilon_1-\varepsilon_2+\varepsilon_3-\varepsilon_4=\varepsilon_{1F}+\varepsilon_T-\varepsilon_T=\varepsilon_{1F} \tag{4-5}$$

可见在读数 ε_{r} 中已消除了温度影响。

上述补偿方法是在待测结构外部另用补偿块。如在结构测点附近就有不产生应变的部位，便可把补偿片贴在这样的部位上，与采用补偿块的效果是一样的。

在图4-3b中，应变片 R_1 和 R_2 都贴在轴向受拉构件上，且相互垂直，并按半桥接线。两枚应变片的应变分别为

$$\varepsilon_1=\varepsilon_{1F}+\varepsilon_T,\ \varepsilon_2=\varepsilon_{2F}+\varepsilon_T=-\mu\varepsilon_{1F}+\varepsilon_T$$

式中，μ 为泊松比。于是得

$$\varepsilon_r=\varepsilon_1-\varepsilon_2=(1+\mu)\varepsilon_{1F}$$

即

$$\varepsilon_{1F}=\frac{\varepsilon_r}{1+\mu} \tag{4-6}$$

这里温度应变已自动消除，并且使测量灵敏度比单臂测量增加了（$1+\mu$）倍。这种补偿片也参与机械应变的方法，称为工作片补偿法。它常用于高速旋转机械的应变测量或测点附近不宜安置补偿块的情况。应注意：只有当测量片和补偿片的应变关系已知时才能使用。

2. 应变片的串联

有时将应变片串联后，按图 4-4 所示的方式接入电桥。这时

$$R_1=R_a+R_b=2R$$

$$\frac{\Delta R_1}{R_1}=\frac{1}{2R}(\Delta R_a+\Delta R_b)=\frac{1}{2}\left(\frac{\Delta R_a}{R}+\frac{\Delta R_b}{R}\right)$$

将等式两边除以灵敏系数 K，由式（4-1）得

$$\varepsilon_1=\frac{1}{2}(\varepsilon_a+\varepsilon_b) \tag{4-7}$$

可见，桥臂 R_1 的应变 ε_1 是应变片应变 ε_a 和 ε_b 的平均值。对桥臂 R_2 也有同样结果。

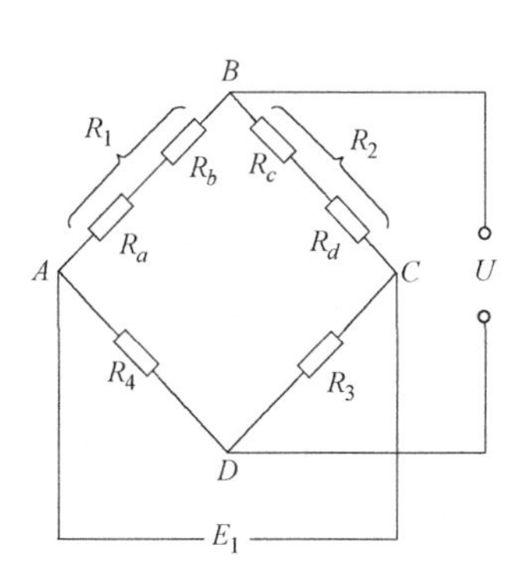

图 4-4　应变片的串联

注：该图取自参考文献［1］

3. 应变片式传感器

在材料力学实验中，传感器得到广泛应用。作为典型的组桥实例，下面介绍两种应变片式传感器。

（1）悬臂梁式变形引伸计　这种传感器由固接在一起的两根悬臂梁组成。粘贴应变片的横截面应靠近固定端，以获得较大的应变；但考虑到固定端产生的局部影响，也应保持适当的距离，粘贴形式如图 4-5a 所示。对传感器的一根悬臂梁来说，当自由端受集中载荷 F 作用时，端点挠度为

$$w=\frac{FL^3}{3EI}=\frac{4FL^3}{Eb\delta^3} \tag{4-8}$$

式中　L——悬臂梁的跨度；

b、δ——横截面的宽度与厚度。

在粘贴应变片处梁表面的应变为

$$\varepsilon=\frac{\sigma}{E}=\frac{M}{EW}=\frac{6FL_1}{Eb\delta^2} \tag{4-9}$$

式中　L_1——粘贴应变片的截面到自由端的距离。

从以上两式中消去 F，得

$$w=\frac{2L^3}{3\delta L_1}\varepsilon$$

将四枚应变片按全桥接线，如图 4-5b 所示。由图 4-5a 可看出，四枚应变片的应变绝对值相等设为 ε，而且与 ε_1 和 ε_3 符号相同，与 ε_2 和 ε_4 符号相反，故得

$$\varepsilon_r=\varepsilon_1-\varepsilon_2+\varepsilon_3-\varepsilon_4=4\varepsilon \tag{4-10}$$

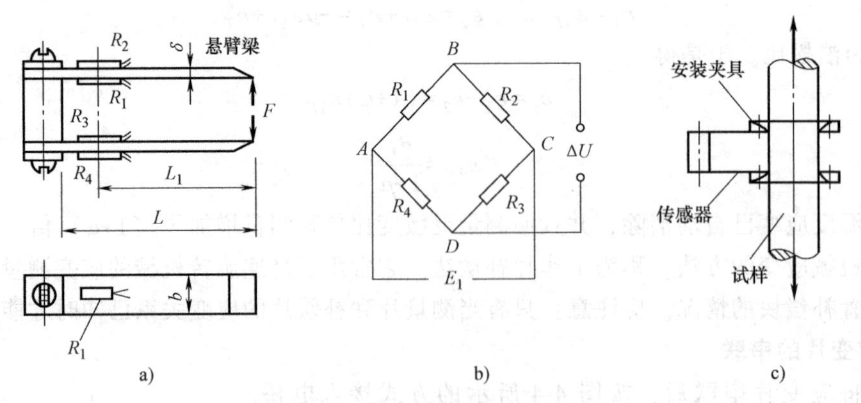

图 4-5 悬臂梁式变形引伸计

注：该图取自参考文献［1］

式（4-10）表明，按这种方式组成的全桥测量，使应变仪读数 ε_r 为应变 ε 的 4 倍可极大地提高测量灵敏度。

若按图 4-5c 所示把传感器安装于试样上，显然，在传感器两刀刃间，试样的伸长 Δl 等于两刀刃的相对位移，即

$$\Delta l = 2w = 2\times\frac{2L^3}{3\delta L_1}\varepsilon = \frac{L^3}{3\delta L_1}\varepsilon_r$$

将式中的常数 $\frac{L^3}{3\delta L_1}$ 记为 η，则上式可写成

$$\Delta l = \eta\varepsilon_r \tag{4-11}$$

由于悬臂梁的尺寸及贴片位置等难免存在误差，实际上是用标准位移计和电阻应变仪对传感器进行标定，以确定常数 η 的。实测时，只要读出 ε_r，并代入式（4-11），便可求得试样的伸长 Δl。

（2）筒式拉、压力传感器　图 4-6a 所示拉、压力传感器的弹性元件是一空心圆筒。为消除加载时载荷偏心的影响，在圆筒中部，沿着两个相互垂直的纵向对称面，于外表面粘贴四枚轴向应变片 $R_1 \sim R_4$ 和四枚横向应变片 $R_5 \sim R_8$。然后把对称且同一方向的应变片两两串联，并按图 4-6b 组成测量电桥。当载荷 F 与圆筒轴线重合时，各应变片的应变为 $\varepsilon_{1F}=\varepsilon_{2F}=\varepsilon_{3F}=\varepsilon_{4F}=\varepsilon_F$，$\varepsilon_{5F}=\varepsilon_{6F}=\varepsilon_{7F}=\varepsilon_{8F}=-\mu\varepsilon_F$。若载荷 F 与圆筒轴线不重合，且对两个纵向对称面均有偏心，则桥臂应变片按上述方式的串联结果应为

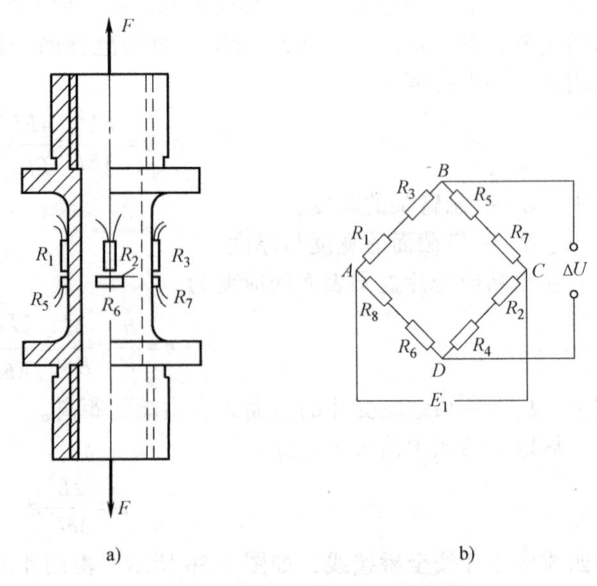

图 4-6 筒式拉、压力传感器

注：该图取自参考文献［1］

$$\varepsilon_1=\frac{1}{2}(\varepsilon_{1F}+\varepsilon_M+\varepsilon_T+\varepsilon_{3F}-\varepsilon_M+\varepsilon_T)=\varepsilon_F+\varepsilon_T$$

$$\varepsilon_3=\frac{1}{2}(\varepsilon_{2F}+\varepsilon'_M+\varepsilon_T+\varepsilon_{4F}-\varepsilon'_M+\varepsilon_T)=\varepsilon_F+\varepsilon_T$$

$$\varepsilon_2=\frac{1}{2}(-\mu\varepsilon_{1F}-\mu\varepsilon_M+\varepsilon_T-\mu\varepsilon_{3F}+\mu\varepsilon_M+\varepsilon_T)=-\mu\varepsilon_F+\varepsilon_T$$

$$\varepsilon_4=\frac{1}{2}(-\mu\varepsilon_{2F}-\mu\varepsilon'_M+\varepsilon_T-\mu\varepsilon_{4F}+\mu\varepsilon'_M+\varepsilon_T)=-\mu\varepsilon_F+\varepsilon_T$$

代入式（4-10），得

$$\varepsilon_r=\varepsilon_1-\varepsilon_2+\varepsilon_3-\varepsilon_4=2(1+\mu)\varepsilon_T \tag{4-12}$$

可见，采取上述贴片和接线方式，既清除了偏心和温度的影响，又比单臂测量值 ε_F 提高了 $2(1+\mu)$ 倍。一般把电桥的总输出与单臂测量值的比值称为桥臂系数 B。

4.2　弯曲正应力的测定

4.2.1　实验目的

1）测定纯弯曲梁一个截面上的应力大小及分布规律，以验证直梁弯曲时的正应力公式。

2）了解电测法，初步学会电测应变仪的使用。

4.2.2　设备和装置

1）力学实验台。

2）电阻应变仪。

3）矩形截面梁（已贴好电阻片），如图 4-7 所示。

4）游标卡尺和钢直尺。

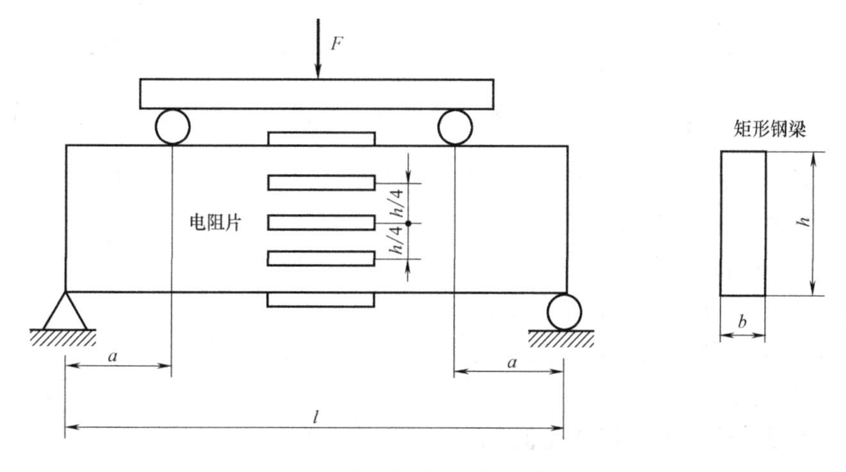

图 4-7　弯曲正应力测定实验原理

4.2.3 实验方法

在钢梁中部的一个截面上，沿着梁高按不同高度贴好五个电阻片，每片相距 $h/4$，方向平行于梁轴（这一步已由实验室事先做好）。当钢梁装上万能机，加力后在梁的中间一段就发生纯弯曲，贴在梁上的电阻片就跟着钢梁一起变形。利用电阻应变仪把这些变形一个一个地测量出来，就可以求出钢梁在贴片处的正应力 $\sigma=E\varepsilon$（ε 即测量的应变值）。

加载采用增量法。由于 $M=\dfrac{My}{I_z}$ 只用于比例极限以内，因此最终载荷必须低于比例极限，最好为其 70%～80%。因为

$$M=\frac{1}{2}Fa,\ W_z=\frac{bh^2}{6}$$

所以

$$F_{\mathrm{p}}=\frac{bh^2\sigma_{\mathrm{p}}}{3a}$$

取最终载荷

$$F_{\max}\approx\frac{0.2bh^2\sigma_{\mathrm{p}}}{a}$$

4.2.4 电测法原理

1）根据物理学，金属丝的电阻与其材料性质、尺寸有如下关系

$$R=\rho\,\frac{L}{A} \tag{4-13}$$

式中 R——电阻（Ω）；

ρ——电阻率（Ω · m）；

L——长度（m）；

A——横截面面积（m^2）。

当电阻丝变形时（伸长或缩短），L、A、ρ 分别有 Δl（图 4-8）、ΔA、$\Delta\rho$ 的变化，用数学公式表示为

$$\frac{\Delta R}{R}\propto\frac{\Delta l}{l}\text{或写成}\frac{\Delta R}{R}=K\,\frac{\Delta l}{l}=K\varepsilon$$

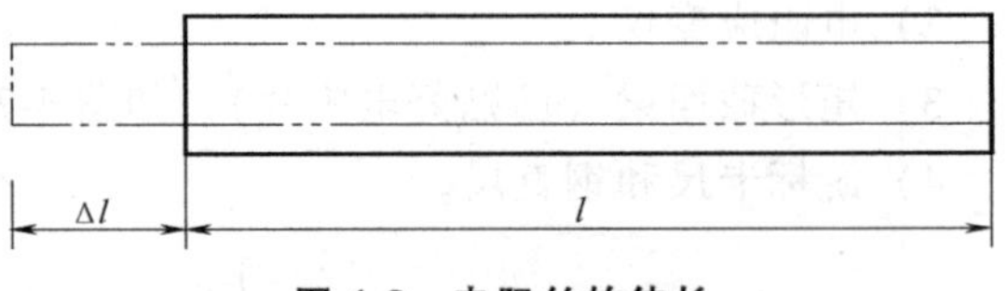

图 4-8 电阻丝的伸长

式中，K 为电阻丝的灵敏系数。在材料弹性范围内，它是一个常数，通过对 $\dfrac{\Delta R}{R}$ 的测量，即可测出 ε，这样就把应变测量转换为电阻的变化测量了。把测得的应变值，再通过应力-应变公式就可计算出构件上该点的应力值。

为了提高测量精度，通常将电阻丝绕成栅状，制成电阻应变片，并粘贴在试件表面上，而电阻应变仪就是通过电阻的改变来测定应变的仪器。

2）构件表面待测点的电阻变化值 ΔR 是很小的，通常多采用惠斯通电桥（图 4-9）

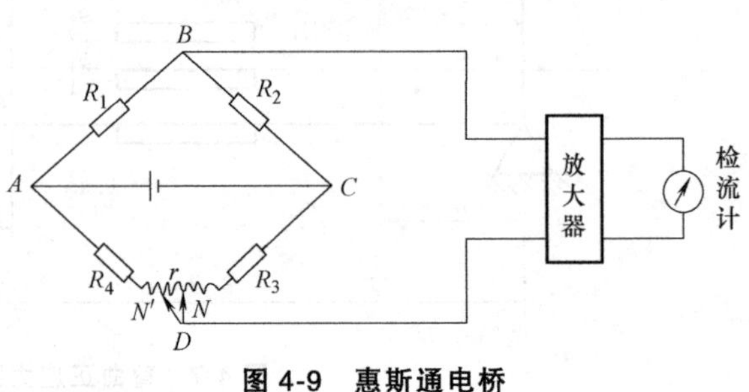

图 4-9 惠斯通电桥

零读数来测量。当电桥平衡时，电流计中无电流通过，即

$$R_1R_3-R_2R_4=0 \tag{4-14}$$

3）当梁受载时，测量片 $R_1+\Delta R_1$，电桥失去平衡，电流计偏转。这时将变阻器的触头从 N 移动到 N'点，使电桥平衡。故电桥再次平衡的条件为

$$(R_1+\Delta R_1)(R_3+\Delta r)-R_2(R_4-\Delta r)=0$$

得

$$\Delta R_1=\frac{R_1+R_2}{R_3}\Delta r \quad (\text{注:忽略二阶微量})$$

即

$$\Delta R_1 \propto \Delta r \overset{R_3}{\Rightarrow} \varepsilon \propto \Delta r$$

这就说明应变 ε 是与电阻盘转动的角度成正比的，故可在电阻盘上按应变作出刻度。

4.2.5　实验步骤

1）根据最终载荷值为试验机选择合适的测力度盘，并相应调整摆锤。升高液压式试验机活动横梁，将测力指针调整为零。

2）测量钢梁截面尺寸，记下数据。将钢梁放在试验机上并加上加载小梁。放置时要注意位置，即 l 和 a 放正确，并注意保证梁的中段受平面弯曲，然后使试验机压头稍微接触加载小梁，使试件定位。

3）将梁上任意一片电阻片接到电阻应变仪的 A、B 柱上，同时将补偿电阻片（应靠近工作电阻片）接到 B、C 柱上（若做多点同时测量，则将编好的各片导线接至预调平衡箱相应点的接线柱 A、B 上）。注意导线连接要牢靠，各接线柱必须旋紧。

4）检查电阻应变仪。接上电源，打开开关，调整灵敏系数旋钮，使其指在应变片的 K 值，并旋转大、中、小调节电阻盘指零。若不能指零，则应先后将转换开关旋至“电阻平衡”“电容平衡”位置，分别反复调节电阻、电容，使指示电表指针至零。

5）预调平衡后，观察 2~3min。若指针无漂移现象，可开动试验机，先均匀加载至最终载荷，并察看应变变化是否均匀，检查机器仪表是否处于正常工作状态，然后卸载并保留 1~2kN 的预加载荷。

6）实验开始，按照机器仪表的操作规程缓慢加载至初载荷（$F_0=2\text{kN}$），记下应变数 A。以后每增加 4kN 读一次应变值，并标出读数差 ΔA，直到 14kN 为止。注意不可超过此最大值，以免损坏钢梁。

7）一枚电阻应变片测量完毕之后，以同样方法测量另一枚电阻应变片，直到 5 枚全部测完为止。

4.2.6　数据处理

1. 计算实验应力值

根据测量的应变增量平均值 $\Delta\varepsilon_{平均}$，应用胡克定律算出各点对应的应力增量 $\Delta\sigma_{平均}=E\Delta\varepsilon_{平均}$。一共计算 5 个点，将结果填入报告。

2. 计算理论应力值

根据下式算出各测点的理论正应力值。即

$$\Delta\sigma=\frac{\Delta My}{I_z}$$

式中　$\Delta\sigma$——应力增量；

ΔM——弯矩增量；

y——测点至中心轴的距离；

I_z——截面对 z 轴的惯性矩。

其中，$\Delta M=\frac{1}{2}\Delta Fa$，$I_z=\frac{bh^3}{12}$，$y_1=\frac{-h}{2}$，$y_2=\frac{-h}{4}$，$y_3=0$，$y_4=\frac{h}{4}$，$y_5=\frac{h}{2}$等。一共计算 5 个点，将结果填入报告。测横力弯曲时，弯矩 $\Delta M_1=\frac{1}{2}\Delta F(a-c)$。

3. 实验值与理论值的比较

比较实验值与理论值的误差大小，并分析其原因和应力分布规律。

4.3　材料复合应力测定综合设计实验

4.3.1　实验目的

1）用实验方法测定同时受扭转、弯曲变形构件表面一点的主应力大小及主方向。

2）进一步掌握电测法及电阻应变仪的应用，并用实验方法测定扭转、弯曲组合变形构件截面上的弯矩和扭矩。

4.3.2　设备和装置

1）电阻应变仪。

2）计算机。

3）小型圆管扭弯组合装置（图 4-10a）。

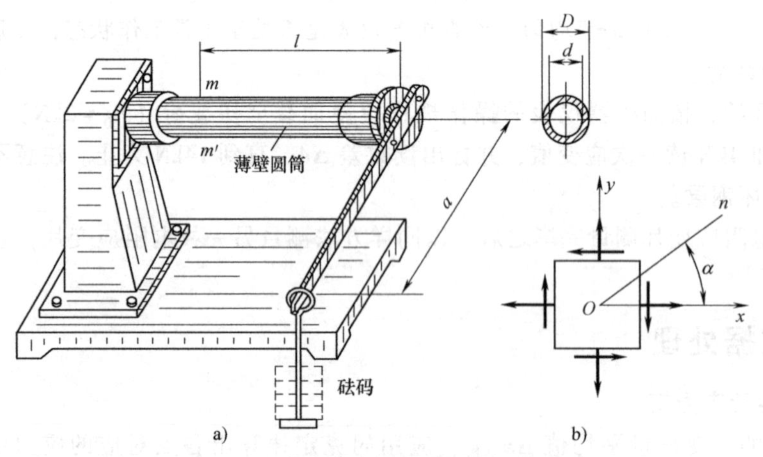

图 4-10　复合应力测定装置和实验原理

4.3.3　实验原理

1. 确定主应力和主方向

扭弯组合下，圆管上的 m 点处于平面应力状态（图 4-10b）。若在 x-y 平面内，沿 x、y

方向的线应变为 ε_x、ε_y，切应变为 γ_{xy}。根据应变分析，沿与 x 轴呈 α 角的方向 n（从 x 到 n 逆时针的 α 为正）的线应变为

$$\varepsilon_\alpha=\frac{\varepsilon_x+\varepsilon_y}{2}+\frac{\varepsilon_x-\varepsilon_y}{2}\cos2\alpha-\frac{1}{2}\gamma_{xy}\sin2\alpha \tag{4-15}$$

由此可知，ε_α 随 α 的变化而变化，在两个相互垂直的主方向上，ε_α 到达极值，称为主应变。主应变的计算公式为

$$\left.\begin{matrix}\varepsilon_1\\ \varepsilon_2\end{matrix}\right\}=\frac{\varepsilon_x+\varepsilon_y}{2}\pm\sqrt{\left(\frac{\varepsilon_x-\varepsilon_y}{2}\right)^2+\left(\frac{\gamma_{xy}}{2}\right)^2} \tag{4-16}$$

两个相互垂直的主方向 α_0 由式（4-17）确定，即

$$\tan2\alpha_0=-\frac{\gamma_{xy}}{\varepsilon_x-\varepsilon_y} \tag{4-17}$$

对线弹性各向同性材料，主应变 ε_1、ε_2 和主应力 σ_1、σ_2 方向一致，并由下列广义胡克定律相联系，即

$$\left.\begin{aligned}\sigma_1&=\frac{E}{1-\mu^2}(\varepsilon_1+\mu\varepsilon_2)\\ \sigma_2&=\frac{E}{1-\mu^2}(\varepsilon_2+\mu\varepsilon_1)\end{aligned}\right\} \tag{4-18}$$

实测时，由 a、b、c 三枚应变片组成直角应变花（图4-11），并把它粘贴在圆管固定端附近的上表面点 m 处。选定 x 轴，则 a、b、c 三枚应变片的 α 角分别为 $-45°$、$0°$、$45°$，代入式（4-17），可得出沿这三个方向的线应变分别为

$$\varepsilon_{-45°}=\frac{\varepsilon_x+\varepsilon_y}{2}+\frac{\gamma_{xy}}{2}$$

$$\varepsilon_{0°}=\varepsilon_x$$

$$\varepsilon_{45°}=\frac{\varepsilon_x+\varepsilon_y}{2}-\frac{\gamma_{xy}}{2}$$

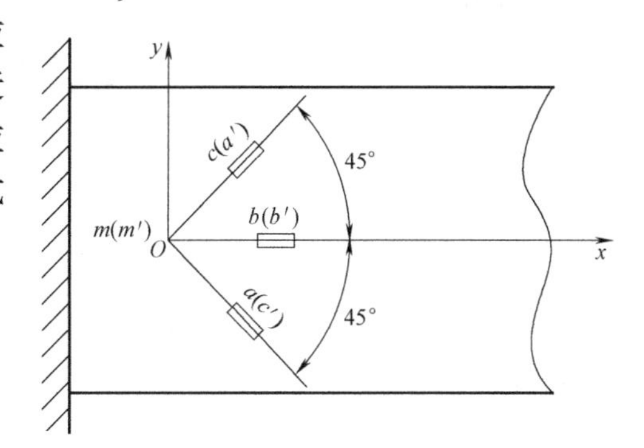

图4-11　直角应变花

由以上三式解出

$$\varepsilon_x=\varepsilon_{0°},\ \varepsilon_y=\varepsilon_{45°}+\varepsilon_{-45°}-\varepsilon_{0°},\ \gamma_{xy}=\varepsilon_{-45°}-\varepsilon_{45°} \tag{4-19}$$

由于 $\varepsilon_{0°}$、$\varepsilon_{45°}$、$\varepsilon_{-45°}$ 可以直接测定，因此 ε_x、ε_y 和 γ_{xy} 可以由测量的结果求出。将它们代入式（4-16）得

$$\left.\begin{matrix}\varepsilon_1\\ \varepsilon_2\end{matrix}\right\}=\frac{\varepsilon_{-45°}+\varepsilon_{45°}}{2}\pm\frac{\sqrt{2}}{2}\sqrt{(\varepsilon_{-45°}-\varepsilon_{0°})^2+(\varepsilon_{45°}-\varepsilon_{0°})^2} \tag{4-20}$$

把 ε_1 和 ε_2 代入式（4-18），便可确定 m 点的主应力。将式（4-20）代入式（4-17），得

$$\tan2\alpha_0=\frac{\varepsilon_{45°}-\varepsilon_{-45°}}{2\varepsilon_{0°}-\varepsilon_{-45°}-\varepsilon_{45°}} \tag{4-21}$$

由式（4-21）解出相差 $\frac{\pi}{2}$ 的两个 α_0，确定两个相互垂直的主方向。利用应变圆可知，

若 ε_x 的代数值大于 ε_y，则由 x 轴量起，绝对值较小的 α_0 确定主应变 ε_1（对应于 σ_1）的方向。反之，若 $\varepsilon_x<\varepsilon_y$，则由 x 轴量起，绝对值较小的 α_0 确定主应变 ε_2（对应于 σ_2）的方向。

2. 测定弯矩

在靠近固定端的下表面点 m'（m'为直径截面的端点）处，粘贴一枚与 m 点相同的应变片，其三枚应变片分别为 a'、b'、c'，相对位置已表示于图 4-11 中。圆管虽为扭弯组合，但 m 和 m'两点沿 x 方向只有因弯曲引起的拉伸和压缩应变，且两者数值相等、符号相反。因此，将 m 点的应变片 b 与 m'点的应变片 b'按图 4-12a 所示半桥接线，得

$$\varepsilon_M=(\varepsilon_b+\varepsilon_T)-(-\varepsilon_b+\varepsilon_T)=2\varepsilon_b$$

式中　ε_T——温度应变；

ε_b——m 点因弯曲引起的应变。

因此求得最大弯曲应力为

$$\sigma=E\varepsilon_b=\frac{E\varepsilon_M}{2}$$

还可以由下式计算最大弯曲应力，即

$$\sigma=\frac{MD}{2I}=\frac{32MD}{\pi(D^4-d^4)}$$

令以上两式相等，便可求得弯矩为

$$M=\frac{E\pi(D^4-d^4)}{64D}\varepsilon_M \tag{4-22}$$

3. 测定扭矩

当圆管受纯扭转时，m 点的应变片 a 和 c 以及 m'点的应变片 a'和 c'都沿主应力方向。又因主应力 σ_1 和 σ_2 数值相等、符号相反，故四枚应变片的应变绝对值相同，且 ε_a 与 $\varepsilon_{a'}$同号。若按图 4-12b 所示全桥接线，则

$$\varepsilon_T=\varepsilon_a-\varepsilon_c+\varepsilon_{a'}-\varepsilon_{c'}=\varepsilon_1-(\varepsilon_1)+\varepsilon_1-(-\varepsilon_1)=4\varepsilon_1 \tag{4-23}$$

$$\varepsilon_1=\frac{\varepsilon_T}{4}$$

这里，ε_1 即为扭转时的主应变，代入胡克定律，得

$$\sigma_1=\frac{E}{1-\mu^2}(\varepsilon_1+\mu\varepsilon_2)=\frac{E}{1-\mu^2}[\varepsilon_1+\mu(-\varepsilon_1)]=\frac{E}{4(1+\mu)}\varepsilon_T$$

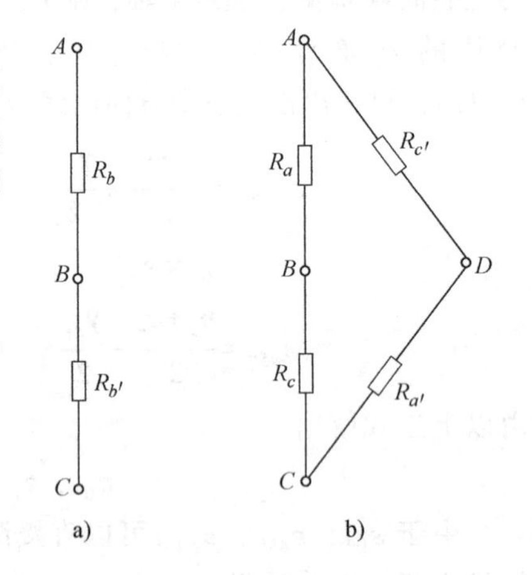

图 4-12　应变片的接线

a）半桥接线　b）全桥接线

还因扭转时主应力 σ_1 与切应力 τ 相等，故有

$$\sigma_1=\tau=\frac{TD}{2I_p}=\frac{16TD}{\pi(D^4-d^4)}$$

由以上两式不难求得扭矩 T 为

$$T=\frac{E\varepsilon_T}{4(1+\mu)}\frac{\pi(D^4-d^4)}{16D} \tag{4-24}$$

当前虽然是扭弯组合，但若在上述四枚应变片的应变中增加弯曲引起的应变，将相互抵

消，仍然得出式（4-24），因此上述测定扭矩的方法仍可用于扭弯组合的情况。

4.3.4　实验步骤及注意事项

1）选定 m 点（或 m' 点）的应变花，用外补偿片与半桥接线，测出 $\varepsilon_{-45°}$、$\varepsilon_{0°}$、$\varepsilon_{45°}$，确定主应变、主应力和主方向。

2）取 m 和 m' 两点的纵向应变片 b 和 b'，用相互补偿的半桥接线（图 4-12a），测定截面上的弯矩 M。

3）取下应变仪接线柱上的三点连接片，使用程控数字应变仪时，应把 U 形连接片拉出，以 a、c、a'、c' 四枚应变片按图 4-12b 接线，测定扭矩 T。

4）把砝码盘及加力杆的自重作为初载荷 F_0。根据圆管的尺寸和材料性能，选取适宜的最大载荷 F_{max} 和等增量 ΔF。用砝码加载，每项测量三次。

圆管装置的尺寸 l、a、D、d 和材料的弹性常数 E 和 μ 都作为已知给出。

4.3.5　数据处理

1）计算主应变、主方向、弯矩、扭矩时，皆取三次测量最大值的平均值计算。三次测量中，重复性不好或线性不好的一组数据应作为可疑数据舍去或重做。

2）弯矩 M、扭矩 T 和主应力 σ_1 的理论值分别为

$$M = F_{max} l,\quad T = F_{max} a,\quad \sigma_1 = \frac{1}{2W}\left(M + \sqrt{M^2 + T^2}\right)$$

式中，$W = \frac{\pi}{32D}(D^4 - d^4)$，是圆管的抗弯截面系数。

列表比较最大主应力 σ_1、弯矩 M 和扭矩 T 的实测值和相应的理论值，算出相对误差。

4.4　弹性模量 E 和泊松比 μ 的测定

4.4.1　实验目的

用应变电测法测定低碳钢的弹性模量 E 和泊松比 μ。

4.4.2　设备和试样

1）万能材料试验机。

2）数字式电阻应变仪。

3）游标卡尺。

4）贴有轴向及横向应变片的低碳钢板状试样和补偿块。

4.4.3　实验原理和方法

1. 测定弹性模量 E

使用电测法时，宜采用截面为矩形的低碳钢板状试样，如图 4-13a 所示。在试样前、后两面的轴线上粘贴两枚纵向应变片 R_1 和 R_3。需同时测定 μ 时，加贴两枚横向应变片 R_2 和

R_4。补偿片 R_0 贴在补偿块上。为消除拉力载荷 F 偏心的影响，采用图 4-13b 所示的串联半桥接线法。这时，应变仪读数 ε_r 即为试样的拉伸应变 ε，即 $\varepsilon_r=\varepsilon$。

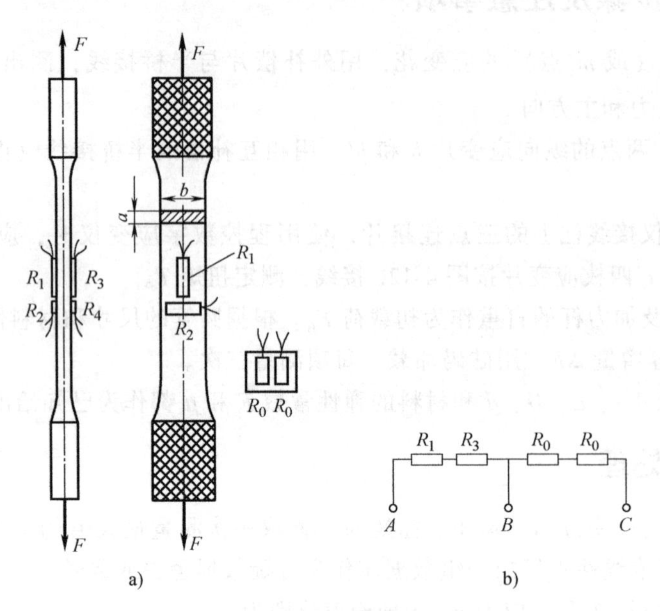

图 4-13　测定弹性模量和泊松比的实验原理

注：该图取自参考文献［1］

加载时，在实验前估算出比例极限内的最高载荷 F_n 和动载荷 F_0。从 F_0 到 F_n，将载荷分成 n 等份，即

$$\Delta F=\frac{F_n-F_0}{n}$$

加载时分级等量加载。在加载过程中，对应着每一个载荷 F_i，测出相应的 ε_i。将一组数据 F_i、ε_i 拟合成直线，直线的斜率为

$$m=\frac{\Sigma F_i\Sigma\varepsilon_i-n\Sigma F_i\varepsilon_i}{(\Sigma F_i)^2-n\Sigma F_i^2} \tag{4-25}$$

将胡克定律写成

$$\varepsilon=\frac{\sigma}{E}=\frac{F}{EA} \tag{4-26}$$

这是斜率为$\frac{1}{EA}$的直线。令$\frac{1}{EA}=m$，便可求得

$$E=\frac{(\Sigma F_i)^2-n\Sigma F_i^2}{\Sigma F_i\Sigma\varepsilon_i-n\Sigma F_i\varepsilon_i}\frac{1}{A} \tag{4-27}$$

2. 测定泊松比 μ

利用数字电阻应变仪可同时进行多点测量，在某一给定载荷 F_i 的作用下，可同时测出纵向应变 ε_i 和横向应变 ε'_i。测出一组 ε_i 和 ε'_i 的值后，由 $\mu=\left|\frac{\varepsilon'}{\varepsilon}\right|$ 即可确定泊松比 μ。

此外，在上述测量过程中，同时也获得了数据组 F_i、ε'_i，也可以拟合为直线。其斜

率为

$$m'=\frac{\Sigma F_i\Sigma\varepsilon'_i-n\Sigma F_i\varepsilon'_i}{(\Sigma F_i)^2-n\Sigma F_i^2}$$

由于 $\varepsilon'_i=-\mu\varepsilon_i$，代入上式后得

$$m'=-\mu\frac{\Sigma F_i\Sigma\varepsilon_i-n\Sigma F_i\varepsilon_i}{(\Sigma F_i)^2-n\Sigma F_i^2}=-\mu m$$

于是

$$\mu=\left|\frac{m'}{m}\right|$$

也可由上式确定泊松比 μ。

4.4.4　实验步骤

1）在板状试样的上、中、下三个部位测量其尺寸，以三个横截面面积的平均值作为 A。

2）做好万能试验机的准备工作。

3）安装板状试样。

4）用半桥接线法组成测量电桥，并将应变仪预调平衡。

5）将载荷加到 F_0，并将应变仪调零或记下初读数 ε_0。然后均匀、缓慢地逐级加载，记录下应变仪相应的读数，并随时检查应变 ε 与载荷 F 是否成线性关系。需要测定 μ 时，对应于每一个 F_i，还应读出横向应变片的应变值 ε'_i。载荷加到 F_n 后卸载，实验重复三次。

6）取下板状试样，将机器仪表复原。

第5章 材料综合创新实验

5.1 金相试样制作及综合分析实验

5.1.1 实验目的

1）学会金相试样的制作方法。

2）掌握金相试样的制作过程：取样、镶嵌、磨制、抛光和侵蚀。

5.1.2 金相试样的制备

在科研和实验中，人们经常借助金相显微镜对金属材料进行显微分析和检测，以控制金属材料的组织和性能。在进行显微分析前，首先必须制备金相试样。若试样制备不当，就无法看到真实的组织，也就得不到准确的结论。

金相试样的制备过程包括：取样、镶嵌、磨制、抛光和侵蚀。

5.1.3 金相试样的取样

取样部位的选择应根据检验目的选择有代表性的区城。取样及其方法如下：

1. 原材料及锻件的取样

原材料及锻件的取样主要应根据所要检验的内容进行纵向取样和横向取样。

1）纵向取样检验的内容包括：非金属夹杂物的类型、大小、形状；金属变形后晶粒被拉长的程度；带状组织等。

2）横向取样检验的内容包括：检验材料自表面到中心的组织变化情况；表面缺陷；夹杂物分布；金属表面渗层与覆盖层等。

2. 分析取样

当零件在使用或加工过程中被损坏，应在零件损坏处取样，然后在没有损坏的地方取样，以便于对比分析。

3. 取样方法

因为材料的性能不一样，有硬有软，故取样的方法也不一样。对于软材料，可用锯、车、铣、刨等来截取；对于硬材料，则用金相切割机或线切割机床截取。切割时要用水冷却，以免试样受热引起组织变化；对硬而脆的材料，可用锤子击碎，再选取合适的试样。

试样的大小以便于拿在手里磨制为宜，一般为 ϕ12mm×15mm 的圆柱体或 12mm×12mm×15mm 的长方体。取样的数量应根据工件的大小和检验的内容来定，一般取 2~5 个为宜。

5.1.4　金相试样的镶嵌

截取好的试样有的过于细小或是薄片、碎片，不宜磨制或要求精确分析边缘组织的试样，就需要镶嵌成一定的形状和大小。常用的镶嵌方法有机械镶嵌法（图 5-1a）、低熔点合金镶嵌法、树脂镶嵌法、热压镶嵌法（图 5-1c）、浇注镶嵌及环氧树脂冷嵌法（图 5-1b）等方法。

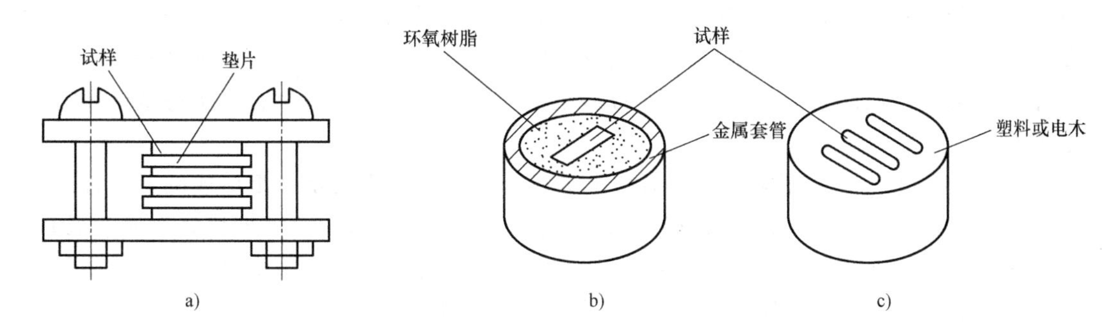

图 5-1　金相试样镶嵌法

a）机械镶嵌法　b）环氧树脂冷嵌法　c）热压镶嵌法

注：该图取自参考文献［4］

（1）机械镶嵌法　用不同的夹具夹持不同外形的试样。夹持时，夹具与试样之间、试样和试样之间应放上填片。填片应采用硬度相近且电位高的金属片，以免侵蚀试样时填片发生反应，影响组织显示。

（2）低熔点合金镶嵌法　要求合金的熔点必须在 100℃以下，低于材料的回火温度。

（3）环氧树脂镶嵌法　利用环氧树脂来镶嵌细小的金相试样，可以将任何形状的试样镶嵌成一定尺寸。

（4）热压镶嵌法　这是在专用镶嵌机上进行的一种方法，常用材料是电木粉。电木粉是一种酚醛树脂，不透明，有各种不同的颜色。镶嵌时在压模内加热加压，保温一定时间后取出。其优点是操作简单，成形后即可脱模，不会发生变形。其缺点是不适合淬火件。

（5）浇注镶嵌法　这是在室温下进行镶嵌的一种方法，常用环氧树脂及牙托粉。对于一些不能加热和加压的试样，可采用环氧树脂浇注镶嵌法。配方为：环氧树脂 6101 100g+乙二胺（凝固剂）8g；牙托粉 3 份+牙托水 1 份（质量比）。其优点是不需要加热，不需要专用机械，与试样结合比较牢固，但磨制时不易倒角，是一种理想的镶嵌方法。

5.1.5　金相试样的磨制

金相试样磨制的目的是得到一个平整而光滑的表面。磨制分为粗磨和细磨。

1. 粗磨

一般材料可用砂轮机将试样的磨面磨平；软材料可用锉锉平。不需要检查表层组织的试样要倒角、倒边。

粗磨的注意事项如下：

1）磨制时要用水冷却，以防止试样受热而改变组织。

2）接触时压力要均匀，不宜过压，否则易产生砂轮破裂和温度升高，使组织发生改变。

3）不适用于检验表层组织的试样，如渗氮层、渗碳层组织的检验。

2. 细磨

细磨的目的是消除粗磨留下的划痕，为下一步的抛光做准备。细磨又分为手工细磨和机械细磨。

（1）手工细磨　选用不同粒度的金相砂纸（粒度分别为 F180、F240、F400、F600、F800），由粗到细进行磨制。磨时将砂纸放在玻璃板上，手持试样中部向前推磨，切不可来回磨制，用力需均匀，不宜过重。每换一种砂纸，试样磨面需转 90°，与旧划痕垂直，直到旧划痕消失为止。以此类推，直到用 F800 砂纸磨光。试样细磨结束后，用水将试样冲洗干净，待抛。

（2）机械细磨　在专用的机械预磨机上进行。将不同粒度的水砂纸剪成圆形，置于预磨机圆盘上，并不断地注水，就可进行磨光。其方法与手工细磨一样，即用完一种砂纸后，换用另一种砂纸，试样同样转 90°，直到用 F800 砂纸磨光。注意：用水冷却，避免磨面过热；因转盘转速高，磨制时压力要小；不允许使用已经破损的砂纸，否则会影响安全。

5.1.6　金相试样的抛光

抛光的目的是去除试样磨面上经细磨留下的细微划痕，使试样磨面成为光亮无痕的镜面。抛光有机械抛光、电解抛光和化学抛光。最常用的是机械抛光。

1. 机械抛光

机械抛光在金相抛光机上进行。抛光时，试样磨面应均匀地轻压在抛光盘上，将试样由中心至边缘移动，并做轻微晃动。在抛光过程中，要以量少、次数多和由中心向外扩展的原则不断加入抛光微粉乳液。常用的抛光微粉见表 5-1。常用的电解抛光液和规范见表 5-2。抛光应保持适当的湿度，因为湿度太大，会降低磨削力，使试样中的硬质相呈现浮雕；湿度太小，由于摩擦生热，会使试样升温，使试样产生晦暗现象。合适的抛光湿度是以提起试样后磨面上的水膜在 3~5s 内蒸发完为准。抛光压力不宜太大，时间不宜太长，否则会增加磨面的扰乱层。粗抛光可选用帆布、海军呢做抛光织物；精抛光可选用丝绒、天鹅绒、丝绸做抛光织物。抛光前期抛光液的浓度应大些，后期使用较稀的抛光液，最后用清水，直至试样成为光亮无痕的镜面，即停止抛光。用清水冲洗干净后即可进行侵蚀。

表 5-1　常用的抛光微粉

材料	莫氏硬度	特　点	适用范围
氧化铝（Al_2O_3）	9	白色，α 氧化铝微粒平均尺寸为 0.3μm，外形呈多边形。γ 氧化铝粒度为 0.1μm，外形呈薄片状，压碎后更为细小	通用抛光粉，用于粗抛光和精抛光
氧化镁（MgO）	5.5~6	白色，粒度极细而均匀，外形锐利，呈八面体	适用于铝镁及其合金和钢中非金属夹杂物的抛光
氧化铬（Cr_2O_3）	8	绿色，具有较高的硬度，比氧化铝抛光能力差	适用于淬火后的合金钢、高速钢以及钛合金抛光
氧化铁（Fe_2O_3）	6	红色，颗粒圆、细、无尖角，变形层厚	适用于较软金属及其合金
金刚石粉（膏）	10	颗粒尖锐、锋利，磨削作用极佳，寿命长，变形层小	适用于各种材料的粗、精抛光，是理想的磨料

表 5-2　常用的电解抛光液和规范

名称	成分/mL		规范	用途
高氯酸-乙醇水溶液	乙醇	800	30~60V 15~60s	碳素钢、合金钢
	水	140		
	高氯酸(质量分数为 60%)	60		
高氯酸-甘油溶液	乙醇	700	15~50V 15~60s	高合金钢、高速钢、不锈钢
	甘油	100		
	高氯酸(质量分数为 30%)	200		
高氯酸-乙醇溶液	乙醇	800	35~80V 12~60s	不锈钢、耐热钢
	高氯酸(质量分数为 60%)	200		
铬酸水溶液	水	300	1.5~9V 2~9min	不锈钢、耐热钢
	铬酸	620		
磷酸水溶液	水	300	1.5~2V 5~15s	铜及铜合金
	磷酸	700		
磷酸-乙醇溶液	水	200	25~30V 4~6s	铝、镁、银合金
	乙醇	380		
	磷酸	400		

2. 电解抛光

电解抛光采用化学溶解作用使试样达到抛光的目的。这种方法能真实地显示材料的组织，尤其是硬度较低的金属或单相合金，以及极易加工变形的奥氏体不锈钢、高锰钢等。但电解抛光不适用于偏析严重的金属材料、铸铁以及夹杂物的检验。图 5-2 所示为电解抛光原理示意图。

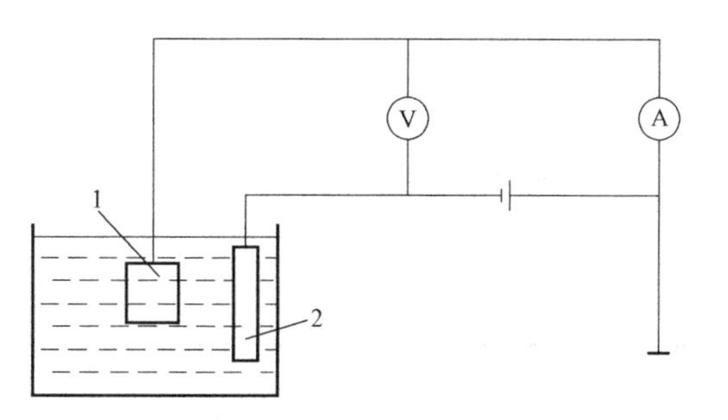

图 5-2　电解抛光原理示意图

1—阳极（试样）　2—阴极

注：该图取自参考文献［4］

电解抛光的步骤为：将试样浸入电解液中作为阳极，用铅板或不锈钢板作为阴极，试样与阴极之间的距离保持 20~30mm，接通电源。当电流密度足够大时，试样磨面即由于电化学作用而发生选择性溶解，从而获得光滑平整的表面。抛光完毕后，取出试样，切断电源，将试样迅速用水冲洗并吹干。

5.1.7　金相试样的侵蚀

抛光后的金相试样置于金相显微镜下观察，仅能看到铸铁中的石墨、非金属夹杂物，金相组织只有侵蚀后才能看到。金相组织侵蚀的方法有化学侵蚀法、电解侵蚀法和物理侵蚀法。常用的是化学侵蚀法。

化学侵蚀法就是利用化学试剂对试样表面进行溶解或电化学作用来显示金属的组织。纯金属及单相合金的侵蚀是一个化学溶解过程。因为晶界原子排列较乱，不稳定，在晶界上的原子具有较高的自由能，晶界处就容易侵蚀而下凹，来自显微镜的光线在凹处就产生漫反射回不到目镜中，晶界呈现黑色，如图 5-3a 所示。两相合金的侵蚀与纯金属截然不同，它主要是一个电化学过程。因为不同的相具有不同的电位，当试样侵蚀时，就形成许多微小的局部电池。具有较高负电位的一相为阳极，被迅速溶解，而逐渐出现凹洼；而具有较高正电位的一相为阴极，不被侵蚀，保持原有的平面。两相形成的电位差越大，侵蚀速度越快，在光线的照射下，这两相就形成了不同的颜色，凹洼的部分呈黑色，凸出的一相发亮呈白色，如图 5-3b 所示。

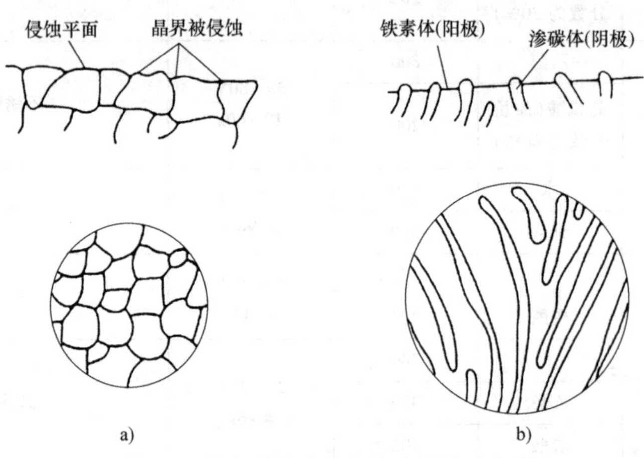

图 5-3 单相合金和双相合金侵蚀示意图

注：该图取自参考文献［4］

化学侵蚀操作注意事项如下：

1）试样进行化学侵蚀时应在专用实验台上进行，对有毒的试剂应在抽风橱内进行。

2）试样侵蚀前应清洗干净，磨面上不允许有任何脏物，以免影响侵蚀效果。

3）根据材料和检验要求正确选择侵蚀剂。常用化学侵蚀剂见表 5-3。

表 5-3 常用化学侵蚀剂

序号	名称	成分		适用范围	使用要点
1	硝酸乙醇溶液	硝酸	1~5mL	碳素钢及低合金钢的组织显示	硝酸含量按材料选择，侵蚀数秒钟
		乙醇	100mL		
2	苦味酸乙醇溶液	苦味酸	2~10g	对钢铁材料的细密组织显示较清晰	侵蚀时间从数秒至数分钟
		乙醇	100mL		
3	苦味酸盐酸乙醇溶液	苦味酸	1~5g	显示淬火及淬火回火后钢的晶粒和组织	侵蚀时间较上例快些，约数秒至 1min
		盐酸	5mL		
		乙醇	100mL		
4	氢氧化钠苦味酸水溶液	氢氧化钠	25g	钢中的渗碳体染成暗黑色	加热煮沸侵蚀 5~30min
		苦味酸	2g		
		水	100g		

（续）

序号	名称	成分		适用范围	使用要点
5	氯化铁盐酸溶液	氯化铁	5g	显示不锈钢、奥氏体高镍钢、铜及铜合金组织	侵蚀至显现组织
		盐酸	50g		
		水	100g		
6	王水甘油溶液	硝酸	10mL	显示奥氏体镍铬合金等组织	先用盐酸与甘油充分混合，然后加入硝酸，试样侵蚀前先用热水预热
		盐酸	20~30mL		
		甘油	30mL		
7	氨水双氧水溶液	氨水（饱和）	50mL	显示铜及铜合金组织	配好后，马上使用，用棉花蘸擦
		3%双氧水溶液	50mL		
8	氯化铜氨水溶液	氯化铜	8g	显示铜及铜合金组织	侵蚀 30~50s
		氨水（饱和）	100mL		
9	混合酸	氢氟酸（浓）	1mL	显示硬铝组织	侵蚀 10~20s 或用棉花蘸擦
		盐酸	1.5mL		
		硝酸	2.5mL		
		水	95mL		
10	氢氟酸水溶液	氢氟酸（浓）	0.5mL	显示一般铝合金组织	用棉花擦拭
		水	99.5mL		
11	氢氧化钠水溶液	氢氧化钠	1g	显示铝及铝合金组织	侵蚀数秒钟
		水	90mL		

4）注意掌握侵蚀时间，一般是磨面由光亮逐渐失去光泽而变成银灰色或灰黑色，需要根据经验确定。通常高倍观察时侵蚀宜浅，而低倍观察时可深些。

5）试样适度侵蚀后，应立即用清水冲洗干净，滴上乙醇，再吹干，即可进行显微分析。

5.1.8　实验装置及材料

1）磨制用玻璃平板，金相砂纸一套，其粒度（顺序号）为：F240、F280、F320（00）、F400（01）、F500（02）、F600（03）、F800（04）、F1000（05）、F1200（06）、F1400（07）。

2）抛光机。机械抛光机主要由电动机和抛光圆盘（$\phi200 \sim \phi300$mm）组成。抛光圆盘的转速为 300~500r/min。工件试样材料和抛光面要求不同，抛光圆盘上可黏上帆布、尼龙、丝绸等。抛光时不断地滴注抛光液。抛光液通常采用磨料（工件试样材料及抛光表面要求不同，可采用 Al_2O_3、MgO、Cr_2O_3、SiC 等粉末），粒度为 0.5~3μm，常用的为 Al_2O_3 在水中的悬浮液。抛光时，试样用手捏紧，放在抛光圆盘的适当位置上，轻压并轻轻转动和移动试样，依靠极细的磨料与抛光面间产生相对滑动时的磨削作用来消除磨痕。

3）金相显微镜。

4）侵蚀剂（本实验用 4%的硝酸乙醇溶液）及金相试样等。

5.1.9　实验步骤

1. 领取试样毛坯及砂纸

根据本组人数，每人分别取 10、20、35、45、55、65、75、T8、T10、T12 钢等金相试

样毛坯一块或二块，金相砂纸一套。

2. 制备金相试样（略）

3. 磨制

磨制的目的是消除表面上较深的磨痕，为抛光做好准备。正确的磨制方法是将金相砂纸平整地放在玻璃板上，用手握紧试样并紧贴金相砂纸，轻压试样并缓慢地向前推移，用力要均匀，一直磨到试样只有一个方向的磨痕为止。然后更换细一号的砂纸，更换后的磨削方向应与前一号砂纸留下的磨痕垂直，以利于观察粗磨痕的消除情况；同时在更换一张砂纸后，应用棉花把试样表面擦净，以免将较粗砂粒带到砂纸上擦伤试样表面。对一般的钢铁材料试样，常用03号或04号砂纸磨制；而对有色金属等较软材料试样，需用05号或06号砂纸磨制。

4. 抛光

抛光是除去试样磨面上的细微磨痕，使其呈光亮平整的镜面。抛光前先把已经磨制的试样用水清洗干净，以免砂粒带入抛光面中。抛光时应使试样磨痕方向与抛光圆盘旋转的线速度方向垂直；抛光液要摇均匀并间断地加到抛光盘上，抛光时要注意防止试样飞出；抛光时间为2~5min，不要太长，以避免夹杂物或石墨脱落和形成麻点。抛光后的试样要用水清洗干净，并用压缩空气（或洗耳球）吹干，把用4%的硝酸乙醇溶液用滴管吸出并置于试样表面，经几秒或几十秒后，待试样表面变灰时迅速用水清洗，并立即吹干（否则易生锈），再用毛巾擦去其他部分水迹。

5. 侵蚀

侵蚀是为了显示金属材料的内部组织。侵蚀时间的长短，必须掌握好。侵蚀时间过短，不能完全显示组织，可以再行侵蚀；侵蚀时间过长，试样表面灰黑，组织模糊不清，必须重新抛光后再侵蚀。

试样制成后，要注意保护。一方面要使试样表面不与任何硬物相接触，以免擦伤表面，放置试样时表面要向上；另一方面试样表面不能用手接触，以免手印留在试样表面而无法看清组织。

6. 观察试样的组织

熟悉金相显微镜的使用方法，并检查已制备好的金相试样。用高倍、低倍或大小不同的光圈来观察同一位置的组织；移动工作台观察整个试样表面各处的组织。

7. 完成实验报告

在实验报告上画出不同倍率下金相显微组织的示意图，然后相互交换金相试样进行观察。

5.2 计算机辅助定量金相分析实验

5.2.1 实验目的

1）学会金相图像分析仪的使用。

2）学会分析材料成分、组织间的定量测试，掌握材料成分对其性能的影响。

5.2.2　实验概述

定量金相分析是借助金相显微镜来检验材料内部的组织和缺陷，定量金相分析可以研究钢的化学成分与纤维组织的关系，钢的冶炼、轧制、热处理工艺等对其显微组织的影响，以及钢的显微组织与物理性能的内在联系规律。定量是评定材料内部质量的重要方法之一，能够为稳定和提高产品质量、开发新材料提供重要的依据。

定量金相分析常用的仪器是光学显微镜，为了研究和解决检验中所遇到的难题，也使用电子显微镜等现代仪器。

5.2.3　定量显微测量的基本知识

材料成分、组织和性能之间定量关系的确定对于材料的研究、生产和使用具有理论指导和实际应用意义。定量金相分析是完成该任务的必要方法之一，即先通过确定材料组织的数量、大小、形状和分布，然后分析组织特征参数与成分或性能之间的内在联系，从而建立它们之间的定量关系。精确测定硬度计试验的压痕尺寸也是定量显微测量的应用之一。

常用的定量金相测量方法主要有比较法和测量法两种。

1. 比较法

比较法是将测量对象与标准图样进行对比，以确定金相组织的级别，如晶粒度级别、夹杂物级别、石墨级别等，目前光学金相中的目视评级法属于比较法。比较法所用的标准图片由国家有关部门统一颁布。这种方法简单、快捷、易行，对于判断钢材的质量和性能较为有效，至今仍在工矿企业中使用。由于测量者的主观因素易带来误差，精确性和再现性差；同时，所得出的金相组织级别在表明组织的量上没有确切的物理概念，因此比较法不属于定量金相分析，也无法建立宏观性能和微观组织的定量关系。

2. 测量法

测量法主要通过测定组织的某些特征参数并进行计算，得出所需的各种数据。它不直接评定金相组织的级别。测量可以通过显微镜在试样的视场中直接进行，也可以在显微照片、投影屏或工业电视的显示屏上进行。显微组织的参数很多，通常只要测量最基本、最易获得、能够由此推导出其他数据的有关参数，如点、线、面等。常用的测量法有面积法、截线法、计点法和联合测量法。

（1）面积法　选定视场，总面积为 A_T，测量出待测相面积 A_α，则面积分数 $A_A=A_\alpha/A_T$；由此也可以推导出 α 相所占的体积百分比。

关于 A_α 的测量方法，可以在放大的清晰照片上用求积仪进行测量，也可以用称重法进行测量。称重法是假定照相纸的密度均匀一致，在放大的清晰照片上，用剪刀把待测相 α 剪下来，用天平称出质量，然后进行运算，则可求得 A_A。这种方法是最原始的面积计量法，它只适用于相界清晰、易于分割的组织照片。这种方法比较麻烦，也不够精密。

（2）截线法　在视场中作任意直线（测量线），它与组织中的各待测相相交，把落在待测相上的线段长度（截距）相加，得到总长度 L_α，而测量线的总长度 L_T 是已知的。用式 $L_L=L_\alpha/L_T$ 计算，就可以得出线分数等数据。截线法除了用来测量截线长度外，还可以用来测量 P_L，即在单位测量线上与测量对象界面的交点数；还可以用来测量 N_L，即在单位测量线上和测量对象相交的数目。

(3) 计点法　计点法用以测量参数 P_P，以确定所测对象的数目、相对含量等。测试时，常用一个固定的网格来进行计点，查看被测对象落在网格交叉点上的数目。网格交叉点的数目是已知的，如 36 点。取多个视场就能得出点数的总和，再通过一定公式的换算，则可得到所需数据。所取视场越多，测量的点数越多，结果就越接近真实值。

在实际应用中，这种网格可以装在目镜中，使其在显微镜的视场上与显微组织叠映并计数，然后移动视场，再进行计数，直到数量足够。另外也可以用带网格的透明塑料板，把它覆在显微组织照片上，数出被测相落在格点上的数目 P_P，再根据基本公式 $V_V=A_A=P_P$，就可以得出这种待测相的体积分数。式中，V_V 为某相在三维组织中的体积分数；A_A 为某相在随机截面上的面积分数；P_P 为某相在随机视场上的点分数。

(4) 联合测量法　它是将截线法和计点法结合起来应用，同时测量 P_L 和 P_P。该法常用来测量粒子的体积和表面积的比值。这些方法中所用的模板可以放在目镜里，也可以刻在透明的塑料板上，盖在显微照片上进行分析。

传统的定量金相分析是用人工目测，它主要包括几何测量和统计计算两方面，即用一定长度的线条或一定面积的网格，放在需要测量的金相图像上，然后对截距或格点进行计数，做统计分析，从而获得定量的结果。这种人工分析法，重现性差、速度慢、效率低、劳动强度大，容易导致工作者的视力疲劳，引起测量和计算误差。另外，金相组织在微观上一般都不太均匀，因而任何一个参数都不能仅靠一个视场上的几个测量数据来确定，而需要用统计方法，在足够多的视场上进行多次测量，才能保证结果的可靠性。因此，用人工方法进行金相定量分析测量是一件很辛苦的工作，有些甚至因工作量过大而无法进行。

目前市场上出现的半自动、全自动金相分析仪的工作效率比人工测量提高几十倍。尽管如此，由于全自动金相分析仪采用专用的图像分析硬件设备，价格十分昂贵，其应用受到了很大的限制。在当前微机性能和价格比空前提高的情况下，基于图像技术的计算机辅助定量金相分析已逐步得到应用。

定量金相图像分析系统是在图像分析仪的基础上，采用 MS-C 平台开发的通用软件，能进行图像采集、图像存储、图像处理、多视场测量、显示打印输出以及几十种几何参数的测量。该软件可进行晶界提取，晶界重建，单相晶粒度测量（面积法、截线法），双相晶粒度测量（截线法），非金属夹杂物测量（其中包括硫化物、氧化铝、硫酸盐、球状氧化物的区分测量），珠光体、铁素体含量测量，球墨铸铁石墨球化率测量，奥氏体钢中 α 相测量，铝合金中初晶与共晶硅分析，钛合金材料分析等。

5.2.4　图像系统基本原理

图像系统应用了多种图像处理技术和数学方法，主要包括以下三个方面：

1）图像的数字化和编码，把图像从连续形式变换为离散形式，以进行计算机处理，并尽量节省存储空间和信息容量。

2）图像的增强和恢复，即改善图像质量，降低噪声。

3）图像的分割和描述，把图像变换成简化“图形”，以进行定量参数测量和性质描述。

在进行数字处理时，图像样本必须首先量化。金相图像的处理分析和测量都建立在灰度信息的基础上。图像系统采集的每幅图像为 512×512 像素，每个像素占用 8bit 空间。图像卡上的单路 A/D 模拟转换电路将 CCD 摄像头输入的视频信号按 11～14MHz 频率采样后，量化为 256 级的数字信号。0 对应暗，255 对应亮。从一幅图像中提取局部图像的常用方法是设置门限，将一定灰度值范围内的图像变成 1，范围外的图像变为 0，将图像提取出来。某一金相试样组织在断面内的分布是随机的，但在正确制备试样的基础上，同一相金相组织往往具有相同或相近的灰度值及形状、纹理特征，并且这些特征通常会在不同的金相组织交界处发生急剧变化。据此，可以采用特定的算法进行图像处理，先提取特征相进行二值化处理、边缘检测或者区域分割，然后针对该相进行参数测量和统计分析。

5.2.5　图像系统硬件组成

图像系统分为四个部分：图像获取、图像显示和处理分析、图像存储以及最终结果输出。在现有设备的基础上，综合考虑了系统分析的效率和经济性，确定采用图 5-4 所示的图像系统组成框图。

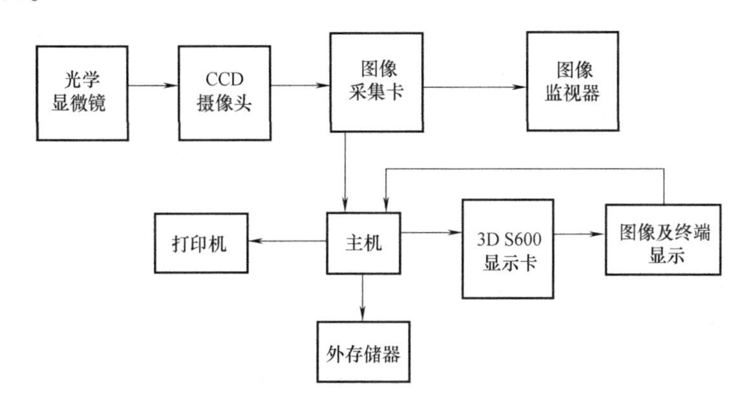

图 5-4　图像系统组成框图

5.2.6　定量金相图像分析系统和软件应用

1. DT2000 定量金相图像分析系统

图 5-5 和图 5-6 所示分别为 DT2000 定量金相图像分析系统的工作界面和组成。该系统具有以下功能：

1）图像输入接口。支持摄像机、数字摄像头等图像输入设备。

2）图像捕获。具有高分辨率实时彩色图像捕获能力，可以实时动态捕获图像序列。

3）图像编辑。具有强大的图像编辑功能，可以调节亮度、对比度，还具有图像复制、剪切、旋转、滤色等处理功能。可以将标尺、文字、符号叠加到图像。

4）图像分割。提供常用的灰度分割和彩色分割功能，支持多阈值分割功能。

5）目标处理。可以对提取目标进行手工处理和自动处理，可根据用户设定的参数去除微粒和填充孔隙。

6）图像存档。可以将图像以 BMP 或 JPG 格式存档。

7）目标参数测量。可以任意选择面积、周长、等效圆直径、平均灰度、平均光密度、任意方向长度等各种参数进行测量，也可手动单个测量目标参数。显示参数有每个目标面积、周长、等效圆直径和目标个数等。

8）组织相面积含量的测量。

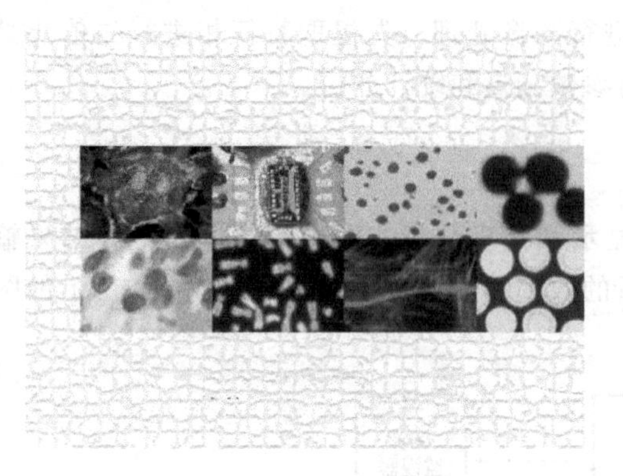

图 5-5 DT2000 定量金相图像分析系统的工作界面

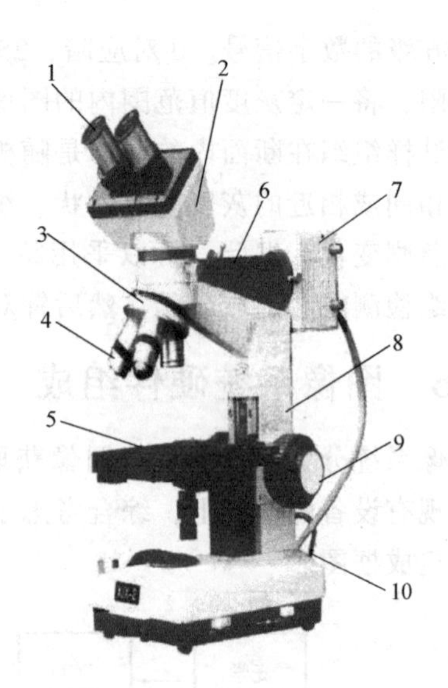

图 5-6 DT2000 定量金相图像分析系统的组成

1—目镜 2—双目镜座 3—物镜转换器 4—物镜 5—工作台 6—视场光栏调节器 7—集光镜及光栏 8—立柱 9—粗、微调手轮 10—摄像头连接线

9）RGB 荧光色彩分量合成、RGB 色彩滤色。

10）粒度分析和统计。

11）具有先进的粘连颗粒自动切分功能，适合颗粒计数、测量和统计分析。

12）数据处理与统计 测量数据可以标注在图像上，也可以传到 Excel，或直接打印输出。测量数据可自动生成统计图表。

13）景深扩展（图像融合）。对样品不同层面聚焦拍照，运用景深扩展功能将几幅图像融合成一幅清晰的图像。

14）显微图像定倍打印、定倍显示。

15）图文报告。

2. 软件的菜单功能

（1）**编辑文件**

1）**撤销**：用于撤销当前的操作，回到上一次的操作状态。

2）**重复**：用于回撤当前的撤销操作。

3）**复制**：把当前图像复制到剪切板上，该功能支持 256 色位图和 24 位真彩位图。

4）**粘贴**：用剪切板中的位图替换当前打开的位图。该功能支持 256 色位图和 24 位真彩位图。

5）**测量设置**：

① 在“参数设置”对话框中单击“测量参数”标签，弹出“测量参数”选项卡，如图 5-7 所示。

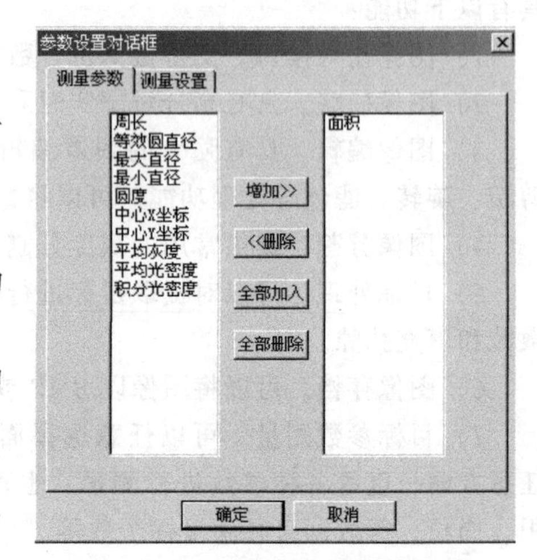

图 5-7 参数设置→测量参数

该选项卡中有多个选项：

圆度：即形状因子，指目标接近圆的程度。计算公式为：圆度 = 面积等效圆直径/周长等效圆直径。

平均灰度：即目标总的灰度/目标面积。目标灰度值为 0～255，共 256 个灰度级，表示目标的明亮程度，255 为最亮，0 为最暗。

平均光密度：计算公式为：平均光密度 = lg（255/平均灰度）。

积分光密度：计算公式为：积分光密度 = 目标面积×平均光密度。平均光密度和积分光密度都可以表示目标的明亮程度。

左边框中的参数是程序可以测量的参数，右边框中的参数是程序将要测量的参数，也就是在后面测量过程中能显示出来的参数，双击左边的参数可以加到右边框中，或选中后单击“增加”按钮。同理，可从右边框中删除测量参数，加到左边框中。这样测量不显示该参数。单击“全部加入”按钮，则将测量所有可以测量的参数。单击“全部删除”按钮，将不测量任何参数。

② 在“参数设置”对话框中单击“测量设置”标签，弹出“测量设置”选项卡，如图 5-8 所示。该选项卡中有多个选项：

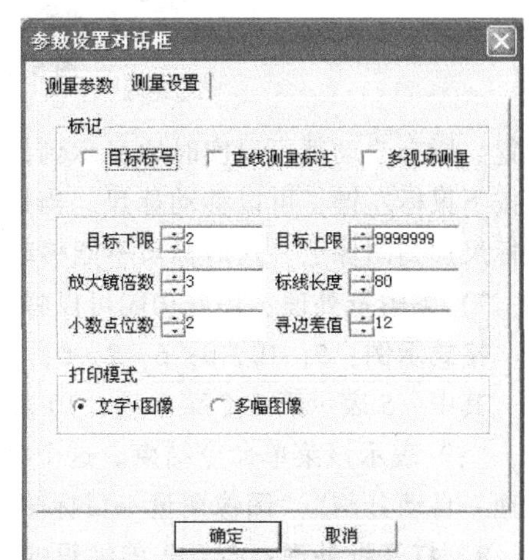

图 5-8　参数设置→测量设置

目标标号：选中则在测量的目标上标记号码。

直线测量标注：选中则在直线测量时将测量结果直接标记到图像上。

多视场测量：选中可以进行多视场测量，目标编号将累加，直到退出程序为止。

目标下限：测量时的最小面积，以像素为单位。小于该值的目标不计数。

目标上限：测量时的最大面积，以像素为单位。大于该值的目标不计数。

以上数值可以根据实际需要更改。

放大镜倍数：设定放大镜的倍数。

标线长度：在直线测量时，实时显示的直线两端各有一个与之相垂直的直线，默认为 80 个像素的长度，可以改变该值来调整它的长度。

小数点位数：设定测量数值，精确到小数点后面几位数。

寻边差值：在用颜色分割或用魔棒单击目标测量时，所单击点和系统寻边时的灰度差。例如这个值是 12，单击点的灰度是 70，则以单击点为中心、周边相差灰度为 12 的像素点都将被测量或分割出来。

文字+图像：单击文件→打印时可以输入文字，并将所示的图像按设定的倍数打印出来，形成一个检测报告。

多幅图像：如果一次打开多幅图像，则可以选择此模式，将多幅图像按不同或相同的倍数打印出来。

6）**叠加标尺**：“叠加标尺”对话框，如图 5-9 所示。

同时在图像上出现和定标系数相对应的标尺。标尺的颜色可以在右边工具栏中的颜色下拉菜单中改变。标尺长度和标尺粗细可以在对话框中改变。标尺可以水平放置，也可以竖直

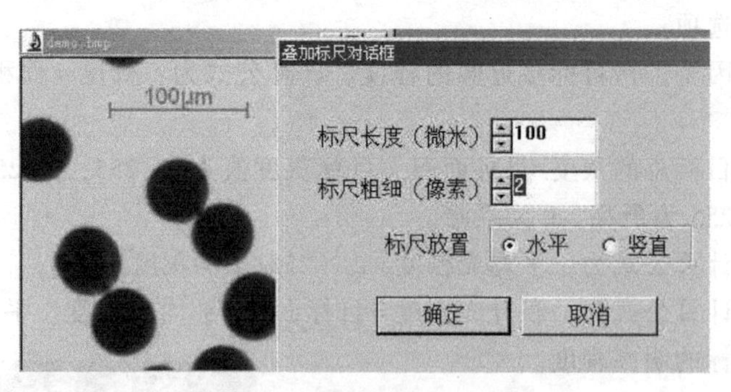

图 5-9 “叠加标尺”对话框

放置。所有改动都可以实时地显示到图像上。当光标移动到标尺上时，将变成✥形状，这时按下鼠标左键，可以移动标尺。当以上各参数设置完毕后，单击“确定”按钮，就可以将标尺加到图像上。这时标尺不能移动。

7）**编辑批处理**：用此功能可以将常用的一些功能集合到一起运行。

格式示例：5，10，0；6，2，0；7，2，0；

其中，5 表示第 5 个菜单项，10 表示该菜单项的第 10 个子菜单，0 表示没有三级子菜单，“；”表示该菜单命令结束。这个批处理要执行的菜单是：“图像变换→灰度图”“目标处理→自动分割”“图像测量→目标测量”。

8）**打开批处理**：打开先前编辑的批处理，可以自动运行（无对话框弹出者）或半自动运行（有对话框弹出者）。

（2）**查看** “查看”菜单如图 5-10 所示。

1）**工具栏**：选中时显示工具栏。

2）**状态栏**：选中时显示状态栏。

3）**刷新**：使图像退回到刚打开时的状态。

4）**格线**：包括网格数点法和网格截线法测量。

本方法是根据 GB/T 15749—2008《定量金相测定方法》编写的计算机应用程序。单击菜单“查看”→“格线”，在被测图像上叠加格线并弹出“格线”对话框，如图 5-11 所示。

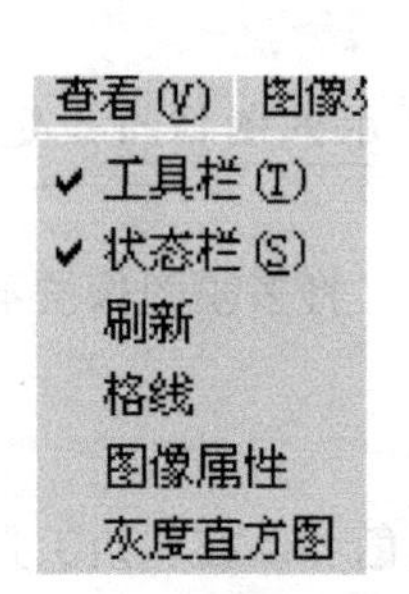

图 5-10 “查看”菜单

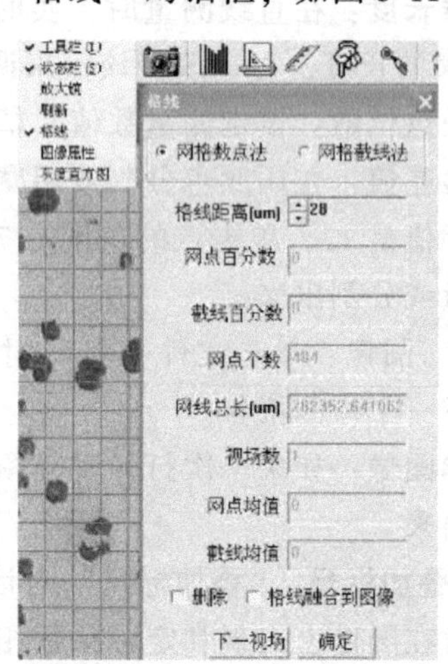

图 5-11 “格线”对话框

① **网格数点法**：在“格线”对话框中，选中“网格数点法”，调节格线距离。根据 GB/T 15749—2008，格线距离（网格间距）与被测物相间的距离接近。

单击落在物相中的节点，并标识为蓝色空心圆。单击落在物相边缘的节点，并标识为绿色空心圆。当在网格节点附近单击时，标识将自动磁吸到节点上。

网点个数、网点百分数显示在“格线”对话框中。

节点删除：当选中“格线”对话框下部的“删除”选项时，可以删除错误的节点。物相中的节点用单击删除，物相边缘的节点用右击删除。网点百分数相应变化。

完成本次测量后，单击“确定”按钮，或关闭图像，数据清零。

多视场测量：完成一个视场的测量后，单击“下一视场”按钮，打开一个新的图像。单击菜单“查看”→“格线”，在被测图像上叠加格线并显示“格线”对话框，上一视场的数据被保存在对话框中，新的测量值将在此基础上累加。

多视场测量的节点删除：只能删除最新打开的视场的节点，测量数据相应变化。

② **网格截线法**：在“格线”对话框中选中“网格截线法”，调节格线距离。根据 GB/T 15749—2008，格线距离（网格间距）与被测物相间的距离接近。

落在物相上的水平截线长度通过单击起始点和终止点得到，落在物相上的垂直截线长度通过右击实现。测量数据显示在“格线”对话框中。

网格截线法的截线删除、多视场测量方法同网格数点法。

5）**图像属性**：“图像属性”对话框如图 5-12 所示。

在该对话框中，可以显示当前图像的宽度和高度，用于当前图像的标尺以及图像的视场面积测量。

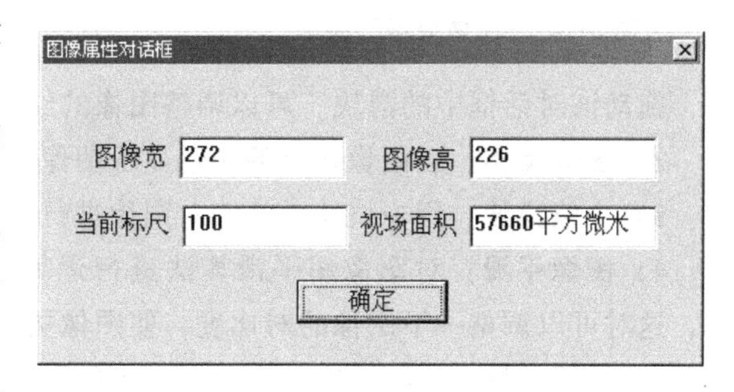

图 5-12 “图像属性”对话框

6）**灰度直方图**：“灰度直方图”对话框如图 5-13 所示。

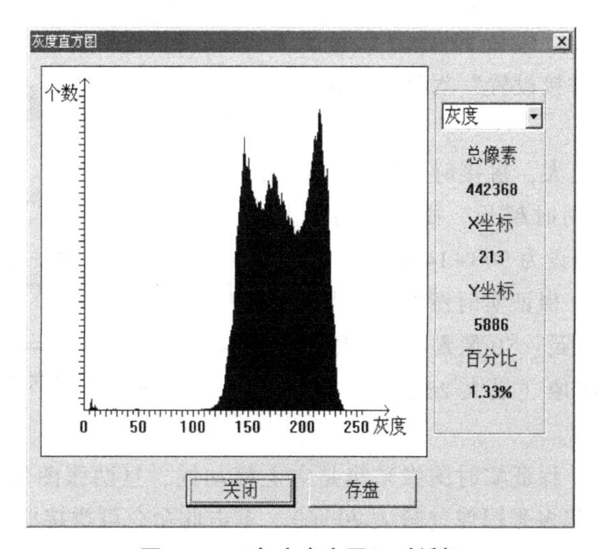

图 5-13 “灰度直方图”对话框

在该对话框右侧的下拉列表框中可选显示的通道，分灰度、红、绿、蓝四种直方图。

总像素为图像的总的像素。当光标在直方图上移动时，在右边的方框内，会显示该处的灰度（X 坐标）、图像中具有该灰度的像素点的个数（Y 坐标），以及具有该灰度的图像上的点占整个图像的百分比。单击“存盘”按钮，可以将该直方图以图像的形式存盘。

（3）**图像处理** “图像处理”菜单如图 5-14 所示。

1）**颜色调整**：“颜色调整”对话框如图 5-15 所示。

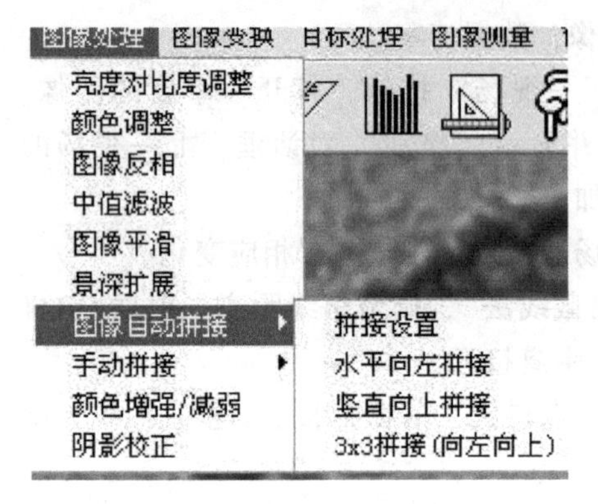

图 5-14 “图像处理”菜单

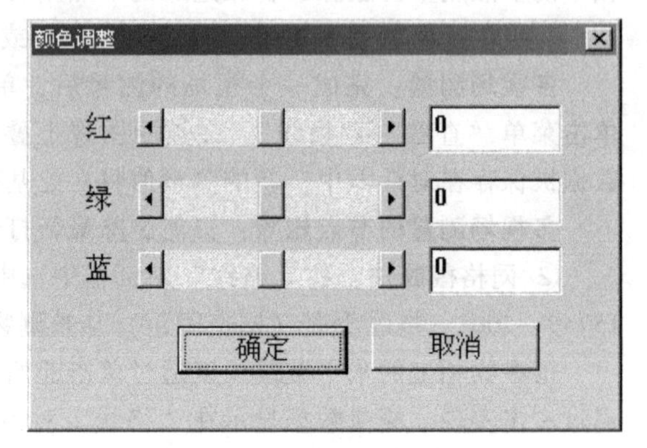

图 5-15 “颜色调整”对话框

拖动该对话框中的滑块，可以调整图像的红、绿、蓝三种颜色。

2）**图像反相**：以图像相反的颜色显示图像。

3）**中值滤波**：用中值滤波算法对图像进行处理，可以去除一点噪声。

4）**图像平滑**：对图像用平滑算法进行运算，可以去除一些噪声，同时图像会有些模糊，这时可以调整一下图像的对比度，使图像更加清晰。

5）**景深扩展**：对于不在一个焦平面上的图像，可以利用此功能，将同一视场摄取的图像合成一幅各焦平面都清晰的图像。首先打开摄取的两幅以上的图像，再单击“景深扩展”命令，则系统自动将两幅图像进行融合，生成一幅清晰的图像。

6）**图像自动拼接**。

① 拼接设置：“拼接设置”对话框如图 5-16 所示。

拼接系数设置得越大，拼接时找到的配对点越多，拼接越成功，用时越长。如果拼接不上，可将此系数增大，一般设为 900～1400。

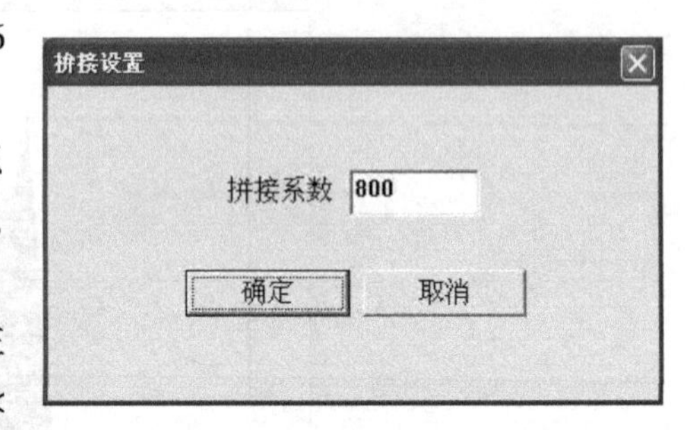

图 5-16 “拼接设置”对话框

② 水平向左拼接：保证实时图像采集是向左移动的，且两张图像满足：50 像素<图像重合率<200 像素，采集多张图像（最大 20 张），单击此命令可拼接成一张大图。

③ 竖直向上拼接：保证实时图像采集是向上移动的，且两张图像满足：50 像素<图像重合率<200 像素，采集多张图像（最大 20 张），单击此命令可拼接成一张大图。

④ 3×3 拼接（向左向上）：保证实时图像采集是先向左移动采集 3 张，再向上移动有重

叠的一个视场，再向右移动采集 3 张，再向上移动有重叠的一个视场，再向左移动采集 3 张，共 9 张图片，且两张图像满足：50 像素<图像重合率<200 像素，单击此命令可拼接成一张大图。

在图像上需要改变的颜色处单击，然后移动滑块，可以改变该处的颜色，其他颜色不变。单击“应用”按钮，重复上述过程，可以重新改变其他颜色。

(4) **图像变换**　“图像变换”菜单如图 5-17 所示。

图像变换　目标
裁剪
非区域裁剪
图像旋转
垂直镜像
水平镜像
图像缩放
定倍缩放
滤色处理
RGB合成
灰度图
轴校正

图 5-17　“图像变换”菜单

1) **裁剪**：当用选择工具在图像上选择好一区域后，单击该命令，选择区域外的图像被裁掉。

2) **非区域裁剪**：当图像上有选择区时，单击该命令，可以将选择区外的图像清空。

3) **图像旋转**：“旋转参数设置”对话框如图 5-18 所示。

在该对话框中输入角度，单击“确定”按钮，图像可以旋转指定的角度。

4) **垂直镜像**：将图像垂直镜像。

5) **水平镜像**：将图像水平镜像。

6) **图像缩放**：“缩放”对话框如图 5-19 所示。

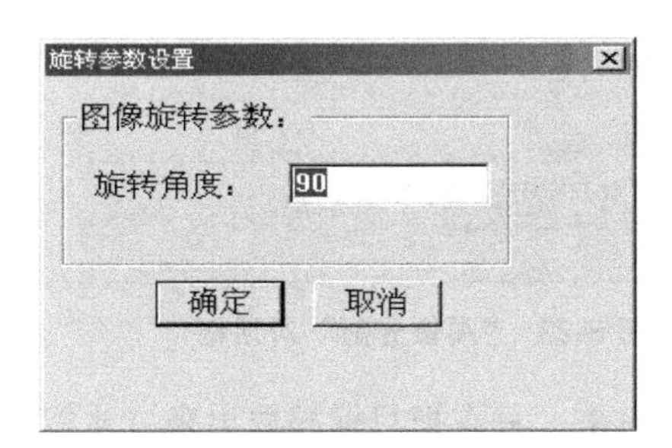

图 5-18　“旋转参数设置”对话框

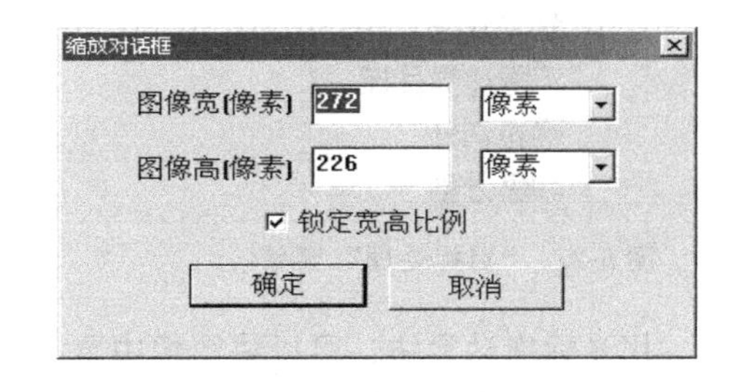

图 5-19　“缩放”对话框

在该对话框中输入参数后，单击“确定”按钮，可以将图像进行缩放。单击下拉按钮，可以将图像按比例缩放。

7) **定倍缩放**：“定倍缩放”对话框如图 5-20 所示。

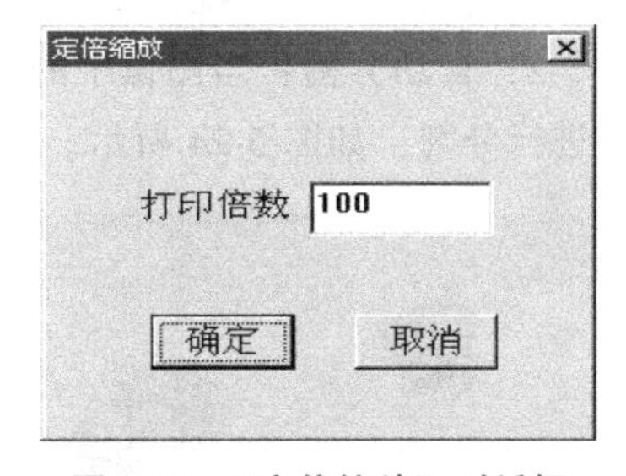

图 5-20　“定倍缩放”对话框

在该对话框中输入所要的打印倍数后，系统将用当前标尺对图像进行计算，以将图像缩放到所设定的打印倍数。这时将图像存盘或另存为一个图像后，可以插到 Word 或其他文件中并以设定的放大倍数打印出来。这里要注意的是所要的放大倍数应尽量和显微镜下的放大倍数一致。例如图像是在 25 倍的物镜下摄取的，假设目镜是 10×，那么在显微镜下的放大倍数是 250 倍，先选择当前标尺为 25 倍物镜的标尺，然后在“打印倍数”文本框中输入 250，单击“确定”按钮，则打印出来的将是放大 250 倍的图像。当然也可以输入 300 倍。如果要输入 1000 倍，从理论上说是可以将图像放大 1000 倍的，但这时的图像已不清楚。这时应用 100×物镜摄取图像，选取 100×的定标系数，再在对话框里输入 1000 倍进行定倍缩放。

8）**滤色处理**：“滤色”对话框如图 5-21 所示。

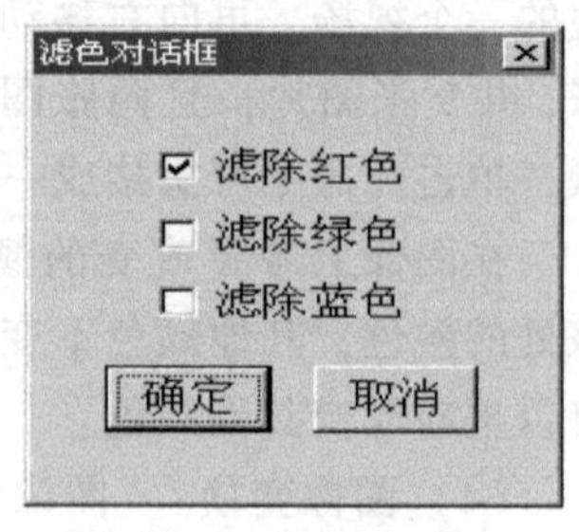

图 5-21 “滤色”对话框

选择好所滤除的颜色后，单击“确定”按钮，选中的颜色将在图像中被滤除。

9）**RGB 合成**：首先打开两幅以上的荧光图像，然后单击该命令，在弹出的对话框中，至少选中红、绿、蓝三个复选框中的两个，然后在下拉列表框中选择与其相对应的图像，选择好后单击“合成”按钮，建立一个新的彩色荧光图像。

10）**灰度图**：将彩色图像转变为灰度图像，即黑白图像。这样的图像只有亮度信息。

11）**轴校正**：单击该命令，在弹出的对话框中选择好 X 轴或 Y 轴，然后在图像上的 X 轴或 Y 轴处画一条直线，图像将以该直线为 X 轴或 Y 轴进行旋转。

（5）**目标处理** “目标处理”菜单如图 5-22 所示。

1）**图像分割**：“图像分割”对话框如图 5-23 所示。

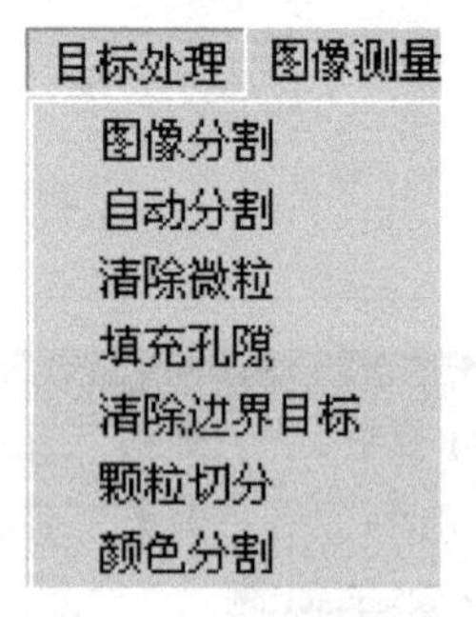

图 5-22 “目标处理”菜单

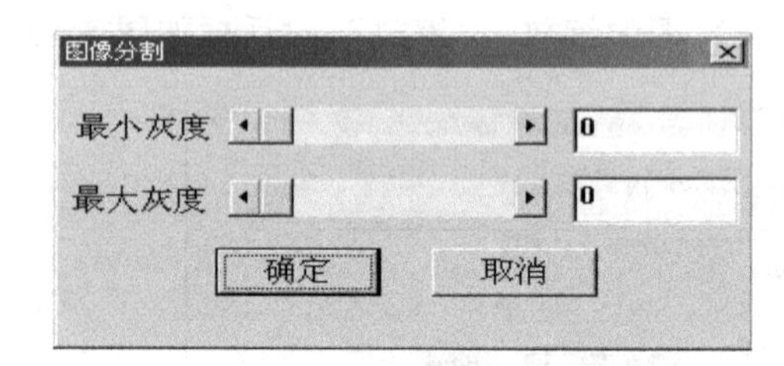

图 5-23 “图像分割”对话框

用光标拖动滑块，可以将图像中要测量的部分提取出来。只有把目标提取出来，才能对目标进行面积等参数的测量。这种方法是根据图像的灰度值提取目标的，即把在最小灰度和最大灰度之间的图像视为要测量的目标。

2）**自动分割**：当图像中的背景和目标相差较大时，可以让系统自动找一个合适的灰度值进行分割，如图 5-24 所示。

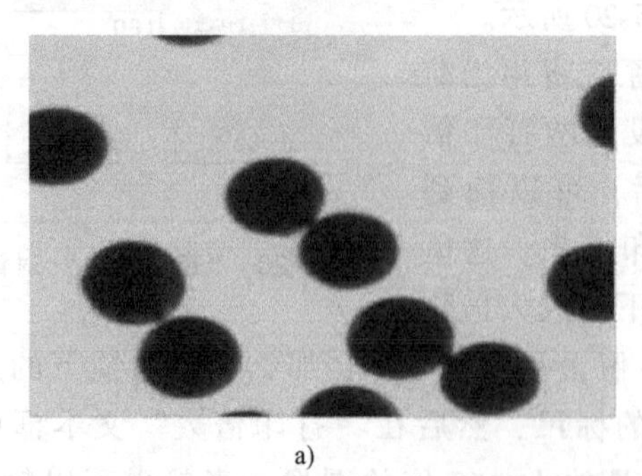

a)

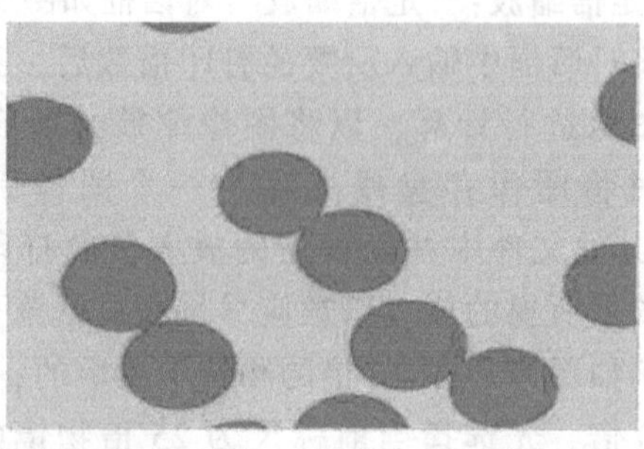

b)

图 5-24 自动分割
a）自动分割前 b）自动分割后

3）**清除微粒**：“清除微粒”对话框如图 5-25 所示。

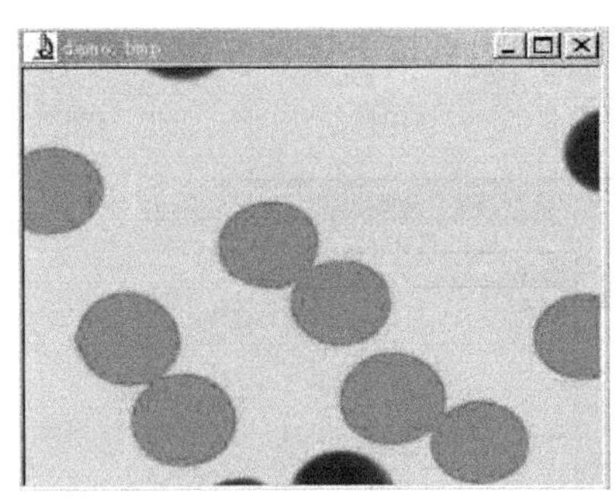
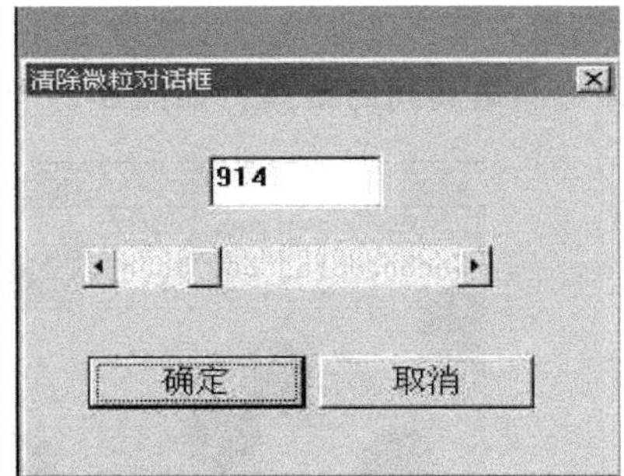

图 5-25　“清除微粒”对话框

滑动滑块，改变清除微粒的面积。在图像测量时，不会计算面积小于显示的像素个数的目标。

（6）**图像测量**　“图像测量”菜单如图 5-26 所示。

1）**定标**：定标就是得到图像像素和常用度量单位间的对应关系。定标操作步骤如下：

① 打开摄取的定标图像。

② 单击该命令，出现图 5-27 所示的对话框。在对话框中输入标尺名称和标尺长度（每一小格为 10μm，箭头间距离为 250μm，这是在 10 倍物镜下摄取的标尺图像，所以输入标尺名称为 10×，以便以后记忆）。

③ 在起始处按下鼠标左键，向右移动光标，直到 250μm 处。然后单击“加入标尺”（不要单击“确定”）按钮，则 10 倍物镜下的标尺就确定好了，如图 5-28 所示。

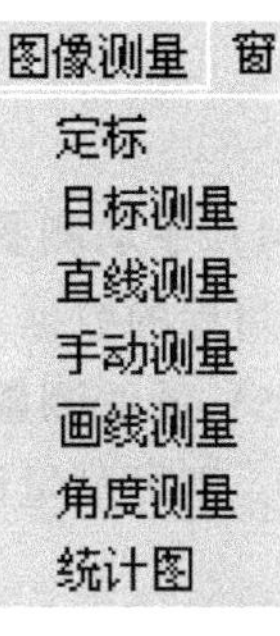

图 5-26　“图像测量”菜单

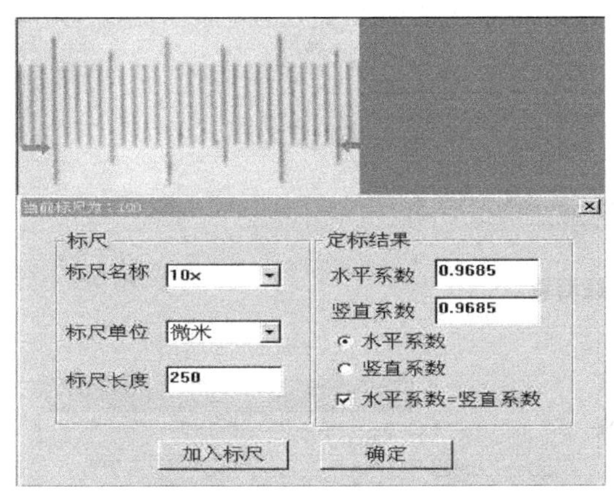

图 5-27　“标尺设置”对话框

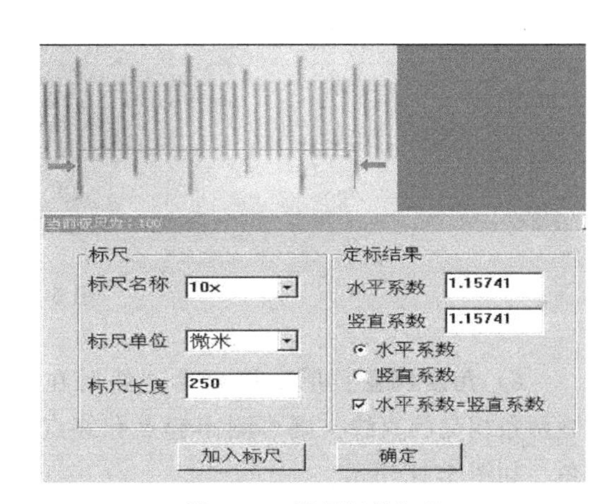

图 5-28　设置好的标尺

如果再定其他倍数下的标尺，则重复上述操作。

2）**目标测量**：图像分割好后，单击该命令，就可以进行图像测量。这时如果在测量设置中选中标号，则会在图像上对测量目标进行标号。如在显示结果中单击某个编号，则可以在图像上对这个目标追踪显示。如果操作系统中装有 Excel，单击“数据传送-excel”按钮，就可以将测量数据传到 Excel 中。这样就可以在 Excel 中对数据进行处理了。

3）**直线测量**：单击该命令，在图像上要测量的起点按下鼠标左键，将光标移动到所要测量的点，即可测量其间的距离，如图 5-29 所示。

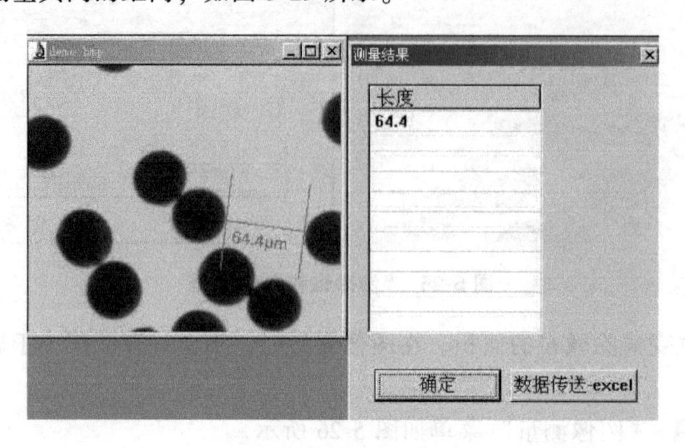

图 5-29　直线测量

4）**手动测量**：单击该命令，其处于选中状态，此时在图像中单击某个目标，即可测量出该目标的数据。再次单击该命令，则其处于不选中状态。

5）**画线测量**：单击该命令，然后在图像上按下鼠标左键，用移动的光标画一个封闭的区域，则可测量该区域的参数，如图 5-30 所示。

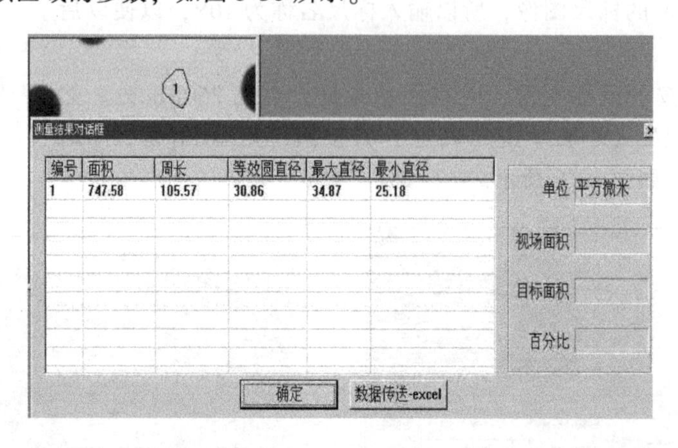

图 5-30　画线测量

6）**角度测量**：单击该命令，然后在图像上画两条相交的直线，则可测出起点和终点间的夹角，如图 5-31 所示。

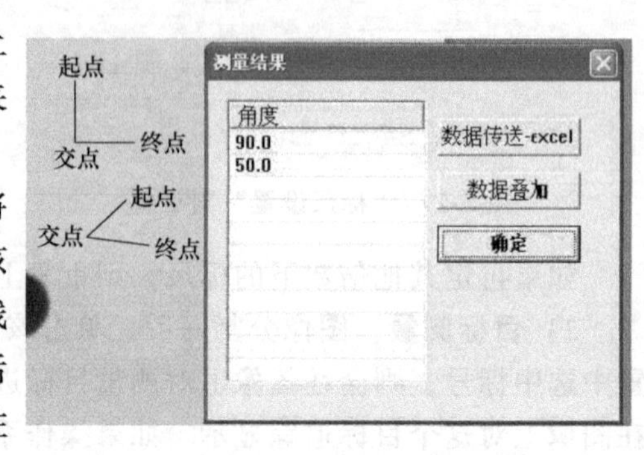

图 5-31　角度测量

7）**统计图**：当有目标测量数据时，可以将目标测量的数据传到数据库生成统计图。单击该命令，可将测得的数据生成统计图（柱状或线状），在弹出的界面中选择好要进行统计的数据后（在横坐标下接框中选择），单击“统计图”→“柱状图”命令，即可生成统计图，如图 5-32 所示。

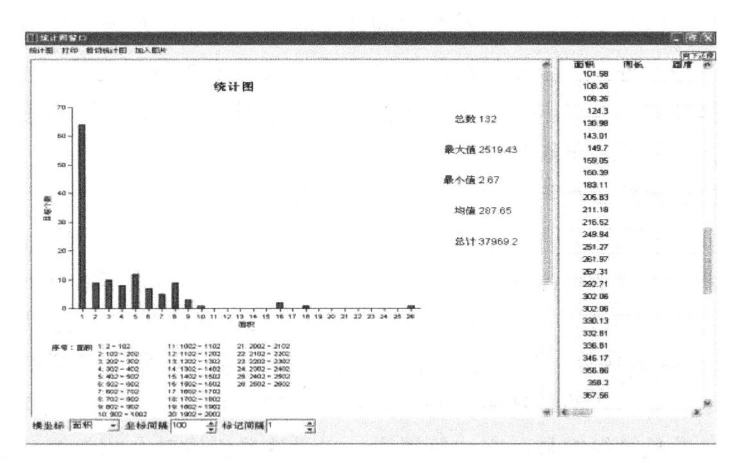

图 5-32　生成统计图

在该窗口中可以直接将统计图打印出来，也可以剪切到剪切板中，然后粘贴到其他文件中。还可以在该窗口中加入原始图片。测量参数和坐标间隔及标记间隔都可按需要选择。在统计图上右击可以显示该项的个数。

5.2.7　定量金相组织观察分析

1. 金相组织显示

按照显微分析实验将金相试样放在显微镜下观察，显微镜的平行光线垂直照射在试样磨面上，表面蚀坑使光线全部散射，呈现暗黑色；而不溶解的阴极部位则使光线全部反射，这些平坦微区呈现亮白色。由于每个晶粒浸湿后显露出来的晶面相对于原来的抛光面倾斜的角度不一致，因此在垂直光线照射下将显示明暗不一的晶粒。同样原因，垂直光纤在晶界沟槽处发生散射，晶界呈现为黑色线条。

2. 金相组织的识别

根据观察方法的不同，金属材料的组织可分为宏观组织、金相组织和电子显微组织等。

（1）宏观组织　宏观组织是指人的眼睛能直接观察到的（或借助于 30 倍以下的放大镜能观察到的）金属材料内部所具有的各组成物的直观形貌。例如，观察金属材料的断口组织，以及酸蚀后的低倍组织等。

（2）金相组织　金相组织（又称为显微组织）是指光学显微镜下能够看到的金属材料所具有的各组成物的直观形貌，它包含各种相的形状、大小、分布及相对量等信息。

由于组织是材料性能的依据，而材料性能是组织的反映，因此要了解材料的各种性能，必须能识别材料内部的各种组织，并对它们的优劣进行评定。对于金属材料而言，要了解它的使用性能（如力学性能、物理性能和化学性能等）和工艺性能（如铸造性能、锻压性能、焊接性能、切削性能和热处理性能等），必须要了解其内部的显微组织。而应用最广泛的金属材料——钢内部的显微组织可分为平衡组织、非平衡组织和缺陷组织。钢在室温下的平衡组织有铁素体、渗碳体、珠光体、莱氏体等，它们均由铁素体和渗碳体两个基本相组成。由于平衡组织的化学成分、析出条件和分布情况的不同，它们各自呈现不同的组织形态。通过加热、保温、冷却可以改变铁碳合金的平衡组织，使之发生一系列变化，出现一些非平衡组织。这些组织有奥氏体、贝氏体、马氏体、回火马氏体、回火托氏体、回火索氏体、魏氏组织、粒状珠光体等。而钢中的缺陷组织包括网状碳化物、带状碳化物、碳化物液析、碳化物不均匀和脱碳层。钢中各主要金相组织的名称、定义及其形貌特征见表 5-4。识别这些金相组织时，可先根据各相的电极电位，了解腐蚀后各相之间的灰度差别，再根据表 5-4 中所描述的组织形貌特征，对照各组织的相关照片进行识别。

分析具体金属材料的金相组织时，首先要弄清楚材料的牌号及其主要组成成分，按照材料的主要组成成分，查找相关合金系的平衡相图，并在有关相图上找出该合金的平衡组织；同时根据杠杆定律，大致估算出各平衡组织的相对量，以便作为判定组织的参考依据。其次要了解制备该合金的工艺过程（如原料纯度、熔炼方法、凝固过程、轧制工艺以及热处理工艺等），因为组织随着成分、生产工艺条件而变化，只有了解影响组织变化的条件，才能正确推断出组织中可能出现的各种相。同时还要了解试样截取的部位，取样的方法，磨面的方向，试样的制备及显微组织显示方法等因素，以及这些因素对金相组织观察的影响。

鉴别金相组织时，先用显微镜的低倍放大（50×~100×），观察试样的组织全貌；其次用显微镜的高倍放大，对基本相或某些形貌细节进行观察；再根据鉴别需要，选用特殊的观察方法（如暗场、偏振光、干涉等），或者采用特殊的组织显示方法，进一步鉴定所要识别的合金相；最后进行定量分析测试，测量显微组织的特征参量，以确定组织参数、状态和性能之间的定量关系。定量分析可以对照半定量的标准图，也可以用带标尺的目镜测量所研究的对象，而最佳的方法是采用自动图像分析仪进行定量金相分析。

表 5-4 钢中金相组织的名称、定义及其形貌特征

金相组织	金相组织的定义及其形貌特征
奥氏体	碳与合金元素溶解在 γ-Fe 中的固溶体，晶界比较直，呈规则多边形，淬火后残留奥氏体则分布在马氏体之间的空隙处
铁素体	碳与合金元素溶解在 α-Fe 中的固溶体，在亚共析钢中的铁素体呈块状，晶界比较圆滑；在片状珠光体中铁素体呈条状
渗碳体	碳与铁形成的一种化合物，一次渗碳体为块状，角不尖锐，二次渗碳体在晶界处呈网状，三次渗碳体在二次渗碳体上或晶界处呈不连续薄片状，共晶渗碳体呈骨骼状，共析渗碳体呈片状
珠光体	共析反应中所形成的铁素体、渗碳体的机械混合物，用金相显微镜放大 500 倍观察，呈层片状。珠光体的片间距离取决于奥氏体分解时的过冷度，过冷度越大，所形成的珠光体片间距离越小
粒状珠光体	以铁素体为基体，基体中分布着颗粒状碳化物，偶尔出现少量层片状珠光体
索氏体	片间距离很小的珠光体，放大 1000 倍时才能分辨出索氏体中平行的宽条铁素体和细条渗碳体
托氏体	片间距离极小的珠光体，放大 1000 倍时才能分辨出托氏体中平行的宽条铁素体和细条渗碳体
上贝氏体	过饱和针状铁素体和渗碳体的混合物。渗碳体分布在铁素体之间，以晶界为对称轴，呈羽毛状、不穿晶。由于方位不同，羽毛可对称或不对称。铁素体羽毛可呈针状、点状、块状
下贝氏体	过饱和针状铁素体和渗碳体的混合物。渗碳体分布在铁素体之间。在晶内呈针叶状分布，针叶不交叉，但可交接，极易受侵蚀变黑
马氏体	碳在 α-Fe 中的过饱和固溶体。高碳马氏体呈针叶状，针与针之间呈 120°排列，针叶晶界清楚；隐晶马氏体（细针状马氏体）呈布纹状；低碳马氏体呈板条状，但晶界不清
回火马氏体	马氏体分解后，形成极细的碳化物与碳含量较低的过饱和 α 相混合组织，仍保持淬火马氏体位向。光学显微镜下呈暗黑色针叶状或板条状组织，在高倍电子显微镜下可看到极细小的碳化物质点

（续）

金相组织	金相组织的定义及其形貌特征
回火索氏体	以铁素体为基体，基体上分布着均匀的碳化物颗粒，渗碳体的外形已较清晰，马氏体片的痕迹已消失
回火托氏体	碳化物和过饱和 α 相的混合物。它的针状形态已逐渐消失，但仍隐约可见。碳化物仍很细小，尚未形成渗碳体
魏氏组织	亚共析钢中魏氏组织铁素体的形态有片状、羽毛状或呈三角形，也可能是几种形态的混合。它常常出现在奥氏体晶界，同时向晶内生长。除了形态与块状自由铁素体不同之外，在试样表面还会出现浮凸现象。过共析钢中魏氏组织渗碳体的形态有针状或杆状，还会出现在奥氏体晶粒的内部

3. 金相组织组分和相组分相对量的计算

根据在显微镜下观察到的组织，用金相分析软件进行计算机定量分析，得到组织组分和相组分相对量的比例，按杠杆定律可以计算出钢中的碳含量，再通过分析确定钢的种类。

5.3 典型零件材料选择与应用创新实验

5.3.1 实验目的

1）了解典型零件材料的选用原则。

2）掌握典型零件的热处理工艺和加工工艺路线。

3）学会分析每道热处理工艺后的显微组织。

5.3.2 选材的一般原则

机械零件产品的设计，不仅要完成零件的结构设计，而且要完成零件的材料设计。零件的材料设计包括两方面的内容：一是要满足零件的设计及使用性能要求，选择适当的材料；二是根据工艺和性能要求，设计最佳的热处理工艺和零件加工工艺。

选材的一般原则是所选的材料要具有可靠的使用性、良好的工艺性，制造产品的方案具有最高的劳动生产率、最少的工序周转和最佳的经济效果。

1. 材料的使用性能

材料的使用性能有物理性能、化学性能和力学性能。

在工程设计中人们最关心的是材料的力学性能。力学性能指标有规定塑性延伸强度 $R_{p0.2}$、抗拉强度 R_m、疲劳强度、弹性模量 E、硬度（HBW 或 HRC）、断后伸长率 A、断面收缩率 Z、冲击韧度 a_K、断裂韧性。

一般零件在工作时都会受到多种复杂载荷的作用。在选材时，要根据零件的工作条件、结构因素、几何尺寸和失效形式提出制造零件材料的性能要求，确定主要性能指标，以此来选择材料。

分析零件的失效形式，找出失效的原因，可为选择合适的材料提供重要依据。

选材时还要注意零件在工作时会出现短时过载、润滑不良、材料内部缺陷、材料性能与零件工作时要求的性能之间的差异等因素。

2. 材料的工艺性能

材料的工艺性能包括铸造性能、锻造性能、切削加工性能、冲压性能、热处理工艺性能和焊接性能。

一般的机械零件都要经过多种工序加工而成，技术人员根据零件的材质、结构、技术要求，确定最佳的加工方案和工艺，并按工序编制零件的加工工艺流程。对于单件或小批量生产，零件的工艺性能并不显得重要；但在大批量生产时，材料的工艺性能则显得尤为重要，它将直接影响产品的质量、数量及成本。因此，在设计和选材时，在满足力学性能的前提下，应使材料具有良好的工艺性能。材料的工艺性能可以通过改变工艺规范、调整工艺参数、改变结构、调整加工工序、变换加工方法或更换材料等方法得以改善。

3. 材料的经济效果

选择材料时，应在保证满足性能要求前提下，使用价格便宜、资源丰富的材料，要求具有最高的劳动生产率和最少的工序周转，从而达到最佳的经济效果。

5.3.3 典型零件材料的选择及应用

1. 轴类零件的选材

工作条件：轴类零件主要承受交变扭转载荷、交变弯曲载荷或拉压载荷，局部部位如轴颈承受摩擦磨损，有些轴还会受到冲击载荷。

失效形式：主要有断裂（多数是疲劳断裂）、磨损和变形失效等。

性能要求：具有良好的综合力学性能，要有足够的刚度，以防过量变形和断裂；要有高的断裂疲劳强度，以防疲劳断裂；受到摩擦的部位要有较高的硬度和耐磨性，有一定的淬透性，以保证淬硬层深度。

2. 齿轮类零件的选材

工作条件：齿轮在工作时因传递动力而使轮齿根部受到弯曲应力，齿面间有相互滚动和滑动而产生的摩擦力，齿面相互接触处承受很大的交变接触压应力，并受到一定的冲击载荷。

失效形式：主要有疲劳断裂、点蚀、齿面磨损和齿面塑性变形。

性能要求：具有高的接触疲劳强度，高的表面硬度和耐磨性及高的抗弯强度，同时心部要有适当的强度和韧性。

3. 弹簧类零件的选材

工作条件：弹簧主要在动载荷作用下工作，即在冲击、振动或是在长期均匀且呈周期性变化的应力条件下工作，可缓和冲击力，使与它配合的零件不致受到冲击力而过早损坏。

失效形式：常见的有疲劳断裂、失效变形等。

性能要求：必须具有高的疲劳极限和弹性极限，尤其要有高的屈强比，还要有一定的冲击韧度和塑性。

4. 轴承类零件的选材

工作条件：滚动轴承在工作时，承受着集中和反复的载荷，接触应力大，通常为1470~4900MPa；其应力交变次数每分钟可高达数万次。

失效形式：主要有过度磨损破坏、接触疲劳破坏等。

性能要求：具有高的抗压强度和接触疲劳强度，高而均匀的硬度，高的耐磨性，还要有一定的冲击韧度和弹性，以及良好的尺寸稳定性。因此，要求轴承钢具有高的耐磨性及抗接触疲劳的能力。

5. 工模具类零件的选材

工作条件：车刀的刃部与工件及切屑摩擦产生热量，温度升高，有时可达 500~600℃；在切削过程中还承受冲击、振动。冷冲模具一般做落料冲模孔、修边模、冲头、剪刀等，在工作时刃口部位承受冲击力、剪切力和弯曲力，同时还与坯料发生剧烈摩擦。

失效形式：主要有磨损、变形、崩刃、断裂等。

性能要求：具有高的硬度和热硬性，高的强度和耐磨性，足够的韧性和尺寸稳定性，良好的工艺性能。

5.3.4　实验方法及指导

1. 实验内容

（1）典型零件的选材　在以下金属材料中选择适合制造机床主轴、机床齿轮、汽车板簧、轴承滚珠、高速车刀、冷冲模六种零件和工具的材料，提出热处理工艺，并填入表 5-5 中。

金属材料为 Q235、45 钢、40Cr、65 钢、T10A、HT200、GCr15、W18Cr4V、35SiMn、20CrNiMo、20CrMnTi、H70、12Cr18Ni9、ZSnSb11Cu6、Cr12。

表 5-5　典型材料的热处理工艺

零件(或工具)名称	选用材料	热处理工艺
机床主轴		
机床齿轮		
汽车板簧		
轴承滚珠(直径<10mm)		
高速车刀		
冷冲模		

（2）热处理工艺的制订　根据典型的零件如主轴、汽车板弹簧等的工作条件和性能要求制订热处理工艺路线。

2. 实验步骤

1）查资料。

2）从 45 钢、T10、20CrMnTi、12CrMoV 中选定一种最适合的材料制造机床主轴。

3）写出加工工艺路线。

4）制订预备热处理和最终热处理工艺。

5）写出每道热处理工艺的目的和获得的组织。

6）经指导教师认可后，进入实验室操作。

7）利用实验室现有的设备，将选好的材料，按照自己制订的热处理工艺进行热处理。

8）测试热处理后的硬度，观察每道热处理工艺后的组织，并用数码相机拍摄组织照片，看是否达到预期的目的。若有偏差，要分析其原因。

3. 实验设备和材料

1）箱式电阻炉。

2）硬度计。

3）金相显微镜和数码相机。

4）抛光机。

5）金相砂纸等。

6）供选择的金属材料。

5.3.5 实验报告要求

1）实验目的。

2）选择适当的材料，填入表5-6中。

3）制订热处理工艺，填入表5-6中。

4）根据机床主轴的实验步骤，写出实验的详细过程（包括材料的选用、加工工艺路线、热处理工艺和测试的硬度值，附每道热处理工艺后的显微组织照片）。

5）分析实验中存在的问题，提出改进方案。

表5-6 制订热处理工艺

材料	组织	热处理设备	热处理工艺	加热温度	保温时间	冷却介质	硬度

5.4 钢经热处理后不平衡组织的显微分析实验

5.4.1 实验目的

1）观察钢经不同热处理后的显微组织，深入理解热处理工艺对钢组织与性能的影响。

2）熟悉钢的几种典型不平衡组织的形态与特征。

3）观察高速钢的显微组织特征。

5.4.2 实验原理

钢经退火与正火后的显微组织基本上与铁碳相图上的组织相符合。钢经加热后，继之以较快速度冷却后的显微组织不仅要用铁碳相图来分析，更重要的是根据钢的过冷奥氏体等温转变图进行分析。

(1) 钢经退火后的组织　钢经退火后的组织是接近平衡状态的组织，过共析钢经球化退火后获得球化体组织（F+颗粒状 Fe_3C），即二次渗碳体和珠光体中的渗碳体都将呈颗粒状。

(2) 索氏体（S）与托氏体（T）的显微组织　索氏体和托氏体均为铁素体与片状渗碳体的机械混合物。索氏体的层片比珠光体细密，故要放大 700 倍以上才能分辨层片组织。在一般金相显微镜的放大倍数下分辨不清，只能观察到黑色形态。图 5-33 所示为 45 钢经正火处理后，用 4%的硝酸乙醇溶液侵蚀后的显微组织（F+S）。其中白色的不规则多边形均为铁素体，黑色部分为索氏体。

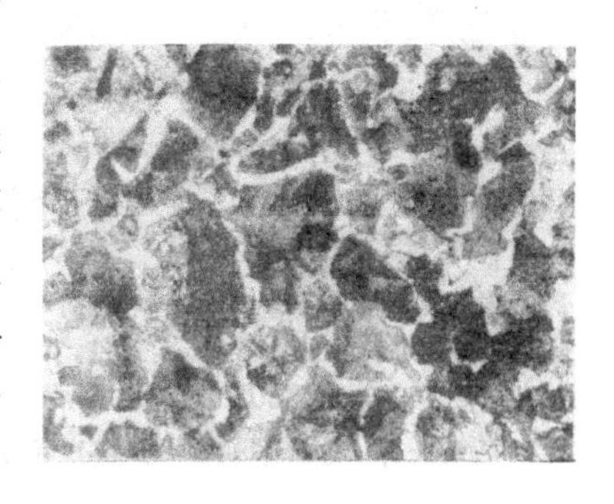

图 5-33　45 钢正火组织

托氏体的层片比索氏体更细密，在一般的金相显微镜下无法分辨，只有在电子显微镜下才能分辨其中的层片。

(3) 贝氏体（B）的组织形态　贝氏体是钢在 550℃～*Ms* 范围内等温冷却的转变产物。贝氏体是微过饱和铁素体和渗碳体的两相混合物。根据等温温度和组织形态不同，贝氏体主要有上贝氏体和下贝氏体两种。

1) 上贝氏体。上贝氏体是钢在 550～350℃范围内过冷奥氏体的温度转变的产物。它由平行排列的条状铁素体和条间断续分布的渗碳体所组成。当转变数量不多时，在金相显微镜下为成束后片状的铁素体条，具有羽毛状特征。

2) 下贝氏体。下贝氏体是钢在 350℃～*Ms* 范围过冷奥氏体的温度转变的产物。它是在微饱和铁素体内弥散分布着短杆状渗碳体的两相混合物。

(4) 淬火马氏体的组织形态　根据马氏体中碳含量的不同，淬火马氏体的组织形态有板条状马氏体和针（或片）状马氏体两种。

例如，20 钢经 950℃加热水淬，再用 4%的硝酸乙醇溶液侵蚀，得到板条状马氏体的显微组织。其组织形态是由尺寸较小的马氏体条平行排列而成的马氏体束，各马氏体面之间的位向差较大。每束马氏体的平面形态呈板状，故称为板条状马氏体。

图 5-34 所示为 T10 钢经 760℃加热水淬后，再用 4%的硝酸乙醇溶液侵蚀而获得的显微组织。图中呈浅灰色的竹叶状物为针状淬火马氏体，白色部分为残余奥氏体。T10 钢经 1000℃加热，温度偏高（使二次渗碳体也溶入奥氏体），奥氏体晶粒粗化，这样淬火后获得的针状马氏体片也较粗，便于在金相显微镜下观察形态。另外也使钢淬火后的残留奥氏体数量增多，容易分清淬火马氏体，如图 5-35 所示。实际生产中，T10 钢的加热温度为 760℃左右，淬火后的马氏体较细且数量较多，残留奥氏体数量也很少。在这种情况下，用金相显微镜就很难观察针状马氏体的形态。

(5) 回火组织　钢的淬火组织主要是淬火马氏体（常有少量残留奥氏体，过共析钢还有颗粒状渗碳体）。其中淬火马氏体和残留奥氏体为不稳定组织，随着回火温度的升高，原子的活动能力增大，促使这些组织发生转变。根据加热温度不同，可分别获得回火马氏体、回火托氏体和回火索氏体。图 5-36 所示为 45 钢经 860℃加热水淬+400℃回火后的显微组织。

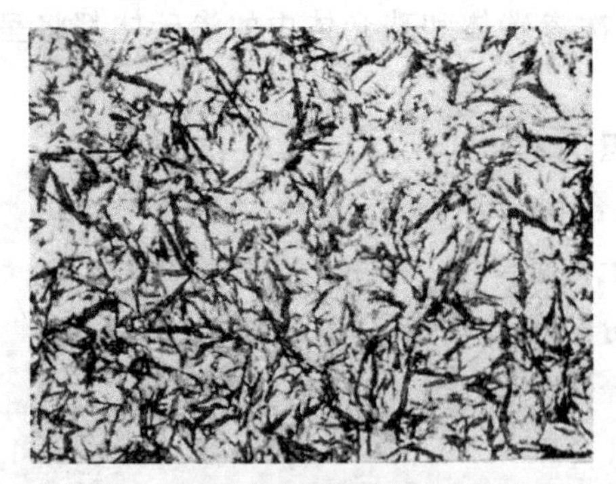

图 5-34　T10 钢经 760℃加热水淬后的显微组织（隐晶马氏体+粒状碳化物+少量残留奥氏体）

图 5-35　T10 钢经 1000℃加热水淬后的显微组织（针片状马氏体+残留奥氏体）

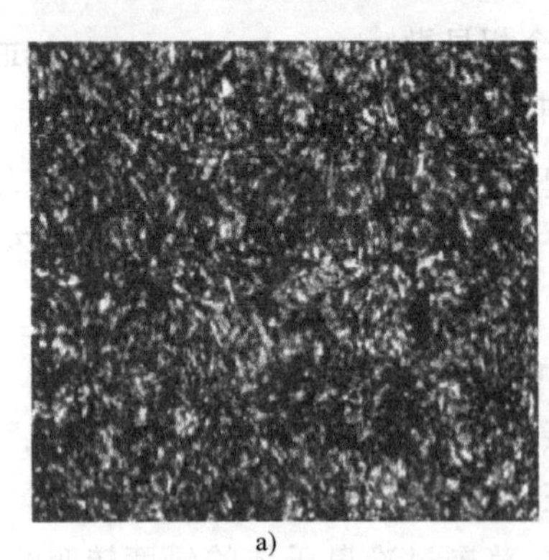

a)

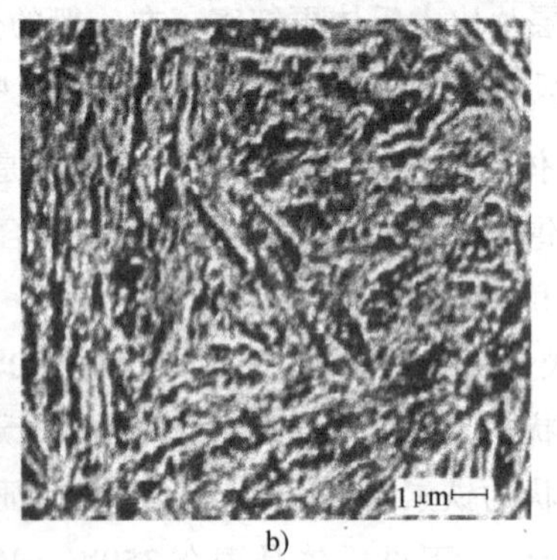

b)

图 5-36　45 钢经 860℃加热水淬+400℃回火后的显微组织

a）光学照片　b）电镜照片

注：该图取自参考文献［3］

5.4.3　常用工具钢

工具钢是指用来制造刃具、量具、模具的钢种，根据其化学成分的不同可分为碳素工具钢和合金工具钢两大类。

碳素工具钢是碳含量较高的钢，其碳的质量分数在 0.7%～1.3%之间，因此称为高碳钢。由于碳含量比较高，使淬火后的钢中存在大量过剩的碳化物，从而保证了工具钢热处理后获得较高的硬度和耐磨性，能广泛用于制造各种工具和模具。这种钢的主要合金元素是碳元素，因此其热硬性较差，若做高速切削，刀具会受热软化而丧失切削功能。因此只能制造尺寸小、形状简单、切削速度不高的工具，如手工锯条、锉刀、丝锥、板牙、錾子以及形状简单的冷加工冲头、拉丝模、切片模等。其主要牌号有 T7、T8、T9、T10、T11、T12、T13 等。

在碳素工具钢的化学成分的基础上，加入一种或几种其他元素而形成的钢称为合金工具钢。合金工具钢中常加入的合金元素有：Cr（明显提高钢的淬透性，抑制钢的贝氏体转变）、Mn（明显提高钢的淬透性，促使奥氏体晶粒长大，使钢对过热敏感）、Ni（奥氏体形成元素，提高钢的淬透性、韧性）、Si（对回火转变有阻碍作用，与 Mn 元素配合使用，能克服钢的过热敏感性）、W、V（极易形成碳化物的元素，有很强的细化晶粒的作用）等。合金工具钢一般用于制造形状复杂、尺寸精度高、截面面积大及载荷大的工具。常用牌号：量具刃具工具钢有 9SiCr、8MnSi 等；冷作模具钢有 Cr12、Cr12MoV、9Mn2V、CrWMn 等；热作模具钢有 5CrMnMo、5CrNiMo、3Cr2W8V 等；耐冲击钢有 4CrW2Si、6CrW2Si 等。

1. 碳素工具钢的金相检验

（1）原材料组织 碳素工具钢的原材料由片状珠光体和网状渗碳体组成，如图 5-37 所示，大多为锻造加工后的退火状态的过共析钢组织。为了淬火、回火后获得细小马氏体和颗粒状渗碳体，必须进行球化退火处理（使片状渗碳体趋于球状），消除网状渗碳体。

（2）球化退火组织的检验 球化退火的工艺方法很多（加热温度小于 Ac_{cm}），最常用的是普通球化退火和等温球化退火。可采用三种不同的方式进行热处理，如图 5-38 所示的方式 1、2、3。

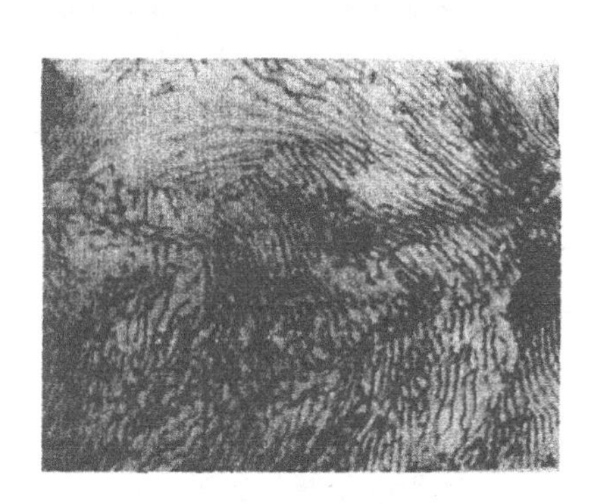

图 5-37 T8 钢退火后的组织（100×）

注：该图取自参考文献［4］

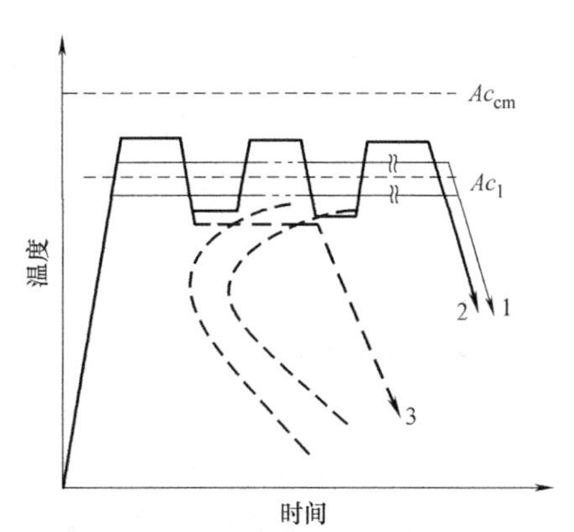

图 5-38 过共析钢球化退火工艺

注：该图取自参考文献［4］

1）第一种退火方式：将工件加热到略高于 Ac_1 温度后长时间保温，缓慢冷却到小于 500℃后空冷。

2）第二种退火方式：将工件加热到 Ac_1+（20~30℃）并烧透后，快速冷却到 Ac_1-（20~30℃）并保温，反复循环数次，再缓慢冷却到小于 500℃并空冷。这两种方式属于普通球化退火。

3）第三种退火方式：等温球化退火与普通球化退火的工艺相同，它是将工件加热到 Ac_1+（20~30℃）后保温，再快速冷却到略低于 Ar_1 的温度进行等温（等温时间为其加热保温时间的 1.5 倍），之后随炉冷却至 500℃左右，再出炉空冷。与普通球化退火相比，等温球化退火不仅可以缩短周期，而且可使球化组织均匀，并能严格地控制退火后的硬度。

球化退火主要用于过共析钢及合金工具钢（如制造刃具、量具、模具所用的钢种）。其主要目的在于降低硬度，改善切削加工性，并为以后淬火做好准备。球化退火工艺有利于塑性加工和切削加工，还能提高韧性。球化退火时，片状珠光体在反复加热过程中发生破断，成为表面积最小、能量最低的球状珠光体组织。由于球化退火保温时间较长，应注意工件表面不应出现较厚的脱碳层，球化后应注意检验珠光体的球化质量。

正常的球化退火组织为具有均匀的中等颗粒大小的球粒状珠光体，渗碳体球的轮廓清晰可见。球化处理良好的工具钢，其淬火加热温度范围较宽，零件淬火后尺寸变化小，这种组织的材料具有较好的切削加工性能。因此，对于工具钢或高碳高合金钢来说，球化处理是淬火前的预备热处理工艺。图 5-39 所示为 T12 钢的正常球化退火组织。

（3）淬火组织的检验　碳素工具钢的正常淬火温度为 Ac_1+（30~50）℃，即通常的加热温度为 760~780℃，其组织一般为细针状马氏体+少量残留奥氏体，马氏体级别一般不大于 2~3 级，如图 5-40 所示。

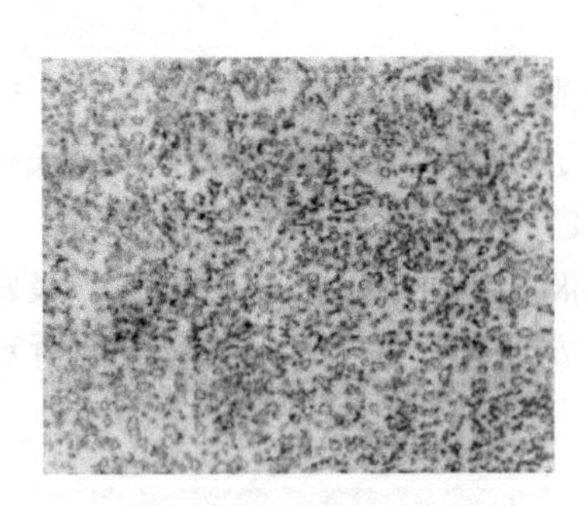

图 5-39　T12 钢的正常球化退火组织（500×）

注：该图取自参考文献［4］

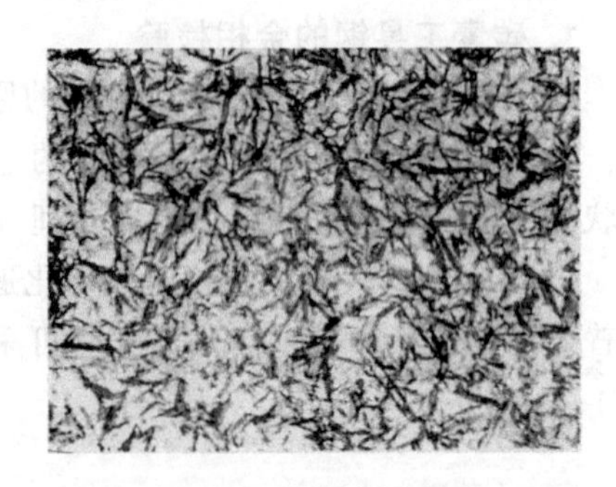

图 5-40　T8 钢正常淬火后的组织（500×）

注：该图取自参考文献［4］

（4）回火组织的检验　回火组织应当为均匀的回火马氏体组织。侵蚀后回火马氏体组织的色泽为均匀的黑色。如果色泽有淡黄色，则表示回火不充分，应补充回火。

2. 合金工具钢的金相检验

合金工具钢在退火状态的金相检验项目、目的、方法等许多方面与碳素工具钢类似，主要内容包括以下几个方面：

（1）珠光体检验　合金元素细化了钢的组织，因此合金工具钢的球状珠光体或片状珠光体均比碳素工具钢细小，如图 5-41 所示。在退火状态下，一般可以由珠光体的粗细来判断材料是碳素工具钢还是合金工具钢。珠光体的评级标准为 GB/T 1299—2014《工模具钢》。

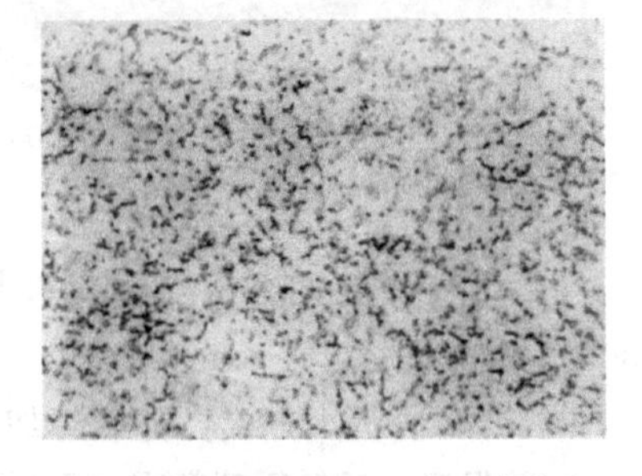

图 5-41　4Cr5MoSiV1 钢超细球化退火组织（100×）

注：该图取自参考文献［4］

（2）合金工具钢淬火回火后的金相检验　合金工具钢的淬火临界速度较小，因此淬透性好，即使以缓慢速度冷却（如油冷），也能获得马氏体组织。马氏体多呈丛集状，如图 5-42 所示。马氏体针叶的长度和评级方法同碳素工具钢，一般以马氏体不大于 2~3 级为合格。对于量具和刃具，为获得高硬度和耐磨性，常采用低温回火，回火后的组织为回火马氏体+细小颗粒碳化物。对合金量具钢的热处理要进行冷处理和低温人工时效，以减少残留奥氏体含量，充分消除内应力，使量具尺寸稳定。

3. 模具钢的热处理与金相检验

按照模具钢的使用条件可以分为冷作模具钢、热作模具钢和塑料模具用钢。常用的冷作模具钢有 Cr12、Cr12MoV、65Nb、012Al（5Cr4Mo3SiMnVAl）、CrWMn、9Mn2V、CG-2（6Cr4Mo3Ni2WV）、GD（6CrNiMnSiMoV）、GM（9Cr6W3Mo2V2）等；热作模具钢有 3Cr2W8V、5CrMnMo、5CrNiMo、3Cr3Mo3W2V、GR（4Cr3Mo3W4VNb）、Y4（4Cr3Mo2MnVNiB）、Y10（4Cr5Mo2MnVSi）、H13（4Cr5MoSiV1）、B43（3Cr3MoNb）等；塑料模具用钢主要有 P20（3Cr2Mo）、8Cr2MnWMoVS、5CrNiMnMoVSCa、9Cr18 等。

（1）Cr12 钢　冷作模具钢用于金属或非金属材料的冲裁、拉深、弯曲、冷镦、滚丝、

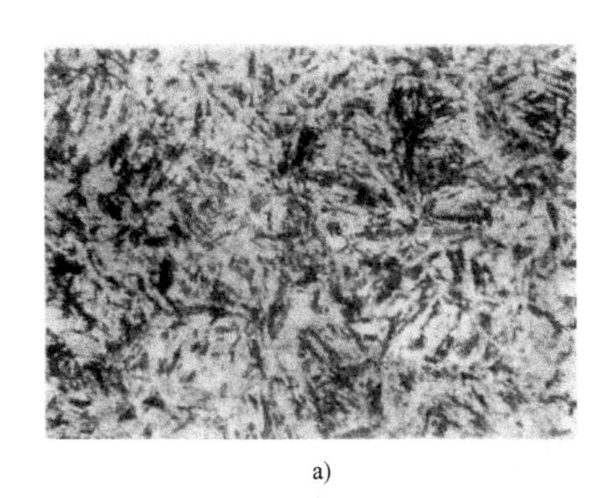

a)

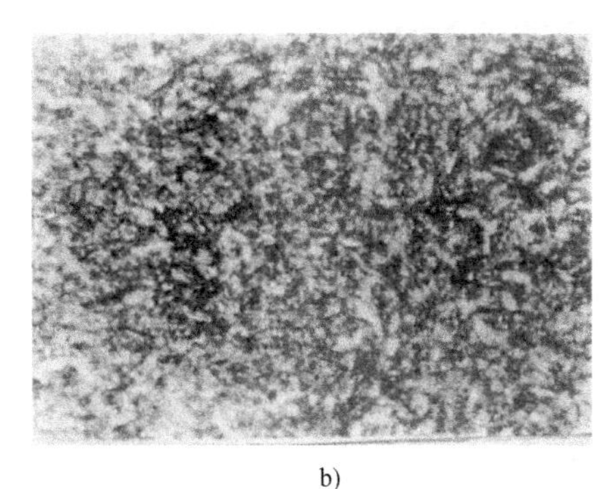

b)

图 5-42　3Cr2Mo 钢的组织（500×）

a）850℃油淬后的组织　b）850℃油淬+600℃回火后的组织

注：该图取自参考文献［4］

压弯等工序。冷作模具钢的技术要求为高硬度、高强度、良好的耐磨性、足够的韧性和小的热处理变形量。其显微组织的特点为热处理后要有一定量的剩余碳化物，且碳化物分布均匀、形态圆整、细小；马氏体均匀细致（能抑制细微裂纹的形成，增加板条马氏体，能提高强韧性）；奥氏体晶粒均匀细小。Cr12 钢是常用的冷作模具钢，属高铬微变形模具钢，常用于制造高耐磨、微变形、高负荷服役条件下的冷作模具和工具。Cr12 钢因铬含量高，使钢的淬透性很好。因为组织中含有大量的共晶碳化物，故又称为莱氏体钢。大量碳化物的存在不仅使硬度很高，而且能阻止晶粒长大。可以通过控制淬火加热温度来控制合金元素向奥氏体的溶解量，从而使由 Cr 钢制作的模具得到微变形甚至不变形。残留奥氏体量的多少与模具的变形量密切相关，因此针对不同要求，通过制订相应热处理工艺来控制淬火后的残留奥氏体量，以满足生产的不同要求。由于 Cr12 莱氏体钢在铸态下的共晶碳化物呈网状，碳化物的不均匀性较严重，增大了钢的脆性，需要反复锻造加以改善，并在锻后进行球化退火处理。Cr12 钢锻造退火后的组织为索氏体加块粒状碳化物。热处理特点：淬火温度较高（1100~1160℃分级淬火），回火温度高（520~600℃三次回火）。在淬火回火状态都会残留较大的淬火应力，因此淬火后的回火必须充分，否则易在磨削和服役中开裂。

Cr12 钢的金相检验项目主要有以下几项：

1）共晶碳化物不均匀度。Cr12 钢的共晶碳化物不均匀度包括铸造状态和锻造处理后的碳化物不均匀度。铸态的 Cr12 钢莱氏体组织粗大，不能直接热处理使用。与高速钢的组织类似，经过锻轧等热加工后，可使 Cr12 钢的部分网状碳化物组织破碎。若热加工变形量大，碳化物堆积呈带状；若热加工变形量较小，则碳化物呈较完整的网状。碳化物不均匀度严重时，将造成工具在锻造或热处理时开裂、过热及变形，在使用过程中易出现崩裂等缺陷，为此必须检查和控制碳化物的不均匀度。在检验时按照 GB/T 1497—1994《钢的共晶碳化物不均匀度评定法》中第四评级图评定，如图 5-43 所示。

2）珠光体球化。Cr12 钢在进行淬火处理前应进行球化处理，如图 5-44 所示。其组织为索氏体+块状共晶碳化物+颗粒状二次碳化物。

3）二次碳化物网。二次碳化物网形成的主要原因是：停锻温度较高，冷却较慢；球化退火前需经正火消除残留网状。一般网状碳化物所包围的晶粒比较粗大，这种晶粒相当于在

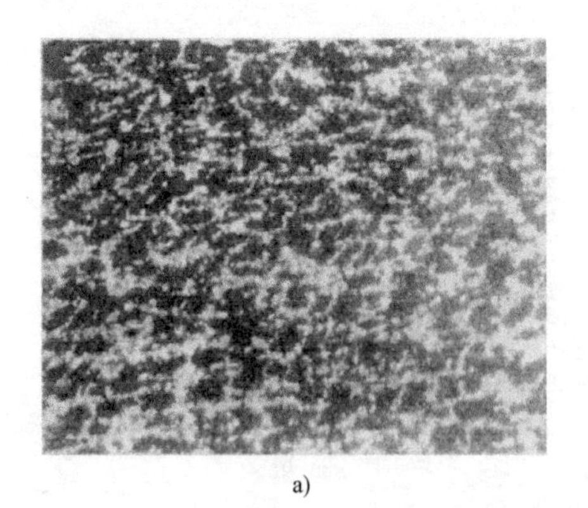
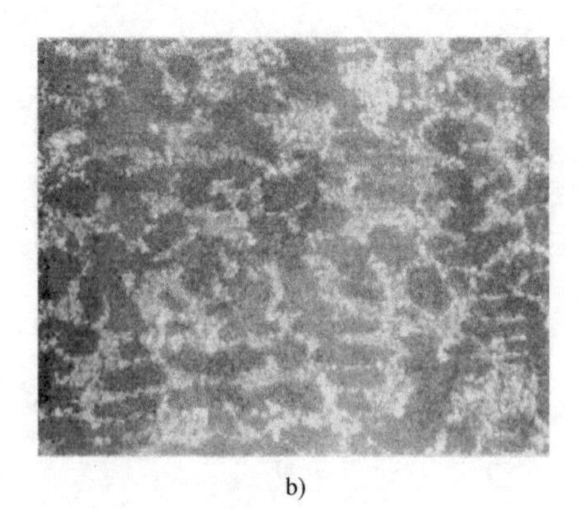

a) b)

图 5-43 Cr12 钢锻造后的组织，共晶碳化物逐渐趋向均匀

a）100× b）500×

注：该图取自参考文献［4］

停锻温度时的奥氏体晶粒。过热球化也可以形成碳化物网，以显微组织中可观察到网状二次碳化物、粗粒和粗片珠光体。另外，高温加热风淬或高温分级淬火也可能形成碳化物网，显微组织要用高锰酸钾或赤血盐溶液热染，因为它是纤细而封闭的网络。二次碳化物呈网状会大幅度提高材料的脆性，在检验时应按照 GB/T 1299—2014《工模具钢》评级，一般模坯碳化物网不大于 2 级。在图 5-45 中的组织为回火马氏体+块状颗粒状共晶碳化物+网状分布的二次碳化物+残留奥氏体。

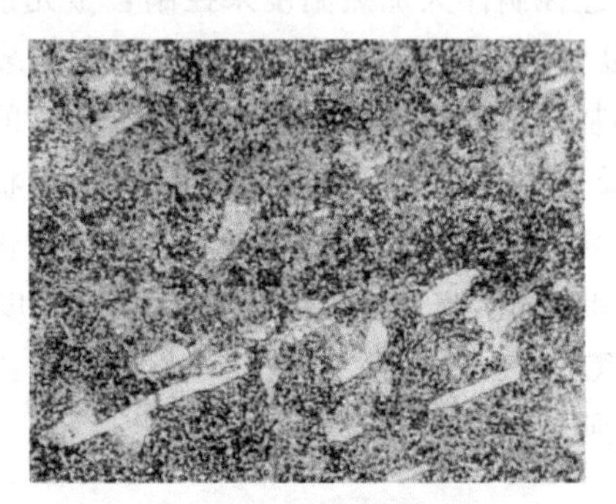

图 5-44 Cr12 钢球化退火组织

注：该图取自参考文献［4］

图 5-45 Cr12 钢网状二次碳化物

注：该图取自参考文献［4］

4）淬火回火的组织及晶粒度。Cr12 钢在淬火后的组织为隐针马氏体+共晶碳化物+二次碳化物，如图 5-46a 所示；在回火后的组织为回火马氏体和看不到残留奥氏体，如图 5-46b、图 5-47 和图 5-48 所示。在检验时按照《工具钢热处理金相检验》行业标准进行。规定一次硬化马氏体针不大于 2 级，晶粒度为 10~12 级；二次硬化马氏体针不大于 3 级，晶粒度为 8~9 级。

（2）3Cr2W8V 钢　热作模具钢长时间在反复急冷急热条件下工作，模具温升可达 700℃，因此要求热作模具钢具有较好的热强性及耐热性和韧性。一般热作模具钢分为三类：

1）高韧性热作模具钢主要用于承受冲击载荷的锤锻模，能在 400℃左右的工作条件下承受急冷急热的恶劣工况。此类模具钢有 5CrMnMo、5CrNiMo 等。

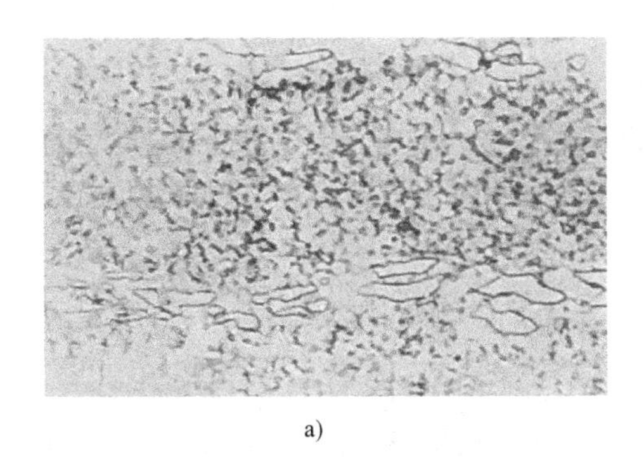

a)

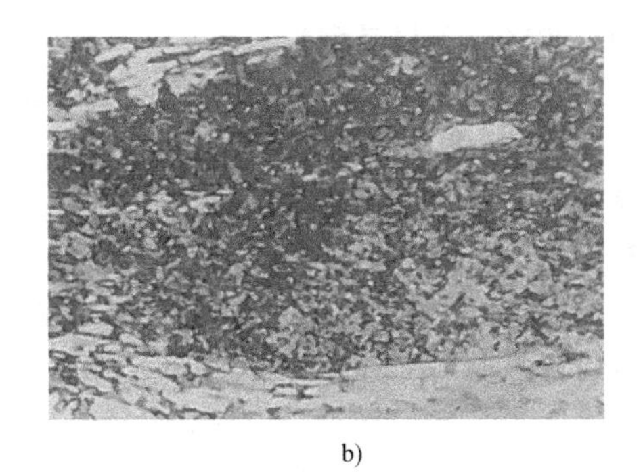

b)

图 5-46　Cr12 钢淬火回火组织（500×）

a）淬火后的组织　b）经 540℃回火的组织

注：该图取自参考文献［4］

图 5-47　Cr12MoV 钢经 1020℃真空淬火和 520℃三次回火的组织

注：该图取自参考文献［4］

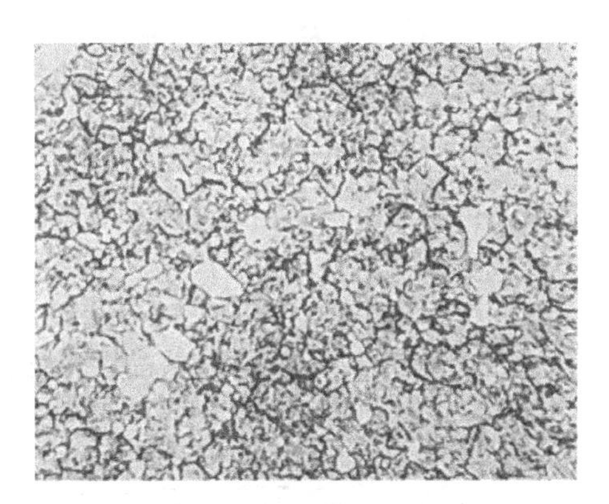

图 5-48　Cr12 钢经 980℃油淬和 200℃回火的组织

注：该图取自参考文献［4］

2）高热强模具钢一般用于模具温升高，容易造成模具型腔堆塌、磨损、表面氧化和热疲劳的热挤压模、压形模、压铸模等模具。此类模具钢有 3Cr2W8V、GR（4Cr3Mo3W4VNb）、Y4（4Cr3Mo2MnVNiB）、Y10（4Cr5Mo2MnVSi）等。

3）强韧兼备的热作模具钢能在 550~600℃高温下服役，又可用于冷却液反复冷却的压铸模、压形模等模具。此类模具钢有 H13（4Cr5MoSiV1）、B43（3Cr3MoNb）、012Al（5Cr4Mo3SiMnVAl）等。

3Cr2W8V 钢是我国热作模具的传统用钢，用于要求承载力高、热强性高和耐回火性高的压铸模、热挤压模、压形模。因为它的碳含量低，故具有一定的韧性和良好的导热性能。但在合金元素作用下使共析点左移，因此它属于共析钢。因合金元素含量高，元素的均匀扩散困难，如果冶炼不当，元素的偏析严重，共晶碳化物的数量会增加，这会导致模具脆裂而报废。

3Cr2W8V 钢属于共析型热作模具钢，退火组织为点状极细粒状珠光体和共晶碳化物（属于亚稳定共晶碳化物）。碳化物要均匀、细小和圆整，不允许为大块状或链状、带状分布。由于合金元素的加入，钢材中的碳氮化合物及夹杂物的检验至关重要。常采用高于马氏体形成温度进行等温处理，可获得抗热冲击性能较好的贝氏体组织。检验标准为 GB/T

1299—2014《工模具钢》。

3Cr2W8V 钢的金相检验项目主要有以下几项：

1）共晶碳化物不均匀性。由于热作模具钢高碳高合金，使得元素扩散困难，严重的元素偏析易导致亚稳定的共晶碳化物出现，如图 5-49 中的大块共晶碳化物，可采用高温长时间扩散退火消除。

2）球化质量。3Cr2W8V 钢在球化退火后的组织为球状珠光体组织+少量碳化物。在检验时可以参照 Cr12 钢的检验内容，如图 5-50 所示。

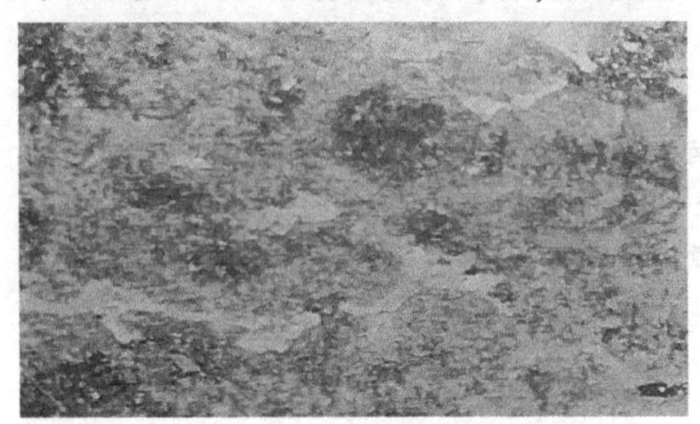

图 5-49　3Cr2W8V 钢的退火组织

注：该图取自参考文献［4］

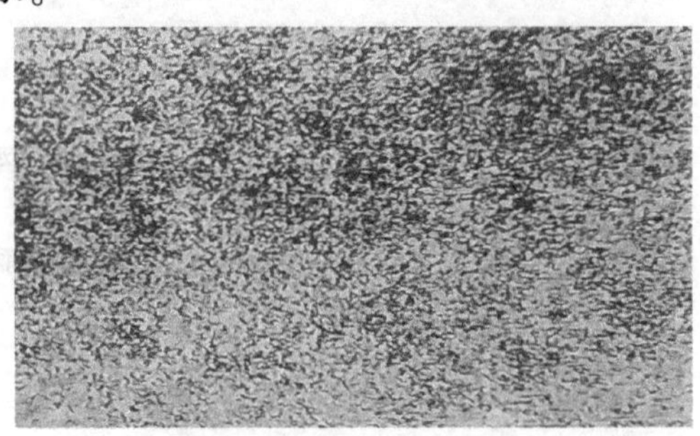

图 5-50　3Cr2W8V 钢等温球化退火后碱性苦味酸钠侵蚀后的组织

注：该图取自参考文献［4］

3）热处理组织。3Cr2W8V 钢淬火后的组织为马氏体组织+共晶碳化物+残留奥氏体，回火后的组织为回火马氏体+共晶碳化物，如图 5-51 所示。在检验时，要注意淬火后马氏体针的长度及晶粒度的要求。

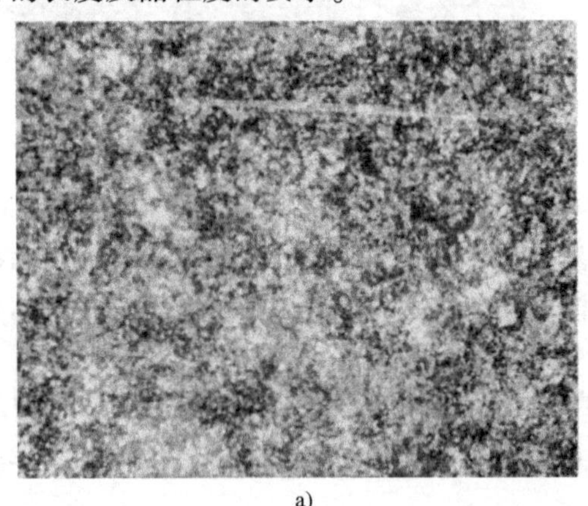

a)

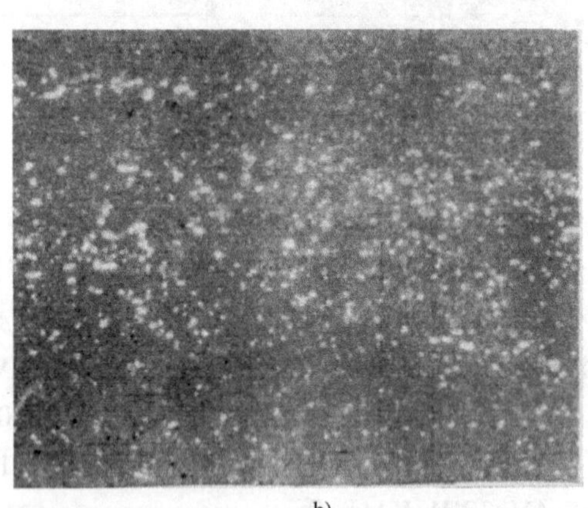

b)

图 5-51　3Cr2W8V 钢热处理后的组织

a）1100℃油淬　b）1100℃油淬+600℃回火

注：该图取自参考文献［4］

4. 弹簧钢的热处理与金相检验

弹簧钢是用于制造各种弹性元件的专用结构钢，具有弹性极限高，足够的韧性、塑性和较高的疲劳强度。弹簧钢中加入的合金元素主要是硅和锰，目的是为了提高钢的淬透性。

（1）弹簧钢的种类　目前，我国生产的弹簧钢主要有碳素弹簧钢、锰弹簧钢、硅锰弹簧钢、硅铬弹簧钢、铬合金弹簧钢等几类。

1）碳素弹簧钢。碳素弹簧钢中碳的质量分数在 0.6%～0.9%之间，热处理后可以得到高的强度，且具有适当的塑性和韧性。由于碳素弹簧钢的淬透性较差，故只能用于制造小尺寸的板簧或螺旋弹簧。热处理后的组织为回火托氏体。

细小的弹簧钢带及钢丝常用来制造钟表、仪器及阀门上的弹簧。这类冷拉钢丝需经过特殊工艺处理（铅浴等温淬火），即通过 920℃ 加热拉伸或轧制后，在 420~550℃ 的铅浴中等温淬火，再经冷拉，其总变形量可达 85%~90%，而且不引起断裂。通过二次强化处理的钢丝，抗拉强度可达 2156~2450MPa。它的组织是沿拉伸方向分布的纤维状回火索氏体及托氏体。应用这种钢材制成的弹簧，一般先经冷缠成形，然后再经 200~300℃ 加热回火，以消除内应力，使之定形。这个过程称为定形处理。

2）锰弹簧钢。这类弹簧钢与碳素弹簧钢相比，优点是淬透性和强度比较高，但比硅锰弹簧钢的强度和弹性极限要低，同时屈强比也小。锰弹簧钢表面脱碳倾向小，缺点是有过热敏感性和回火脆性，淬火时容易开裂。这类钢用于绕制截面较小的弹簧。

3）硅锰弹簧钢。在钢中加入硅可以显著地提高弹性极限和屈强比。硅能缩小 γ 区，提高 A_3 和 A_1 点，使共析点 S 移向低碳部位；同时硅能提高淬透性，使 Ms 点降低。含硅弹簧钢的淬火温度和退火温度要求较高。由于这类钢的珠光体转变在较高温度下进行，因此在一般的退火条件下，即可获得较细的珠光体。硅能产生固溶强化作用，可显著提高钢的强度和硬度。硅还能降低碳在铁素体中的扩散速度，使马氏体在回火时能延缓碳化物的析出和聚集长大，从而增加淬火钢的耐回火性。硅又是强烈的促进石墨化的元素，故这类钢容易在退火过程中发生石墨化现象。同时这类钢加热时的脱碳倾向较大，钢中的含硅量过高，易生成硅酸盐夹杂物。在钢中同时加入硅和锰元素，可以发挥各自的优点，减少缺点，因此硅锰弹簧钢得到了广泛的应用。

在硅锰弹簧钢的基础上，加入钨元素，可显著提高硅锰弹簧钢的淬透性。用 65Si2MnW 钢制造的直径达 50mm 的弹簧可在油中淬透。由于钨元素的加入，形成钨的碳化物，从而阻碍淬火加热时奥氏体晶粒的长大，在较高温度下淬火仍可获得细小的显微组织，能明显地提高弹簧的综合力学性能。

4）硅铬弹簧钢。在硅钢中加入铬和钒元素（60Si2CrV 钢），能使钢获得较高的淬透性，能使 ϕ50mm 的弹簧在油中淬透。同时因为铬和钒的碳化物能阻止奥氏体晶粒的长大，所以这类钢的过热敏感性及脱碳倾向均较小。这类钢与 60Si2Mn 钢的塑性相近时，其强度和屈服强度比 60Si2Mn 钢高。在硬度相同的情况下，冲击韧性较好。鉴于这类钢耐回火性高，力学性能比较稳定，因此适用于制造 300~350℃ 范围内使用的耐热弹簧及承受冲击应力的弹簧。

5）铬合金弹簧钢。50CrV 钢是典型的气阀弹簧钢。直径为 30~40mm 的气阀弹簧能在油中淬透。为使 50CrV 钢具有良好的塑性和冲击韧性，其碳含量较 60Si2Mn 钢低。铬元素除能提高淬透性和形成合金碳化物外，还能降低碳在 α-Fe 中的扩散速度，提高了钢的耐回火性，使钢能在较高温度回火后仍具有理想的强度和硬度，而且韧性较好。钒元素可在钢中形成稳定的 V_4C_3 碳化物，不但可以细化晶粒，还可以减少钢的过热倾向。鉴于 50CrV 钢具有较好的耐回火性，因此在较高温度（300℃）下长期工作仍有比较稳定的强度和韧性。正常回火组织为细致均匀的回火托氏体，有时基体中允许有少量的未溶解的碳化物。

弹簧钢常用牌号：冷拔钢丝 T8Mn、65Mn，碳素钢 65、65Mn、70Mn，硅铬系的 60Si2Cr、60Si2CrV，硅锰系的 60Si2Mn，退火态使用的 50CrV、60Si2Mn、65Si2MnW 等。

常用弹簧钢的牌号、热处理规范和力学性能见表 5-7。

（2）弹簧钢的热处理　弹簧钢丝成材过程的强化处理工艺有：一种是冷拉后淬火加中

温回火，组织为回火托氏体；另一种是“铅淬”冷拔处理，即将热轧盘条加热到奥氏体状态后，淬到450~550℃的熔化铅液中做等温处理，得到冷拉性能很好的回火索氏体，最后通过一系列冷拔得到需要的钢丝，这种钢丝组织为纤维状的形变索氏体。

弹簧钢的热处理工艺主要有两种：

1）淬火+中温回火。适用于热成形的热轧弹簧钢和冷卷成形的冷拉退火弹簧钢。中温回火得到回火托氏体组织，具有较高的弹性极限与屈服强度，同时具有足够的韧性和塑性。

2）低温去应力退火。适用于冷拉弹簧钢或油淬回火钢丝冷盘成形的弹簧。

表 5-7 常用弹簧钢的牌号、热处理规范和力学性能

牌号	淬火温度/℃	冷却介质	淬火后硬度HRC	回火温度/℃	回火后硬度HRC	力学性能			
						R_m/MPa	R_{eL}/MPa	A(%)	Z(%)
70	820~830	油	60~64	380~400	45~50	1029	833	8	30
70(直径大于30mm)	800~810	水	60~63	380~400	45~50	—	—	—	—
65Mn	830	油	—	480	—	980	784	8	30
	810~830	油	60~63	380~400	45~50	—	—	—	—
60Si2Mn	870	油	—	460	—	1274	1176	5	25
	860~870	油	61~65	430~460	45~50	—	—	—	—
60Si2Mn(直径大于30mm)	830~840	水	61~65	430~460	45~50	—	—	—	—
50CrV	850	油	59~62	520	—	1274	1078	10	45
	860~870	油	59~62	370~400	45~50	—	—	10	—

（3）弹簧钢的金相检验

1）石墨碳和非金属夹杂物检验。由于反复加热造成石墨碳呈黑色小球状，抛光时易脱落形成孔洞，如图5-52所示。按照GB/T 10561—2005《钢中非金属夹杂物含量的测定　标准评级图显微检验法》和GB/T 13302—1991《钢中石墨碳显微评定方法》进行评级。

2）表面脱碳层检验。按照GB/T 224—2019《钢的脱碳层深度测定法》进行检验。全脱碳层铁素体晶粒度不均匀，原因是弹簧钢达到临界变形度时，再结晶造成晶粒聚集长大。由图5-53可见，表层脱碳层中有大小不一的铁素体晶粒。

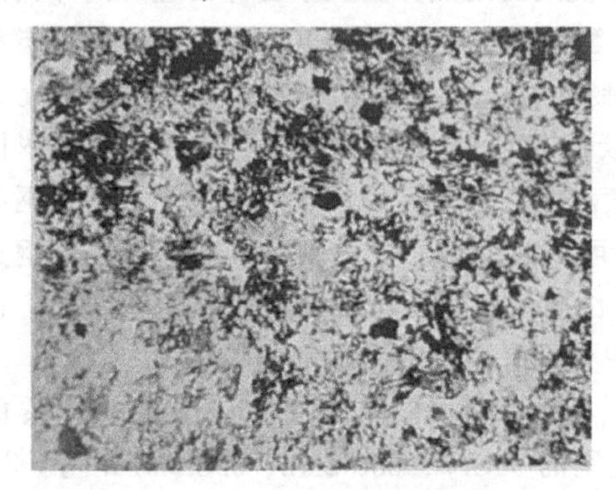

图 5-52　70Si3MnA 钢原材料中的石墨碳（500×）

注：该图取自参考文献［4］

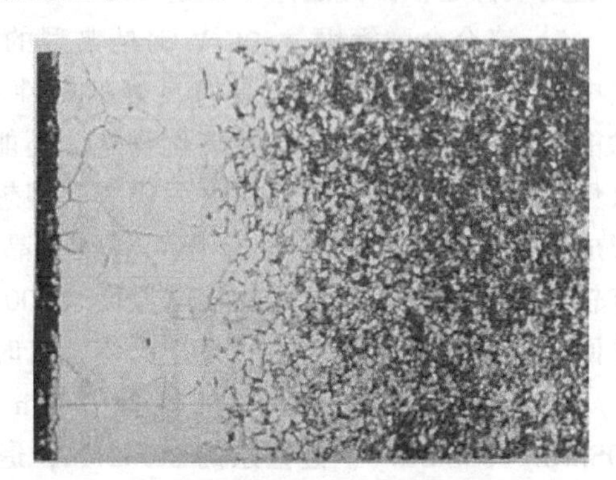

图 5-53　60Si2MnA 钢淬火回火后的脱碳层（500×）

注：该图取自参考文献［4］

3）显微组织检验。弹簧钢的球化退火处理工艺组织为球状珠光体。在球化退火时可出现片状珠光体组织；若珠光体片间距较大，属于球化退火过热组织，若珠光体片间距较细小，属于球化退火欠热组织。球化不良，片状珠光体的出现易导致淬火时组织过热。在拉拔时必须进行球化退火处理，以提高塑韧性，利于冷变形加工处理。

弹簧钢的碳含量及合金元素含量较高，淬火组织为针状马氏体；回火温度采用中温回火，组织为回火托氏体。在检验时应注意淬火马氏体针以及回火托氏体组织的级别。图 5-54 中的组织属于中等 2 级较细马氏体级别。图 5-55 所示组织的回火程度属于 2 级较细回火托氏体。在测定马氏体针级别时应当进行浅侵蚀，测量大多数马氏体针的长度。

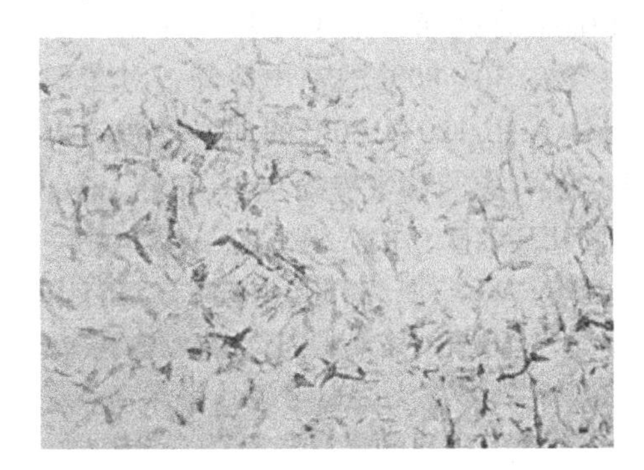

图 5-54　60Si2Mn 钢经 860℃油淬后的组织

注：该图取自参考文献［4］

图 5-55　60Si2Mn 钢经 860℃油淬+450℃回火后的组织

注：该图取自参考文献［4］

5. 轴承钢的热处理与金相检验

轴承在高速运转的同时承受高而集中的交变载荷，接触应力大，又因滚珠与轴承套之间的接触面积很小，工作时不但有转动还有滑动，从而产生强烈的摩擦现象。轴承钢适合于制造各种不同工作条件下的各类滚动轴承套圈和滚动体。轴承钢中的 w_C 在 1%左右，w_{Cr} 在 0.5%~1.65%之间，其中 w_{Cr} 为 1.5%的 GCr15 钢应用最为广泛。GCr15 钢具有高的强度和硬度、高的接触疲劳强度和弹性极限、良好的耐磨性以及淬透性，还具有一定的韧性和耐蚀性，热处理工艺也较为简单。轴承钢中的铬元素除能提高淬透性外，还是碳化物形成元素，在过共析钢中会显著改变钢中碳化物的形态、颗粒大小，而且还将置换铁元素形成铬的合金渗碳体。

轴承钢对原材料的质量要求较高，要求材料严格控制杂质和有害成分，并且化学成分要均匀一致。为消除成分偏析和初步成形，均需进行锻造。锻后组织为细珠光体，不利于切削。为改善切削和热处理后的组织，一般进行球化处理。常见牌号有：高碳高铬轴承钢 GCr15、GCr15SiMn，渗碳轴承钢 25、15Mn、G20CrMo、G20Cr2Ni4，不锈钢 95Cr18、12Cr18Ni9、14Cr17Ni2 和 06Cr13，耐腐蚀、耐高温轴承钢 Cr4Mo4V、W18CrV、W6Mo5Cr4V2，中碳轴承钢 65Mn、55SiMoV，防磁轴承钢 25Cr18Ni10W、70Mn18Cr4W2MoV。

（1）轴承钢的热处理　轴承钢的热处理根据不同的工艺可以分为去应力退火、低温退火、一般退火、等温球化退火、正火、淬火、冷处理、回火、附加回火等。

1）去应力退火。加热温度为 400~670℃，保温 4~8h 后空冷。

2）低温退火。加热温度为 670~720℃，保温 4~8h 后空冷。

3）一般退火。加热温度为780~810℃，保温3~6h，在每小时小于20℃的冷却速度下冷至720℃保温2~4h，再用相同的冷却速度冷却到650℃出炉，可得到球化组织，硬度为170~207HBW。

4）等温球化退火。加热温度为780~810℃，保温3~6h，在690~720℃等温2~4h。显微组织为球化组织。

5）正火。正火工艺应针对零件尺寸等调整冷却方式。用于消除和减轻网状碳化物时，加热温度为900~950℃；用于细化组织时，加热温度为870~890℃；用于过热零件返修时，在880~900℃正火。

6）淬火。加热温度为830~860℃，直径小于13mm的钢球在油中冷却，直径为13~50mm的钢球在20~30℃碳酸氢钠溶液中冷却，对滚子在30~80℃的油中冷却；对套圈零件，在30~80℃或80~120℃的热油中淬火；分级淬火采用120~160℃的油；等温淬火在130~350℃的油中等温25~100h；贝氏体淬火在210~240℃硝酸盐中等温4h。

7）冷处理。温度为-78~-50℃，1~2h后置于空气中。

8）回火。零件淬火后应及时回火，一般选择150~180℃回火，硬度为61~65HRC，200℃回火时硬度不小于60HRC，250℃回火时硬度不小于58HRC。

9）附加回火。选择温度120~150℃，3~6h后空冷。

（2）轴承钢的金相检验　检验内容包括：

1）断口。退火后的断口必须晶粒细致，无缩孔、裂纹和过热现象。淬火断口（硬度不低于60HRC）目视不得出现下列缺陷：出现多于一处长度为1.6~3.2mm的非金属夹杂物；出现一处长度大于3.2mm的非金属夹杂物；出现疏松、缩孔及内裂。

2）非金属夹杂物。轴承钢对于材料中非金属夹杂物的含量要求应尽量少，具体要求见表5-8。

表5-8　轴承钢非金属夹杂物合格级别

非金属夹杂物类型	合格级别(不大于)	
	细　系	粗　系
A	2.5	1.5
B	2.0	1.0
C	0.5	0.5
D	1.0	1.0

3）碳化物液析。在100×下进行评级，在高倍下观察形态。在500×中出现的白块属于碳化物的液析，易造成裂纹，如图5-56所示。

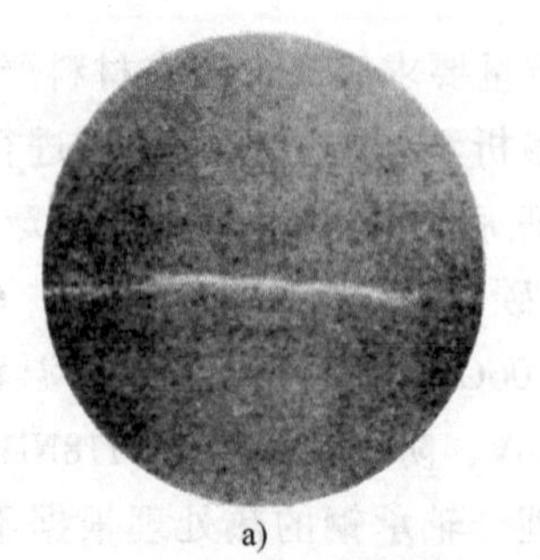

a)

b)

图5-56　轴承钢的碳化物液析

a）碳化物液析3级　b）碳化物液析5级

注：该图取自参考文献［4］

（3）轴承钢的显微组织分析

1）球化退火组织。细小均匀的球状珠光体，不得出现欠热、过热现象，如图5-57所示。

2）网状碳化物组织。在回火时，二次碳化物会从马氏体组织中析出，若工

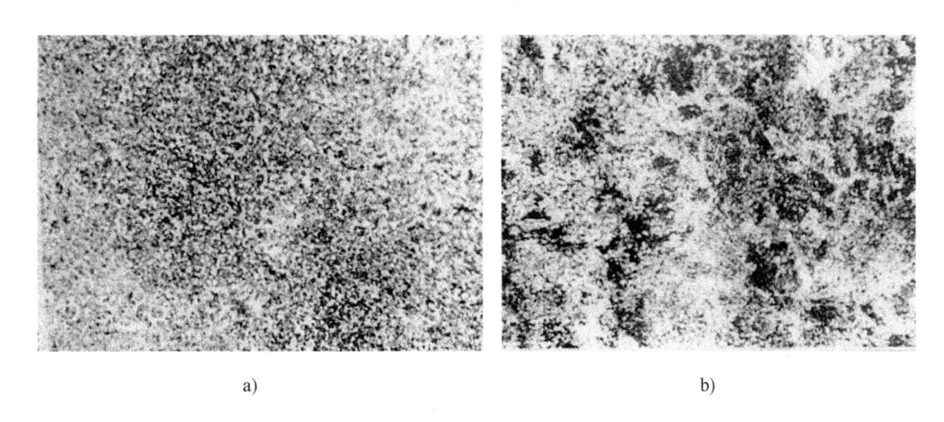

a)　　　　　　b)

图 5-57　GCr15 钢球化退火后的组织

a）正常球化退火组织　b）球化退火欠热组织

注：该图取自参考文献［4］

艺处理不当会是网状分布。在检验时主要有一次碳化物网封闭程度，如图 5-58 中的二次碳化物呈网状分布，增加了材料的脆性。

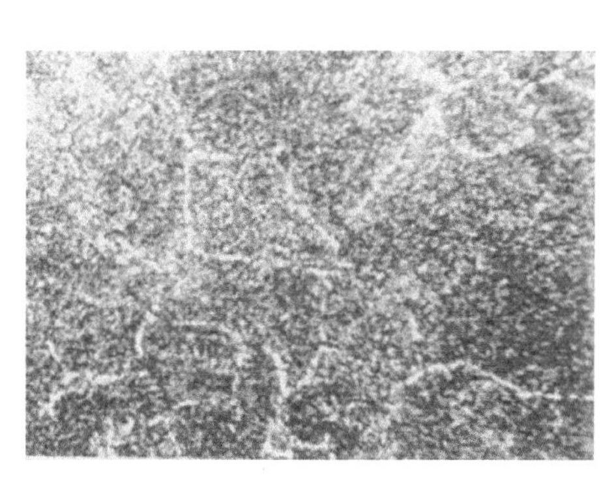

图 5-58　GCr15 钢淬火回火后白色网状碳化物

注：该图取自参考文献［4］

3）淬火回火组织。淬火组织为隐针马氏体+颗粒状碳化物+残留奥氏体，如图 5-59 所示。组织中出现黑白区域的原因是合金元素的微区分布偏析，在淬火时，造成 *Ms* 点不一致，先出现黑色隐针马氏体，后形成白色结晶马氏体，白色颗粒状碳化物分布其间。在淬火时，当加热温度不足或者淬火冷却速度不快时，材料内部就会出现托氏体组织，如图 5-60 所示。GCr15 钢的正常回火组织为回火马氏体+颗粒状碳化物。

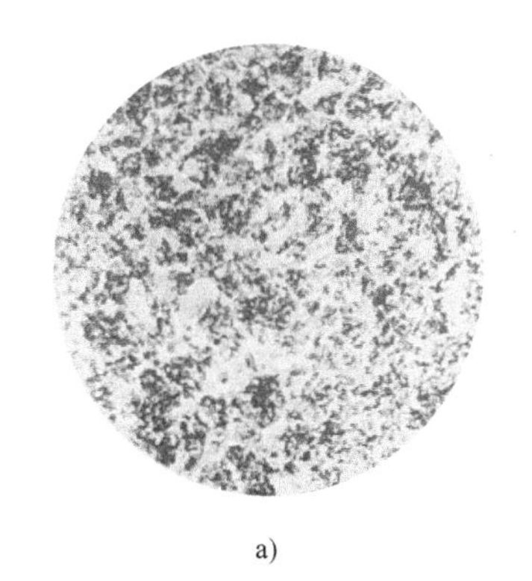

a)　　　　　　b)

图 5-59　GCr15 钢淬火后的组织

a）正常淬火组织　b）淬火过热组织

注：该图取自参考文献［4］

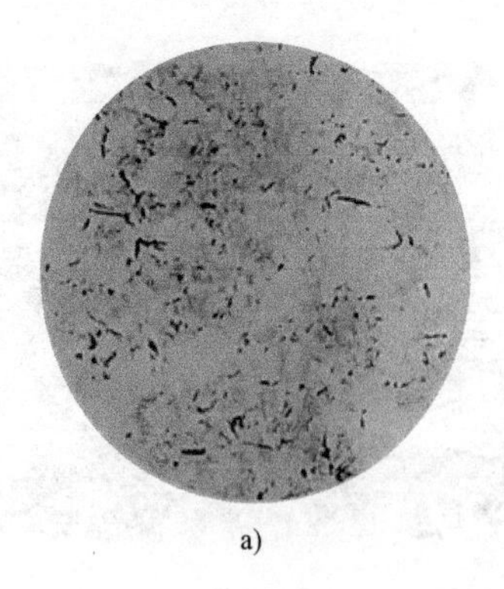

a)

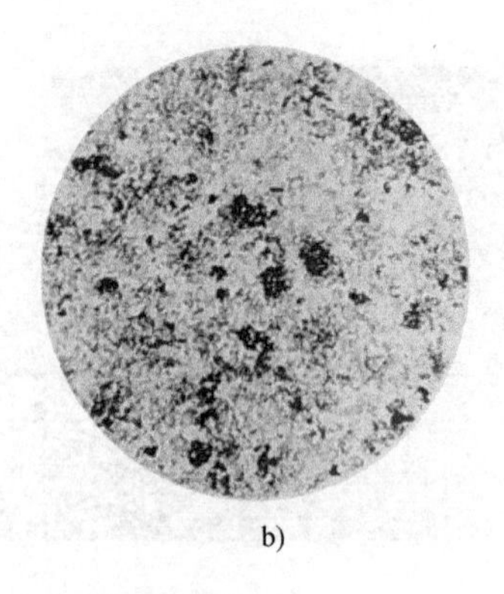

b)

图 5-60　GCr15 钢淬火产生托氏体组织

a）冷却速度不快　b）加热温度不足

注：该图取自参考文献［4］

第6章 零件加工与特种成形工艺实验

6.1 典型机械零件加工实验

6.1.1 实验目的

1）了解普通机床的结构及组成。

2）通过对机械零件的结构分析，加深对机械加工工艺及精度的理解。

3）学习机床加工零件的操作过程。

6.1.2 机械加工设备

本实验选用 C6132A1 型卧式车床，如图 6-1 所示。

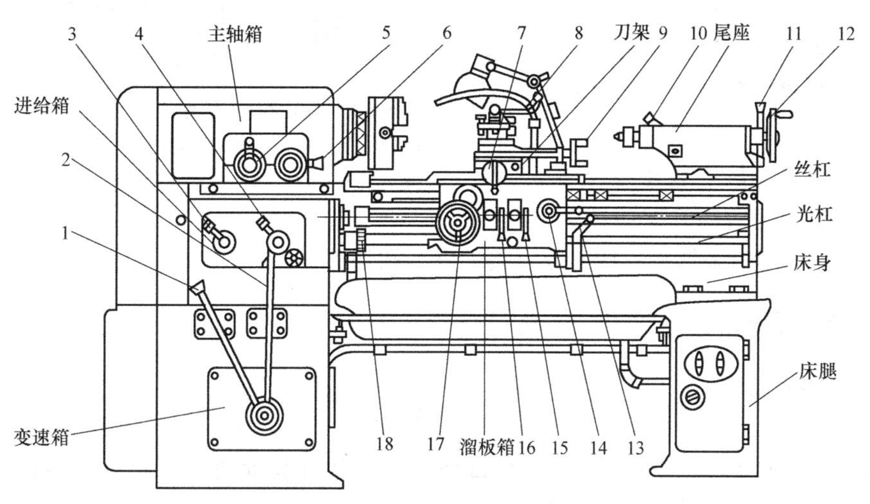

图 6-1 C6132A1 型卧式车床

1、2、6—主运动变速手柄 3、4—进给运动变速手柄 5—刀架纵向移动变速手柄 7—刀架横向运动手柄 8—方刀架锁紧手柄 9—小滑板移动手柄 10—主轴启闭和变向手柄 11—尾座锁紧手柄 12—尾座套筒移动手柄 13—主轴正反转及停止手柄 14—螺母开合手柄 15—横向进给自动手柄 16—纵向进给自动手柄 17—纵向进给手动手柄 18—光杠、丝杠更换使用的离合器

车床主要由床身、变速箱、主轴箱、进给箱、光杠和丝杠、溜板箱、刀架、尾座等组成。

（1）床身 床身是车床的基础零件，用以连接各主要部件并保证各部件之间有正确的相对位置。床身上的导轨用以引导刀架和尾座相对于主轴箱进行正确的移动。

（2）变速箱　主轴的变速主要通过变速箱完成。变速箱内有变速齿轮，通过改变变速箱上变速手柄的位置可以改变主轴的转速。

（3）主轴箱　主轴箱内装主轴和主轴的变速机构，可使主轴获得多种转速。主轴是由前后轴承支承着的空心结构，以便穿过长棒料进行安装。

（4）进给箱　进给箱是传递进给运动并改变进给速度的变速机构。传入进给箱的运动，通过进给箱的变速齿轮可使光杠和丝杠获得不同的转速，以得到加工所需的进给量或螺距。

（5）溜板箱　溜板箱是车床进给运动的操纵箱。它可将光杠传来的旋转运动变为车刀纵向或横向的直线移动，也可通过松开螺母将丝杠的旋转运动直接转变为刀架的纵向移动以车削螺纹。

（6）刀架　刀架用来夹持车刀并使其做纵向、横向或斜向进给运动，它由床鞍（又称为大刀架）、中滑板（又称为中刀架、中拖板）、转盘、小滑板（又称为小刀架、小拖板）和方刀架组成，如图 6-2 所示。床鞍与溜板箱连接，带动车刀沿床身导轨做纵向移动。中滑板沿床鞍上的导轨做横向移动。转盘用螺栓与中滑板紧固在一起。松开螺母，转盘可在水平面内扳转任意角度。小滑板沿转盘上面的导轨做短距离移动。将转盘翻转某一角度后，小滑板便可带动车刀向相应的斜向移动，用于车削锥面。

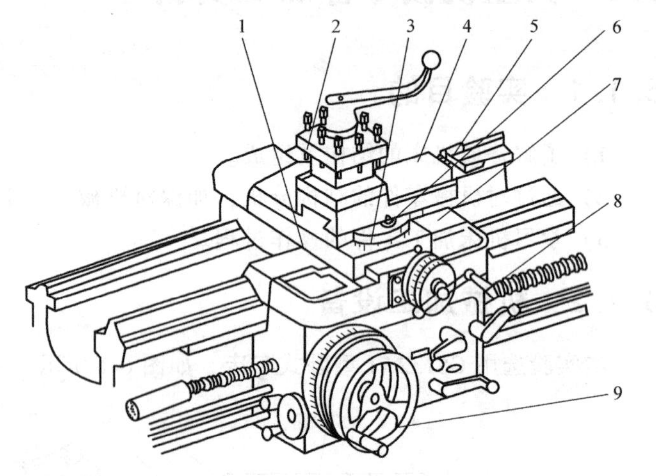

图 6-2　C6132A1 型卧式车床的刀架

1—中滑板　2—方刀架　3—转盘　4—小滑板　5—小滑板手柄
6—螺母　7—床鞍　8—中滑板手柄　9—床鞍手轮

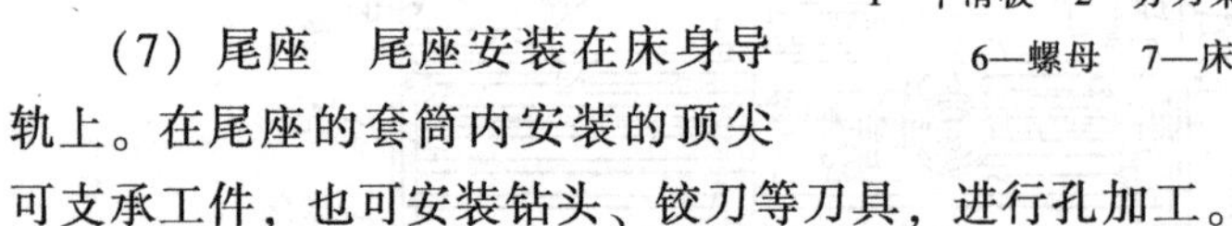

（7）尾座　尾座安装在床身导轨上。在尾座的套筒内安装的顶尖可支承工件，也可安装钻头、铰刀等刀具，进行孔加工。

6.1.3　机床车刀与工件的安装

1. 车刀的安装

车刀的安装如图 6-3 所示。车刀安装在方刀架上，刀尖与工件轴线等高（可用顶尖校对，在车刀下面放置垫片进行调整）。车刀伸出方刀架的长度通常不超过刀体高度的 2 倍。车刀位置装正后，应交替拧紧刀架螺钉并锁紧方刀架。

2. 工件的安装

在车床上安装工件要定位准确、夹紧可靠，能承受切削力，保证工作时安全。车床上常用自定心卡盘、单动卡盘、顶尖、中心架、跟刀架、心轴和花盘等机床附件进行装夹。

（1）自定心卡盘装夹工件　自定心卡盘是车床上应用最广泛的通用夹具，如图 6-4 所示。卡盘上的三个爪是同步运动的。当扳手方榫插入小锥齿轮的方孔中转动时，小锥齿轮就带动大锥齿轮转动，大锥齿轮的背面是平面螺纹，三个卡爪背面的螺纹与平面螺纹啮合，因此当平面螺纹转动时，就带动三个卡爪同时做向心或离心移动。自定心卡盘口装成正爪或反爪。

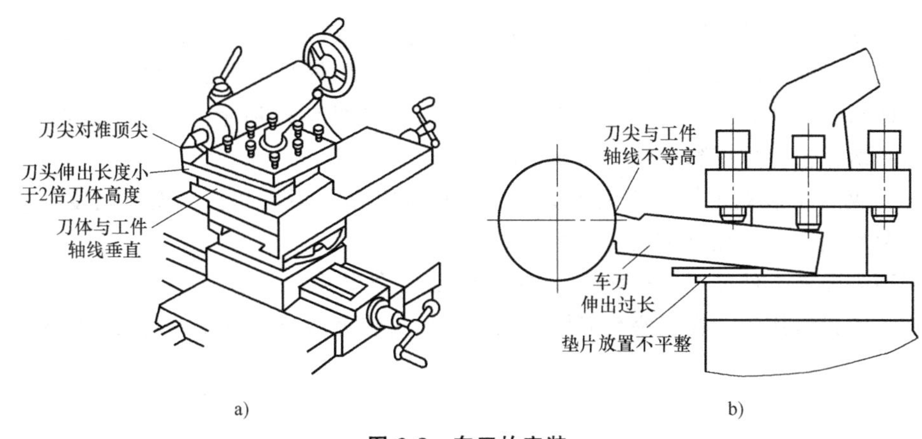

图 6-3　车刀的安装

a）正确　b）错误

自定心卡盘能自动定心，工件装夹后一般不用找正 ，但定位精度不高，适合加工规则零件。

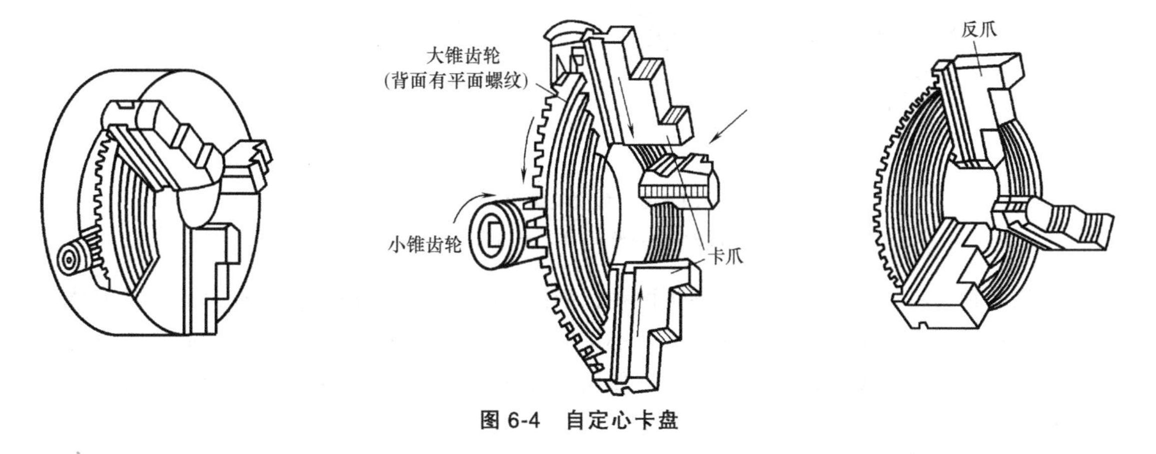

图 6-4　自定心卡盘

（2）单动卡盘装夹工件　单动卡盘如图 6-5 所示，每个卡爪的后面有半瓣内螺纹，转动螺杆时，卡爪就可沿槽单个移动。由于卡爪是分别调整的，因此工件装夹时必须将加工部分的旋转轴线找正到与车床主轴中心线重合后才可车削。

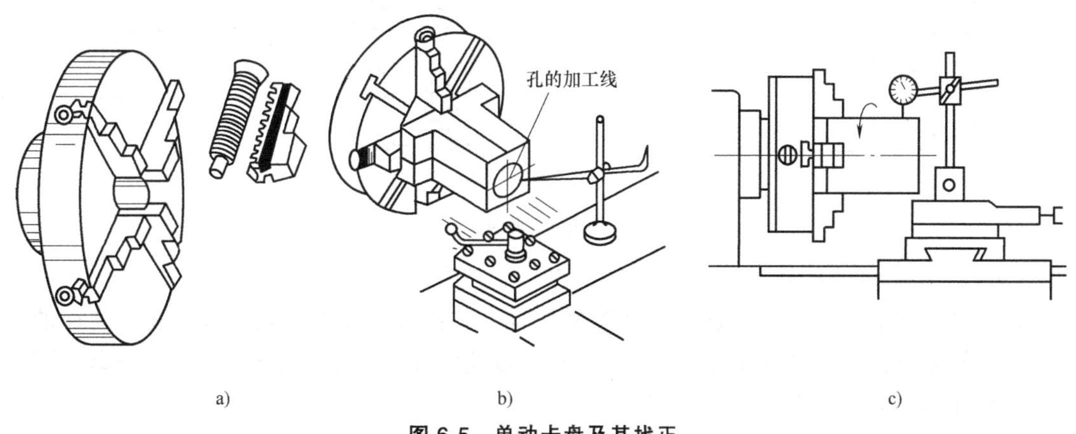

图 6-5　单动卡盘及其找正

a）外形　b）用划线盘找正　c）用百分表找正

单动卡盘的优点是夹紧力大，因此适用于装夹大型或形状不规则的工件。每个卡爪都可装成正爪或反爪使用。装夹毛坯面进行粗加工时，一般用划线盘找正工件，如图 6-5b 所示。安装精度较高的工件时，可用百分表来代替划线盘，如图 6-5c 所示。单动卡盘调整工件时，应采取措施防止工件掉落到导轨上损伤机床，如垫木板等。

（3）用两顶尖装夹工件　用两顶尖装夹工件很方便，不需找正，安装精度高；但必须先在工件两端钻出中心孔（需要专门的中心钻）。

用两顶尖装夹工件如图 6-6 所示，将待加工的工件装在前、后两个顶尖上，前顶尖装在主轴的锥孔内，后顶尖装在尾座套筒内，用鸡心夹头装夹后通过拨盘带动工件旋转。

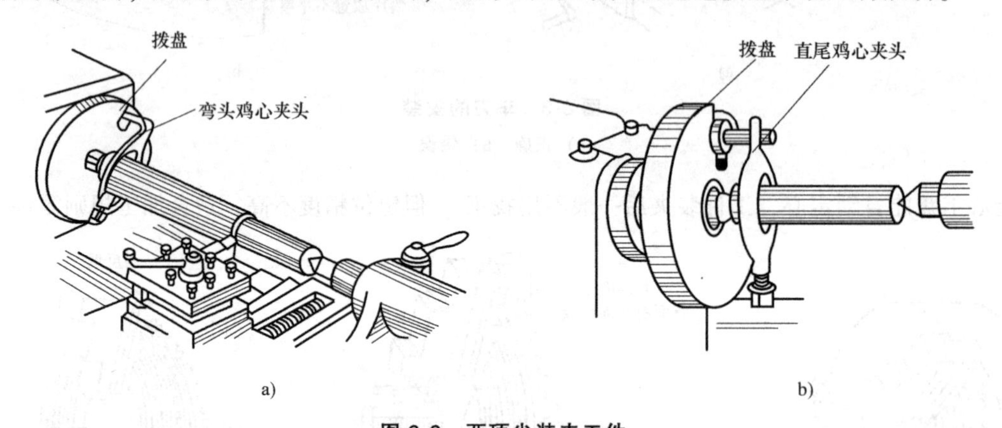

图 6-6　两顶尖装夹工件

a）采用弯头鸡心夹头　b）采用直尾鸡心夹头

常用的顶尖有回转顶尖与固定顶尖两种，如图 6-7 所示。回转顶尖装有轴承，定位精度略差，但旋转时不容易发热，高速、低速都可以加工工件。固定顶尖定位精度高，主要用于低速加工，如螺纹、蜗杆的精加工。加工使用时要加黄油润滑。此外，固定顶尖还可用于校正机床主轴和尾座的精度。

有时也用自定心卡盘代替拨盘。若用自定心卡盘代替前顶尖、拨盘、鸡心夹头组合装夹工件，则称为“一夹一顶”装夹工件。

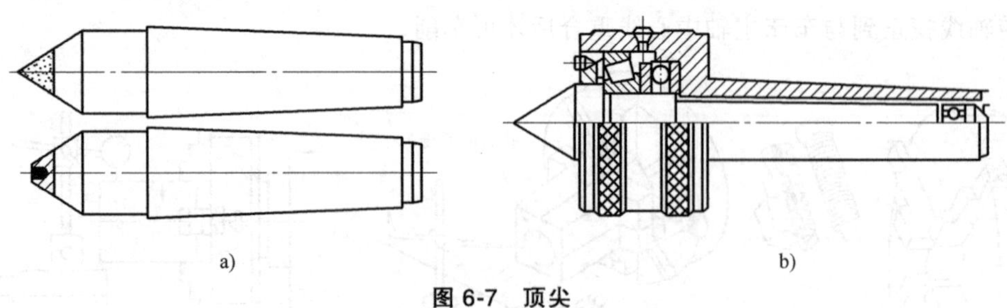

图 6-7　顶尖

a）回转顶尖　b）固定顶尖

（4）用心轴装夹工件　精加工盘套类零件时，若孔与外圆的同轴度以及孔与端面的垂直度要求较高时，通常先将孔进行精加工，然后以孔定位安装在心轴上，再一起安装在两顶尖上进行外圆与端面加工，如图 6-8 所示。

（5）中心架和跟刀架装夹工件　当车削长度为直径 15 倍以上的细长轴或端面带有深孔

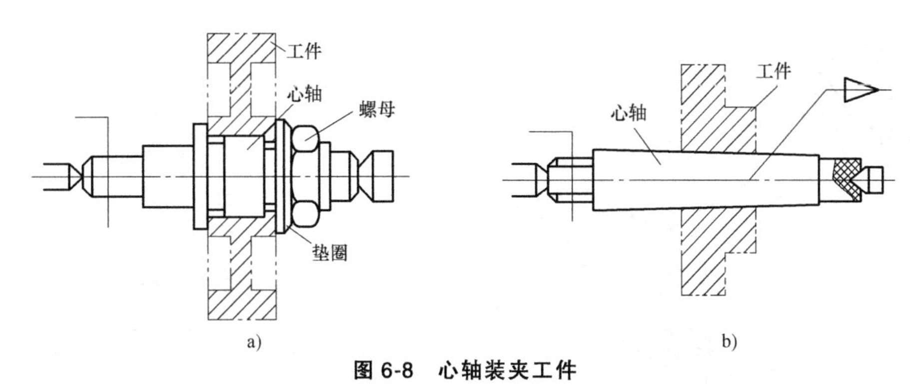

图 6-8　心轴装夹工件

a）圆柱心轴装夹工件　b）圆锥心轴装夹工件

的细长工件时，由于工件本身刚性差，在背向力作用下易引起振动，或车刀顶弯工件，而将工件车成腰鼓形，需要用中心架或跟刀架作为辅助支承。

中心架主要用于加工有台阶或需要掉头车削的细长轴以及端面和内孔，如图 6-9 所示。中心架固定在车床导轨上，车削前调整其三个爪，与工件预先加工好的外圆轻轻接触，并在车削时往接触处不断添加润滑油，用来减少摩擦，以防止过度磨损。

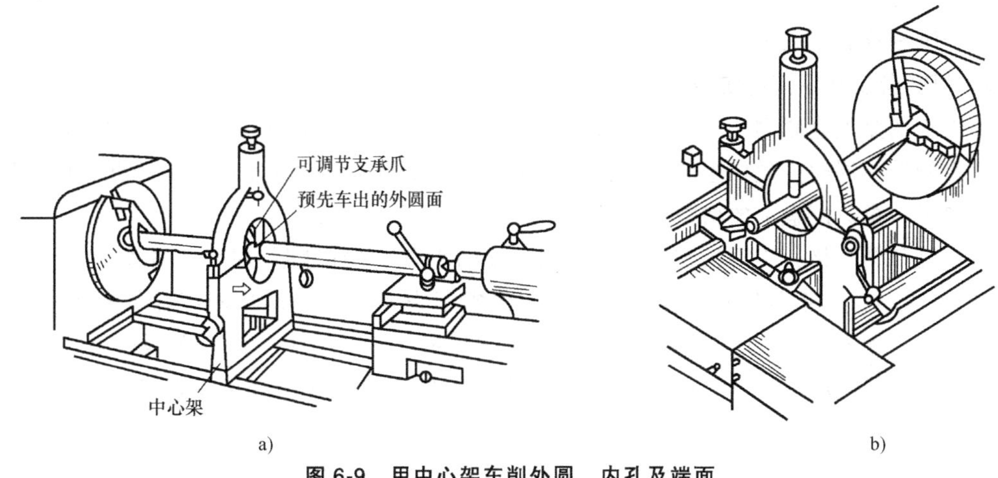

图 6-9　用中心架车削外圆、内孔及端面

跟刀架主要用于细长光轴的加工，如图 6-10 所示。使用跟刀架需先在工件右端车削一段外圆，根据外圆调整爪的位置和松紧，接触处用油润滑。跟刀架一般带两个爪，固定在床鞍侧面上，随刀架纵向移动以抵消径向切削力。使用三爪跟刀架（图 6-11），效果更好。

6.1.4　车床的操作

车床的操作包括车削加工步骤的安排，刻度盘及其手柄的使用方法，粗车、精车和试切方法等内容。

1. 车床操作步骤

（1）选择和安装车刀　根据零件的加工表面和材料，将选好的车刀按照前面介绍的方法牢固地装夹在方刀架上。

（2）安装工件　根据工件的类型，选择前面介绍的机床附件，采用合理的装夹方法夹紧工件。

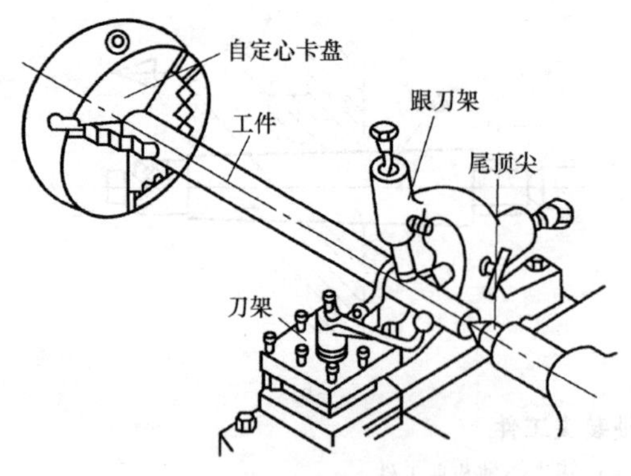

图 6-10 跟刀架支承车削细长光轴

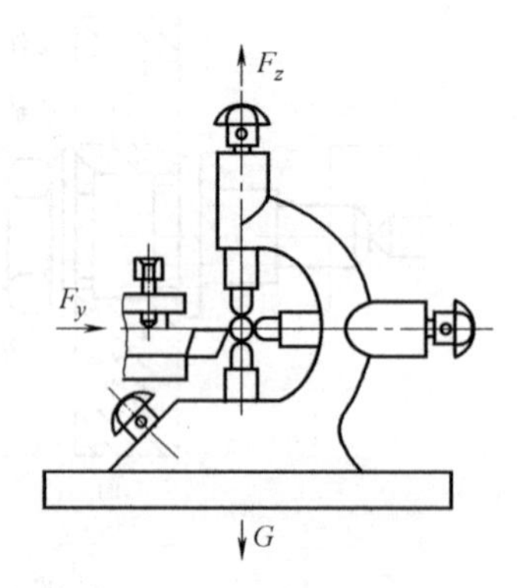

图 6-11 三爪跟刀架

(3) 开车对刀 起动车床，使刀具与旋转工件的最外点接触，以此作为调整背吃刀量的起点，然后向右退刀。

(4) 试切加工 对需要试切的工件进行试切加工。若不需要试切加工，可用横刀架刻度盘直接进给到预定的背吃刀量。

(5) 切削加工 根据零件的要求，合理确定进给次数，进行切削加工，加工完成后对零件进行测量检验，以确保加工质量。

2. 刻度盘及其手柄的使用

中滑板的刻度盘紧固在丝杠的轴头上，中滑板和丝杠螺母紧固在一起。当中滑板手柄带着刻度盘旋转一周时，丝杠也转一周，这时螺母带动中滑板移动一个螺距。因此，中滑板移动的距离可根据刻度盘上的格数来计算。

刻度盘每转一格，中滑板带动刀架横向移动的距离=丝杠螺距/刻度盘格数。

如 C6132A1 型卧式车床中滑板丝杠使用的螺距为 4mm。中滑板刻度盘等分为 200 格，故每转一格中滑板移动的距离为 4mm/200 = 0.02mm。刻度盘转一格，滑板带着车刀移动 0.02mm，即背吃刀量为 0.02mm，零件直径减少了 0.04mm。小滑板刻度盘主要用于控制零件长度方向的尺寸。

3. 粗车与精车

加工工件时，根据图样要求，工件的加工余量需要经过几次进给才能切除。为了提高生产率，保证工件尺寸精度和表面粗糙度，可把车削加工分为粗车和精车，这样可以根据不同阶段的加工，合理选择切削参数。粗车的主要目的是尽快从毛坯上切除大部分加工余量，使之接近最终形状和尺寸，提高生产率，一般选用较大的背吃刀量和进给量，用中、低速切削。精车切除粗车后的精车余量，保证零件的加工精度和表面粗糙度，一般要用较小的背吃刀量和进给量，采用较高的切削速度。

6.1.5 力学拉伸试棒尺寸标准

力学拉伸试棒的尺寸如图 6-12 所示，其参数见表 6-1。

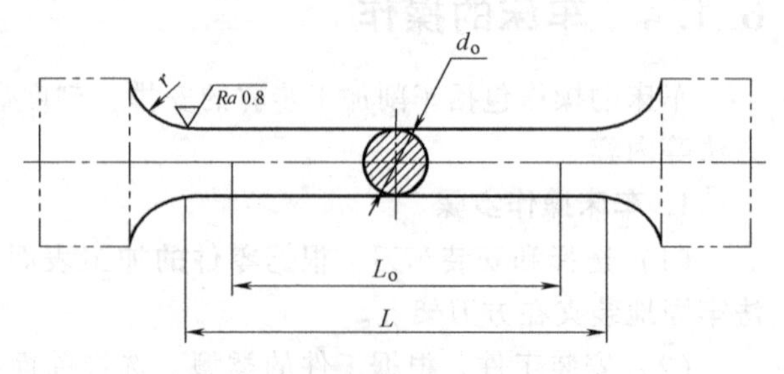

图 6-12 力学拉伸试棒的尺寸

表 6-1　力学试棒的参数　（单位：mm）

一般尺寸			短试样			长试样		
d_o	r(最小)							
	单、双肩	螺纹	试样号	L_o	L	试样号	L_o	L
25	5	12.5	R_1	$5d_o$	L_o+d_o	R_{01}	$10d_o$	L_o+d_o
20	5	10	R_2			R_{02}		
15	4	7.5	R_3			R_{03}		
10	4	5	R_4			R_{04}		
8	3	4	R_5			R_{05}		
6	3	3.5	R_6			R_{06}		
5	3	3.5	R_7			R_{07}		
3	2	2	R_8			R_{08}		

6.1.6　拉伸试棒机械加工工艺步骤

拉伸试棒如图 6-13 所示，毛坯尺寸为 ϕ25mm×221mm。其机械加工工艺步骤如下：

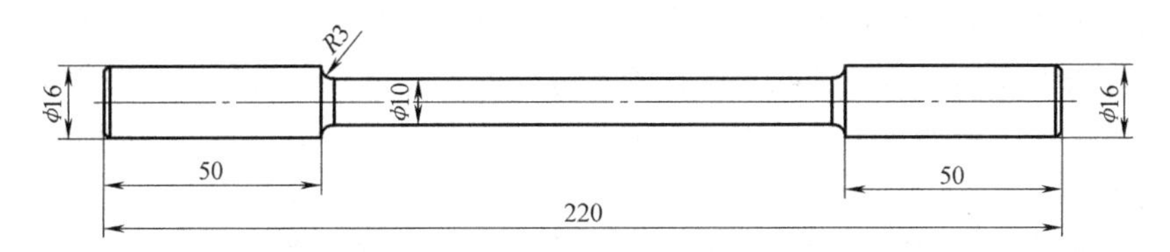

图 6-13　拉伸试棒

1）用外圆车刀切端面（棒料伸出 60~70mm）。

2）车外圆，车 3 刀或 4 刀。车最后一刀之前必须测量试棒的实际尺寸（确保尺寸 ϕ16mm）。

3）用倒角刀车倒角（换刀），倒角为 $C1$。

4）用中心钻钻中心孔，根据不同形状更换中心钻。

5）调头，车另一端，重复步骤 1)~4）并控制总长。

6）换回转顶尖，夹、顶紧工件，做到左夹右顶。

7）车中间部分（换刀），车 3 刀或 4 刀。车最后一刀之前必须测量试棒的实际尺寸（确保尺寸 ϕ10mm）。

8）用圆弧车刀车削圆弧部分，换圆弧车刀。

9）用螺纹车刀车螺纹（换螺纹车刀），螺距 P=2mm，螺纹单边深度为 0.3mm 左右。

10）取出工件，调头，重复步骤 8)~9)。

11）检验重要尺寸，取下工件，即加工出拉伸试棒。

6.2　数控电火花成形加工实验

6.2.1　实验目的

1）了解电火花成形的工艺过程。

2）掌握数控电火花成形操作要领。

6.2.2 实验原理

电火花成形加工又称为电腐蚀加工，它是利用直流脉冲放电对导电材料的腐蚀作用去除材料，以满足一定形状和尺寸要求的一种加工方法，其工作原理如图 6-14 所示。

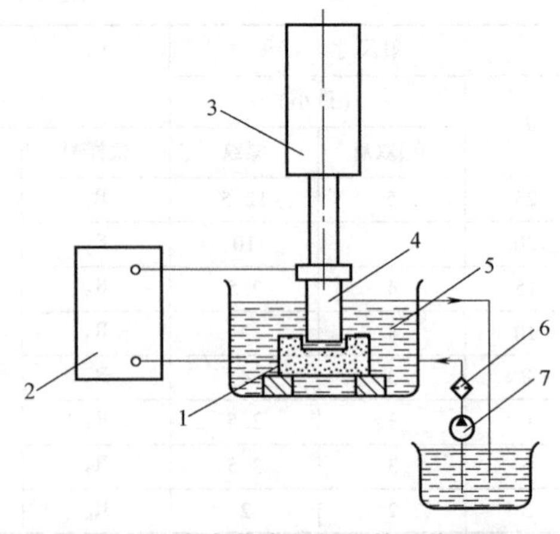

图 6-14 电火花成形加工的工作原理

1—工作电极 2—直流脉冲电源 3—自动调节装置 4—工具电极 5—工作液 6—过滤器 7—工作液泵

注：该图取自参考文献［5］

电火花成形加工时，工具电极和被加工工件放入绝缘液体中，两者之间保持一个很小的放电间隙。因为工具电极和工件的表面存在微观不平，所以当两者接近、间隙变小时，在脉冲电压（100V 左右）的作用下，在工具电极和工件表面的某些点上，电场强度急剧增大，引起绝缘液体的局部电离，产生火花放电。火花放电所产生的瞬时局部高温将金属工件蚀除。一次放电产生一个小凹穴，无数次放电便在工具电极和工具表面形成无数个小凹穴。工具电极不断地向工件进给，工件表面就不断地被蚀除，这样工具电极的轮廓形状便被复印在工件上。这些凹穴的大小、深浅决定了被加工工件的表面粗糙度。凹穴越大、越深，工件表面越粗糙；反之，工件表面越光洁。

应当注意的是：利用电腐蚀现象进行电火花加工，必须具备特定的条件，如瞬时高能、脉冲放电、局部电离、排屑等。

6.2.3 电火花成形加工机床

电火花成形加工机床主要由主轴头、脉冲电源控制柜、床身、主轴头、立柱、工作台及工作液箱等部分组成，如图 6-15 所示。其中，脉冲电源是电火花成形加工的能量来源。床身使工具电极与工件的相对运动保持适当的位置关系，通过工作液循环进入系统，把放电加工产生的蚀除产物排除出去，使加工正常进行。主轴头是机床的关键部件，其下部安装有工具电极，能自动调整工具电极的进给速度，使之随着工件蚀除而不断进行补偿进给，保持一定的放电间隙，使放电持续进行。工作台用于支承和安装工件，并通过纵、横向坐标的调节，找正工件与电极的相对位置。工作液箱固定在工作台上，用于容纳工作液，使电极和放电部位浸泡在工作液中。

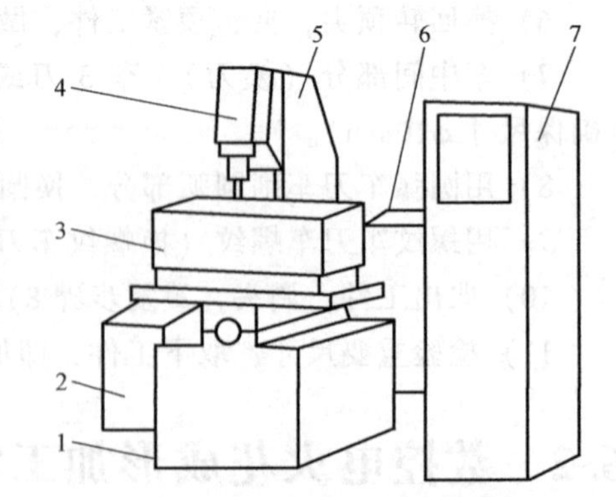

图 6-15 电火花成形加工机床的组成示意图

1—床身 2—液压油箱 3—工作液槽 4—主轴头 5—立柱 6—工作液箱 7—脉冲电源控制柜

注：该图取自参考文献［5］

6.2.4 工具电极与工件的安装

1. 工具电极的安装

一般采用通用夹具和专用夹具将工具电极安装在机床的主轴上，通常有以下几种安装方法。

（1）用标准套筒安装　此种方法多适用于圆柱形电极或尾端是圆柱形的电极的装夹，如图6-16a所示。

（2）用钻夹头装夹　此种方法适用于小直径电极的装夹，如图6-16b所示。

（3）用标准螺钉安装　此种方法适用于尺寸较大的电极的装夹，如图6-16c所示。

（4）用定位块装夹　此种方法适用于多电极装夹。

（5）用连接板装夹　此种方法适用于镶拼式电极的装夹。

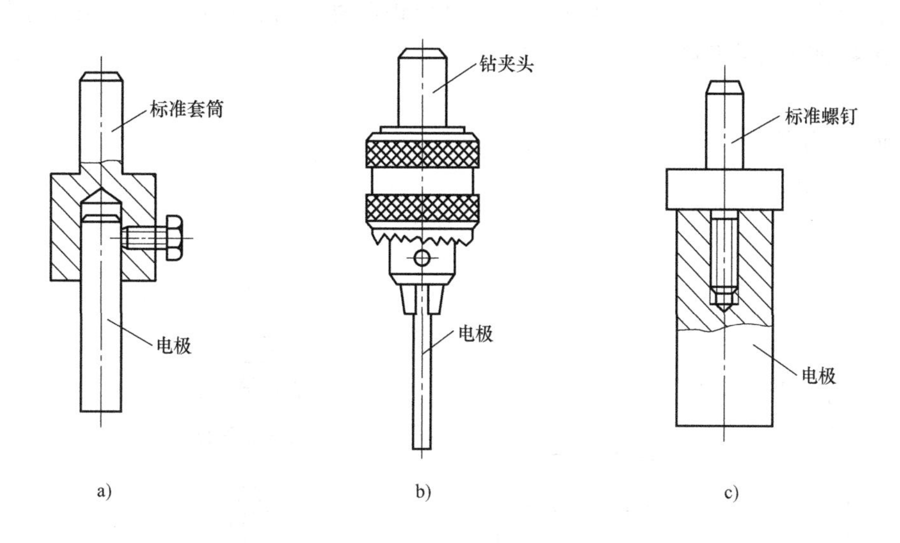

图6-16　工具电极的安装

a）用标准套筒安装　b）用钻夹头安装　c）用标准螺钉安装

注：该图取自参考文献［6］

2. 工件的安装

将工件直接安装在工作台上，与工具电极相互定位后，用压板和螺钉压紧即可。

3. 工具电极的找正

工具电极安装好后，必须进行找正，使其轴线与机床主轴的进给轴线保持一致。目前常用的找正方法有两种：按电极侧面找正和按电极固定板基面找正。

4. 工具电极与工件的相互定位

工具电极与工件的相互定位主要采用以下几种方法。

（1）目测法　目测工具电极与工件的相互位置，利用工作台纵、横坐标的移动进行调整，达到找正定位的要求。

（2）打印法　用目测大致调整好工具电极与工件的相互位置后，接通脉冲电源弱规准，加工出一浅印，使模具型孔周围都有放电加工量，即可继续进行放电加工。

（3）测量法　利用量具、量块、卡尺定位，以及划线定位等。

6.2.5　电火花成形加工实例

尽管电火花成形加工机床的型号很多，但其加工操作方式基本相同，下面以在一圆柱体工件上加工一个通孔为例进行说明。

1. 操作步骤

1）准备工具电极和工件，如图 6-17 所示。

2）安全检查。检查机床电源开关及门开关复位情况，以及操作者着装情况。

3）开机。

4）装夹工具电极、工件并找正。

在装夹前，先将 Z 轴快速上升到一定位置后，再利用钻夹头将工具电极装夹好，用直角尺对其进行垂直找正，如图 6-18 所示。工具电极装夹好后，直接将工件放在工作台上，用压板和螺钉将其固定即可。

5）定位。

6）加入工作液。

7）编制程序。

8）加工。

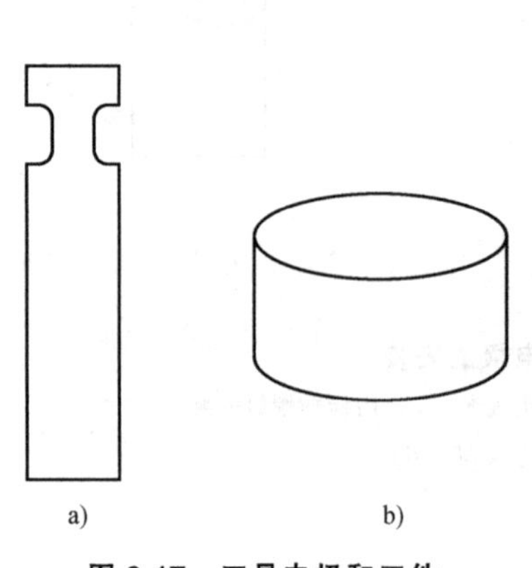

图 6-17 工具电极和工件

a）纯铜电极 b）工件

注：该图取自参考文献［6］

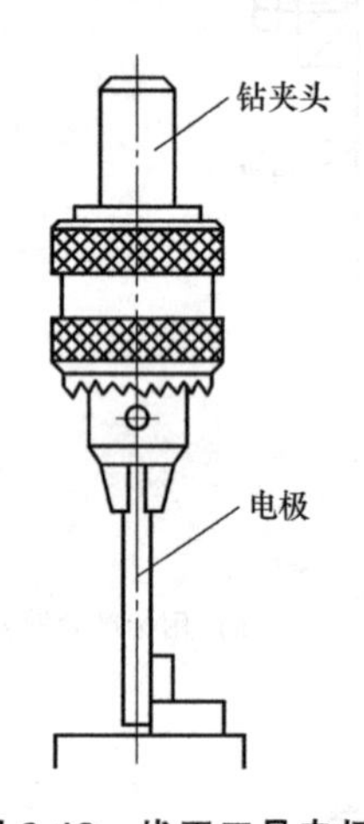

图 6-18 找正工具电极

注：该图取自参考文献［6］

2. 注意事项

1）要根据对工件的要求、电极与工件的材料、加工工艺指标和经济效果等因素，确定合适的加工规准，并在加工中正确、及时地转换加工规准。

2）加工冲模时，常选用粗、中、精三种规准，但也要考虑其他工艺条件。如在粗加工时，为了提高工效，可用大电流、宽脉冲的粗规准；当加工工件的表面粗糙度值要求很小时，可以通过中、精规准来实现。

6.3 数控电火花线切割加工实验

6.3.1 实验目的

1）了解数控电火花线切割机床的结构及组成。

2）掌握数控电火花线切割加工特点。

6.3.2 实验原理

数控电火花线切割是在电火花成形加工基础上发展起来的一种加工技术，是用线状电极（铜丝或钼丝等）通过脉冲式火花放电对工件进行切割，故称为电火花线切割，简称线切割。

电火花线切割加工的基本原理在本质上与电火花成形加工相同，只是工具电极由铜丝或钼丝等电极丝所代替，如图 6-19 所示。电极丝作为工具电极接高频脉冲电源的负极，被加工工件接高频脉冲电源的正极。电极丝与工件之间施加足够的具有一定绝缘性能的工作液（图中未画出），当两者之间的距离小到一定程度时，在脉冲电源发生的连串脉冲电压的作用下，工作液被击穿，在电极丝与工件之间形成瞬时的放电通道，产生瞬时高温，使金属局部熔化甚至汽化而被蚀除下来。

若工作台带动工件沿预定轨迹不断进给，就可以切割出所要求的形状。由于储丝筒带动电极丝交替做正、反方向的高速移动，避免了在局部位置总发生放电而被烧断，因此电极丝基本上不被蚀除，可使用较长时间。

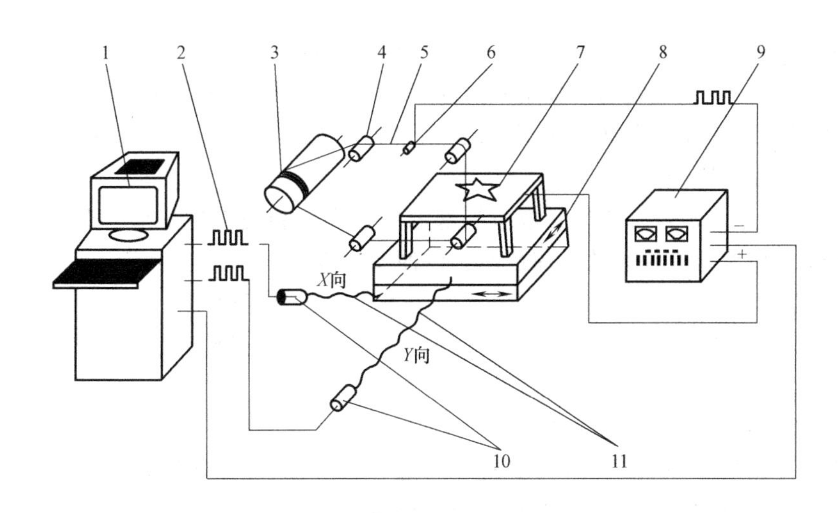

图 6-19　数控电火花线切割的加工原理

1—数控装置　2—电脉冲信号　3—储丝筒　4—导向轮　5—电极丝　6—导电块
7—工件　8—工作台　9—脉冲电源　10—步进电动机　11—丝杠

注：该图取自参考文献［6］

6.3.3 电火花线切割加工机床

电火花线切割加工机床主要由机床主机、脉冲电源装置和数控装置三部分组成。

1. 机床主机

机床主机由床身、工作台、走丝机构和工作液系统组成。

（1）床身　床身用于支承工作台、走丝机构及丝架和固定基础，通常采用箱式结构，其内部安置电源和工作液系统。

（2）工作台　工作台也称为纵横十字滑板，用于安装并带动工件在工作台平面内做 *X*、

Y 两个方向的移动。工作台分上、下两层，分别与 X、Y 向丝杠相连，由两台步进电动机分别驱动。控制系统每向 X（或 Y）方向步进电动机发出一个脉冲信号，X（或 Y）方向步进电动机的主轴就旋转一个步距角，通过丝杠螺母副传动，使 X（或 Y）方向前进或后退一个步距（称为机床的脉冲当量）。

（3）走丝机构　走丝机构也称为电极丝驱动装置。走丝机构使电极丝以一定的速度（通常为 8～12m/s）运动并保持一定的张力。在快走丝线切割机床中，走丝机构一般由驱动电动机、储丝筒和丝架组成。电极丝以一定的间距整齐排列，绕在储丝筒上，电极丝由丝架支撑，并依靠导向轮保持其与工作台换向装置来回运丝。

（4）工作液系统　工作液系统一般由工作液泵、工作液液箱、过滤器、管道、流量控制阀和浇注喷嘴等组成。

电火花线切割加工时由于切缝很窄，顺利排除电蚀产物是极为重要的问题，因此工作液循环过滤系统是机床不可缺少的组成部分。其作用是充分、连续地向放电区域供给清洁的工作液，及时排除其间的电蚀产物，冷却电极丝和工件，以保持脉冲放电过程持续稳定地进行。电火花线切割加工常用的工作液有乳化液和去离子水。高速走丝线切割机床一般采用乳化液作为工作液。

电火花线切割加工中使用的工作液应具有如下性能：

1）绝缘性能。电火花线切割加工必须在具有一定绝缘性能的介质中进行。

2）洗涤性能。是指工作液有较小的表面张力，对工件有较大的附着力，能渗入缝隙中，具有洗涤电蚀产物的能力。

3）冷却性能。在放电加工时，放电局部温度极高，会使工件变形、退火，甚至烧断电极丝。因此，工作液要有较好的冷却性能，以便及时冷却。

4）防锈性能。工作液在放电加工过程中，不应锈蚀机床和工件。

5）对环境无污染，对人体无危害。此外，工作液还应配制方便，使用寿命长，乳化充分，冲制后油水不分离，长期储存不应有沉淀或变质现象。

2. 脉冲电源装置（高频脉冲电源）

电火花加工用的脉冲电源的作用是把普通的 50Hz 工频交流电流转换成高频的单向脉冲电流，提供火花放电间隙所需要的能量来蚀除金属。脉冲电源对电火花加工的生产率、表面质量、加工速度、加工过程的稳定性和工具电极损耗等技术经济指标有很大的影响，应给予足够的重视。

受加工表面粗糙度和电极丝允许承载电流的限制，线切割加工总是采用“正极性”加工，即电极丝接脉冲电源负极，工件接脉冲电源正极。

3. 数控装置

数控装置由计算机和其他一些硬件及控制软件构成，加工程序可由键盘输入或移动硬盘导入。通过数控装置可实现放大、缩小等多种功能的加工，其控制精度为±0.001mm，加工精度为±0.001mm。

6.3.4 电火花线切割加工工艺准备

在进行电火花线切割加工之前，必须完成一系列的准备工作，包括工艺准备和数控加工程序的编制等。

1. 电极丝的选择

电火花线切割加工使用的电极丝由专门的生产厂家生产，可根据具体加工要求选取电极丝的材料和直径。

（1）电极丝的材料　高速走丝线切割机床一般采用钼丝或钨钼合金丝，低速走丝线切割机床一般采用硬黄铜丝。

（2）电极丝的直径　常用电极丝的直径一般为 0.03~0.25mm，可按以下原则选取。

1）工件厚度较大、形状较简单时，宜采用较大直径的电极丝；反之，宜采用较小直径的电极丝。

2）工件切缝宽度尺寸有要求时，根据切缝宽度按式（6-1）确定电极丝直径。即

$$d=b-2\delta \tag{6-1}$$

式中　d——电极丝的直径（mm）；

b——工件切缝的宽度（mm）；

δ——单面火花放电间隙（mm）。

3）在高速走丝线切割机床上加工时，电极丝直径须小于储丝筒的排丝距。

2. 工件的准备

（1）工艺基准　为了便于加工程序编制、工件装夹和线切割加工，根据加工要求和工件形状，应预先确定相应的加工基准和装夹找正基准，并尽量和图样上的设计基准保持一致。同时，根据加工基准，建立工件坐标系，作为加工程序编制的依据。

1）如果工件外形具有相互垂直的两个精确侧面，则可以作为找正基准和加工基准。

2）以内孔中心线为加工基准，以外形的一个平直侧面为找正基准。

3）应预先加工好工件的上下表面、装夹定位面和找正基准面。

（2）穿丝孔的准备　电火花线切割加工工件上的孔时，为保证工件的完整性，必须准备穿丝孔；加工工件外形时，为使余料完整，从而减少因工件变形所造成的误差，也应准备穿丝孔。

穿丝孔的直径一般为 3~8mm。穿丝孔的位置可按照以下原则确定。

1）穿丝孔选在工件待加工孔的中心或孔边缘处。

2）穿丝孔选在起始切割点附近。加工型孔时，穿丝孔在图形内侧；加工外形时，穿丝孔在图形外侧。

3. 切割路线的确定

1）起始切割点的选择。当加工的图形为封闭轮廓时，起始切割点与终点相同。为了减少加工痕迹，起始切割点应选在表面粗糙度值要求较小处、图形拐角处或便于钳工修整的位置。

2）确定切割路线时，应把距装夹部分最近的线段安排在最后；避开毛坯边角处，距离各边角处尺寸均匀。

6.3.5　电火花线切割加工程序的编制

数控电火花线切割加工机床所使用的程序格式有 3B、4B、ISO 等。近几年所生产的数控电火花线切割加工机床多使用计算控制系统，采用 ISO 代码（G 代码）格式，而早期的数控电火花线切割加工机床多采用 3B 或 4B 格式。下面以 ISO 代码（G 代码）格式为例进

行说明。

1. 手工编程

（1）ISO代码格式　ISO代码（G代码）格式是国标标准化机构制定的G指令和M指令代码，代码中有准备功能代码G指令和辅助功能代码M指令，见表6-2。ISO代码是从切削加工机床的数控系统中套用过来的，不同企业的代码在含义上可能会稍有差异，因此在使用时应遵照所使用的加工机床说明书中的规定。

表6-2　电火花线切割加工机床常用的G指令和M指令

代码	功　能	代码	功　能
G00	快速定位	G54	工作坐标系1
G01	直线插补	G55	工作坐标系2
G02	顺时针圆弧插补	G56	工作坐标系3
G03	逆时针圆弧插补	G57	工作坐标系4
G05	*X*轴镜像	G58	工作坐标系5
G06	*Y*轴镜像	G59	工作坐标系6
G07	*X*、*Y*轴交换	G80	直接接触感知
G08	*X*、*Y*轴镜像	G84	微弱放电找正
G09	*X*轴镜像，*X*、*Y*轴交换	G90	绝对坐标系
G10	*Y*轴镜像，*X*、*Y*轴交换	G91	增量坐标系
G11	*X*、*Y*轴镜像，*X*、*Y*轴交换	G92	赋予坐标系
G12	取消镜像	M00	程序暂停
G40	取消间隙补偿	M02	程序结束
G41	左偏间隙补偿，D偏移量	M96	主程序调用文件程序
G42	右偏间隙补偿，D偏移量	M97	主程序调用文件结束
G50	取消锥度	W	导轮到工作台面高度
G51	锥度左偏，A角度值	H	工件厚度
G52	锥度右偏，A角度值	S	工作台面到上导轮高度

（2）坐标系与坐标值*X*、*Y*、*I*、*J*的确定　ISO代码编程时的坐标系一般采用相对坐标系，即坐标系的原点随程序段的不同而变化。

加工直线时，以直线的起点为坐标系的原点，X__Y__为直线终点的坐标。

加工圆弧时，以圆弧的起点为坐标系的原点，X__Y__为圆弧终点的坐标，I__J__为圆弧圆心坐标，单位均为微米。

（3）ISO编程常用指令

1）G00快速定位指令。该指令可使指定的某轴，在机床不加工的情况下，以最快的速度移动到指定位置。

编程格式：G00 X__ Y__；

2）G90、G91、G92指令。

G90为绝对坐标系指令，表示该程序中的编程尺寸是按绝对尺寸确定的，即移动指令终点坐标值*X*、*Y*都是以工件坐标系原点为基准来计算的。

G91 为增量坐标系指令，表示该程序中的编程尺寸是按增量尺寸确定的，即坐标值均以前一个坐标位置作为起点来计算下一点的位置值。

G92 为加工坐标系设置指令，指令中的坐标值为加工程序起点的坐标值。

编程格式：G92 X __ Y __;

一般情况下，起点坐标取在（0，0）点，即 G92 X0 Y0;

3）G01 直线插补指令。该指令可使机床在各个坐标平面内加工任意斜率直线轮廓和用直线段逼近曲线轮廓。

编程格式：G01 X __ Y __;

如：G92　X0　Y0;

　　G01　X30000　Y0000;

如图 6-20 所示。

注意：目前可加工锥度的电火花线切割加工机床具有 *X*、*Y* 坐标轴和 *U*、*V* 附加轴工作台。

编程格式：

G00 X __ Y __ U __ V __;

4）G02/G03 圆弧插补指令。G02 为顺时针圆弧插补指令，G03 为逆时针圆弧插补指令。

编程格式：G02 X __ Y __ I __ J __;

　　　　　G03 X __ Y __ I __ J __;

其中，X __ Y __为圆弧终点坐标；I __ J __为圆弧圆心坐标；I __是 *X* 方向坐标值；J __是 *Y* 方向坐标值。

图 6-21 所示圆弧的加工程序为：

G92　X0　Y0;

G02　X20000　Y20000　I20000　J0;

5）G05、G06、G07、G08、G10、G11、G12 镜像交换指令。

G05：*X* 轴镜像，函数关系式为 *X*=−*X*，如图 6-22 所示。

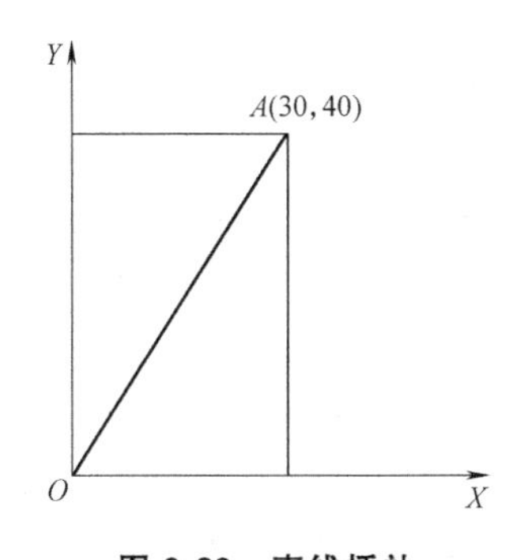

图 6-20　直线插补

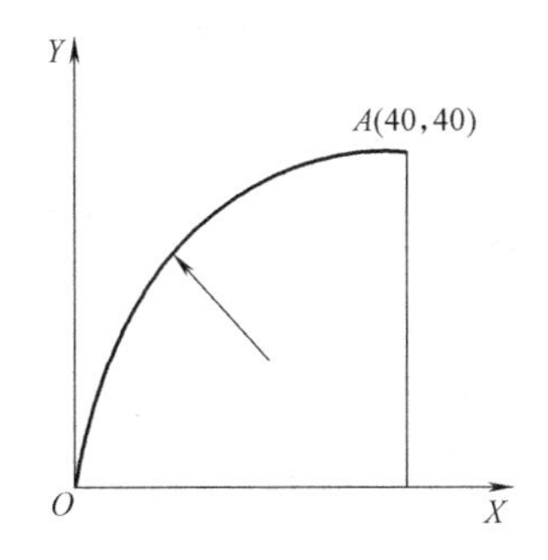

图 6-21　圆弧插补

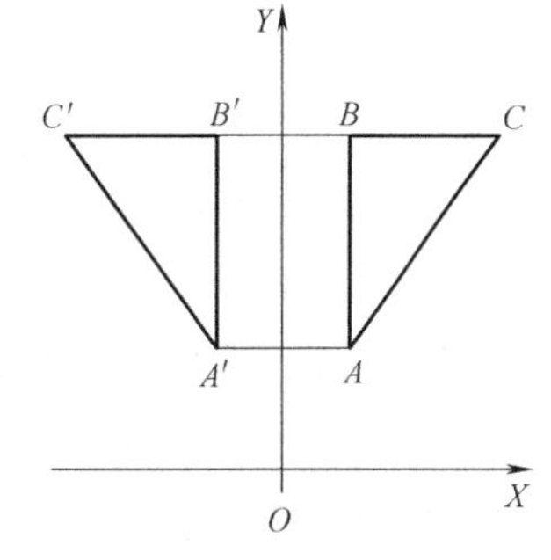

图 6-22　G05 指令

G06：*Y* 轴镜像，函数关系式为 *Y*=−*Y*。

G07：*X*、*Y* 轴交换，函数关系式为 *X*=*Y*，*Y*=*X*。

G08：*X*、*Y* 轴镜像，函数关系式为 *X*=−*Y*，*Y*=−*Y*，即 G08=G05+G06。

G09：*X* 轴镜像，*X*、*Y* 轴交换，即 G09=G05+G07。

G10：Y 轴镜像，X、Y 轴交换，即 G10＝G06+G07。

G11：X、Y 轴镜像，X、Y 轴交换，即 G11＝G05+G06+G07。

G12：取消镜像。每个程序镜像后都要加上此命令。消除镜像后程序段的含义与源程序段相同。

在加工模具零件时，经常碰到所加工零件的结构是对称的，这样就可以先编制一半零件的加工程序，然后通过镜像、交换命令即可加工。

6）G41、G42、G40 间隙补偿指令。

G41：左偏间隙补偿。沿着电极丝前进的方向看，电极丝在工件的左边。

编程格式：G41 D __；

G42：右偏间隙补偿。沿着电极丝前进的方向看，电极丝在工件的右边。

编程格式：G42 D __；

其中，D 表示间隙补偿量。

G40：取消间隙补偿指令。该命令必须放在退刀线前。

7）G51、G52、G50 锥度加工指令。

G51：锥度左偏。沿着电极丝前进的方向看，电极丝向左偏离。

编程格式：G51 A __；

G52：锥度右偏。沿着电极丝前进的方向看，电极丝向右偏离。

编程格式：G52 A __；

其中，A 表示锥度值。

G50：取消锥度加工指令。

应注意：G51 和 G52 程序段必须放在进刀线之前；G50 指令则必须放在退刀线之前；下导轮到工作台的高度 W、工件的厚度 H、工作台到上导轮中心的高度 S 需要在使用 G51 和 G52 之前使用。

8）M00：程序暂停指令。该指令主要用于加工过程中该段程序结束后的停止加工，它可以出现在任何一段程序之后。

9）M02：程序结束指令。一旦执行该命令，则机床自动停机。该指令只能出现在程序结尾。

（4）编程实例　图 6-23 所示为凸模，用 ϕ0.14mm 的电极丝加工，单边放电间隙为 0.01mm，试编制加工程序。

取 O 点为穿丝点，加工顺序为：$O\to A\to B\to C\to D\to E\to F\to G\to H\to I\to J\to A\to O$。

间隙补偿量 $f=(0.14/2+0.01)\text{mm}=0.08\text{mm}$

加工程序如下：

G90　G92　X0 Y0；

G42　D80；

G01　X0 Y8000；

G01　X30000　Y8000；

G01　X30000　Y20500；

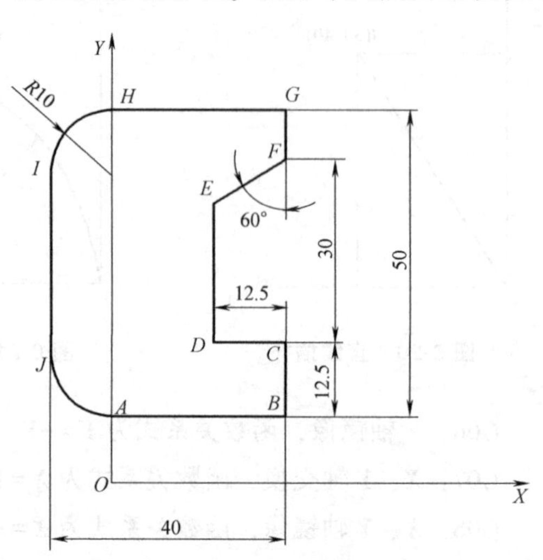

图 6-23　加工凸模

```
G01  X17500  Y20500;
G01  X17500  Y43283;
G01  X30000  Y50500;
G01  X0  Y58000;
G03  X-10000  Y48000 I0 J-10000;
G01  X-10000  Y33000;
G01  X-10000  Y18000;
G03  X0  Y8000 I10000 JO;
G40;
G01  X0  Y0;
M02;
```

2. 自动编程

目前使用的线切割自动编程系统有 YH 绘图式线切割自动编程系统、WAP 线切割编程系统、HF 线切割编控一体化系统等。这些编程系统均采用计算机绘图技术，融绘图、编程于一体，采用全绘图式编程，只要按照所要求加工的工件形状在计算机上作图并输入，即可生成加工轨迹，完成自动编程，输出 3B 或 G 指令代码。对于不规则图形，可以用扫描仪输入，经矢量化处理后使用。前者能保证尺寸精度，适用于零件加工；后者会有一定的误差，适用于毛笔字和工艺美术图案的加工。

6.3.6　数控线切割加工工艺

1. 电参数的选择

脉冲电源的波形与参数是影响线切割加工工艺指标的主要因素。图 6-24 所示为矩形波脉冲电源的波形图。

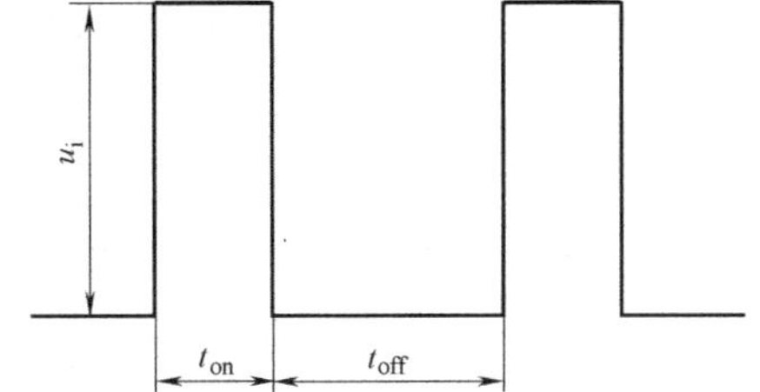

图 6-24　矩形波脉冲电源的波形图

电参数与加工工件技术指标的关系表现为：峰值电流 I_m 增大、脉冲宽度 t_{on} 增加、脉冲间隔 t_{off} 减小、脉冲电压幅值 u_i 增大都会使切割速度提高，但加工工件的表面质量和精度都会下降。反之，则可以改善表面质量，从而提高加工精度。因此，如要求切割速度高时，选择大电流和大脉冲宽度、高电压和适当的脉冲间隔；要求表面粗糙度值小时，则选择小电流和小脉冲宽度、低电压和适当的脉冲间隔；切割厚度较大的工件时，应选用大电流、大脉冲宽度和大脉冲间隔以及高电压。

2. 工件装夹与调整

（1）工件的装夹方法　装夹工件时，必须保证工件的切割部位位于机床工作台纵向、横向进给的范围之内。夹具尽可能选择通用（或标准）件，所选夹具应便于装夹，便于协调工件和机床的尺寸关系。常用的工件装夹方法有：

1）悬臂式装夹法。如图 6-25 所示，这种装夹方法方便，通用性强。但由于工件一端悬伸，易出现切割表面与工件上、下平面间的垂直度超差。通常用于精度要求不高、工件较小或悬臂较短的情况。

2）两端支承装夹法。如图6-26所示，这种装夹方法方便、稳定，定位精度高，但由于工件中间悬空，不太适合装夹较大尺寸的工件。

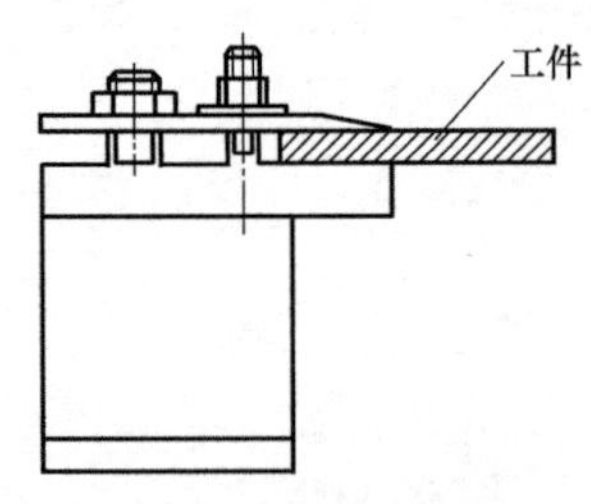

图6-25 悬臂式装夹法

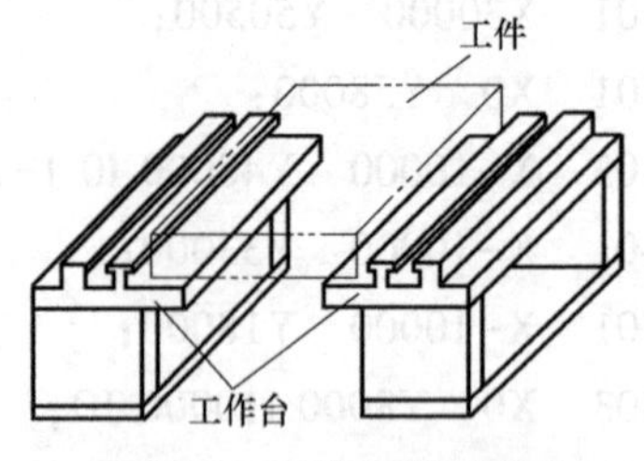

图6-26 两端支承装夹法

3）板式支承装夹法。如图6-27所示，根据常用的工件形状与尺寸，采用有通孔的支承板装夹工件。这种方法装夹时加工稳定性较好，精度高，但通用性差。

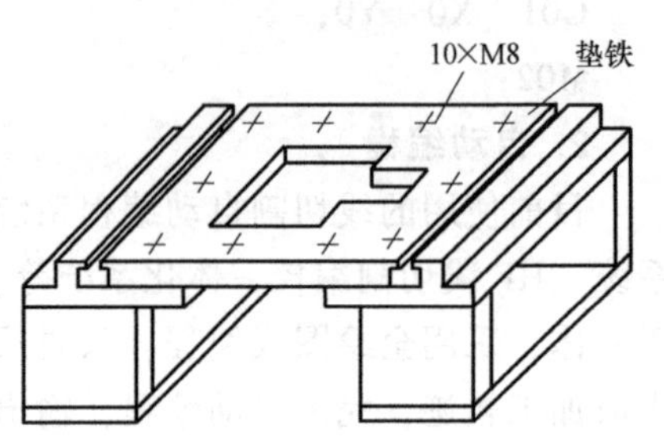

图6-27 板式支承装夹法

（2）工件的找正及调整　在装夹工件时，还必须配合找正进行调整，以使工件的定位基准面与机床工作台面或工作台进给方向保持平行，保证所切割的表面与基准面之间的相对位置精度。常用的找正方法有划线找正、百分表找正、外形找正等。

1）划线找正。如图6-28a所示，用固定在丝架上的划针对正工件上划出的基准线，往复移动工作台，目测划针与基准线间的偏离情况，调整工件位置。这种方法适用于精度要求不高的工件加工。

2）百分表找正。如图6-28b所示，利用磁性表座将百分表固定在表架上，往复移动工作台，按百分表上的指示值调整工件位置，直到百分表指针偏摆范围达到所要求的精度。

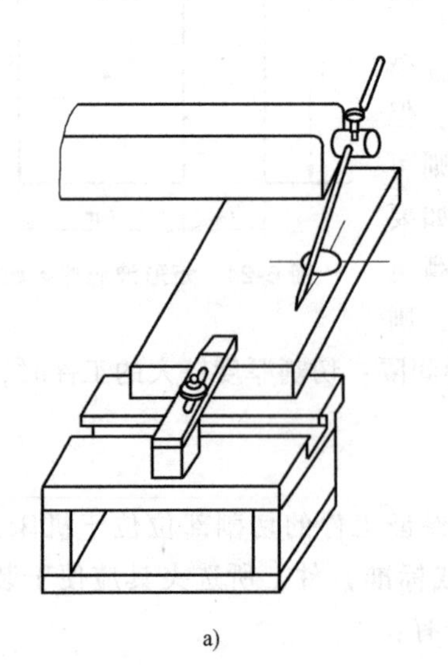

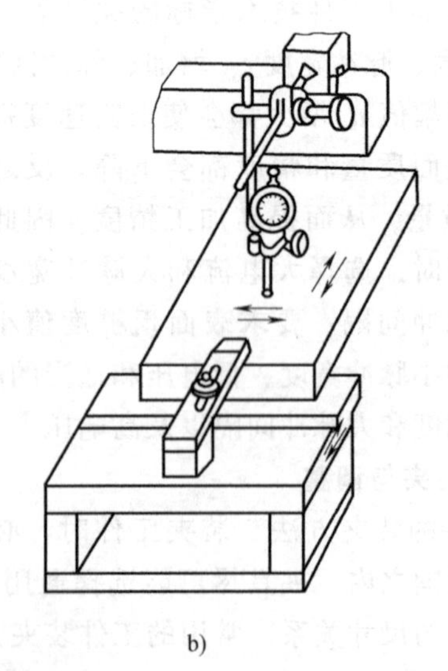

a)　　b)

图6-28 工件的找正

a）划线找正　b）百分表找正

注：该图取自参考文献［6］

3）外形找正。要预先磨出侧垂的基准面，有时甚至要磨出六面。外形找正有两种方法，一种是直接按外形找正，另一种是按工件外形配作找正。

3. 电极丝位置调整

在线切割加工前，必须将电极丝的位置调整到切割的起始坐标位置上。调整方法有以下几种：

（1）目测法　利用穿丝划出的十字基准线，分别沿划线方向观察电极丝与基准线的相对位置，根据两者的偏离情况移动工作台。当电极丝中心分别与纵、横方向基准重合时，工作台纵、横方向刻度上的读数就确定了电极丝的中心位置，如图 6-29a 所示。

（2）火花法　如图 6-29b 所示，开启高频电源及储丝筒，移动工作台，使工件的基准面靠近电极丝，在出现火花的瞬时，记下工作台的相对坐标值，再根据放电间隙计算电极丝的中心坐标。此方法简便，但定位精度不高。在使用此法时，要注意电压、幅值、脉冲宽度和峰值电流要调到最小，且不要使用切削液。

（3）自动找正法　一般的线切割机床都具有自动找边、找中心的功能，且找正精度很高。

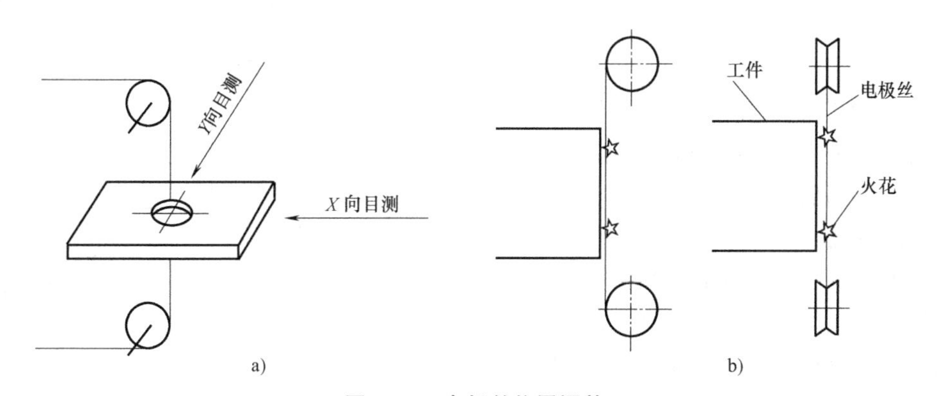

图 6-29　电极丝位置调整

a）目测法调整　b）火花法调整

注：该图取自参考文献［6］

4. 切割路线的选择

在切割加工中，工件内部应力的释放要引起工件的变形，因此在选择切割路线时，应避免破坏工件结构的刚性。

选择切割路线时应考虑以下几点：

1）避免从工件端面由外向里开始加工，这样会破坏工件的强度，引起变形，应从穿丝孔开始加工。在图 6-30 中，图 6-30a 所示的切割路线选择从工件坯料外面切入，外围用于装夹的材料呈断裂状，容易产生变形，图 6-30b 所示的切割路线能保持毛坯结构的刚性。

2）不能沿工件端面加工。若沿工件端面加工，则放电时电极丝单向受电火花的冲击力，使电极丝运行不稳定，很难保证尺寸和表面精度。

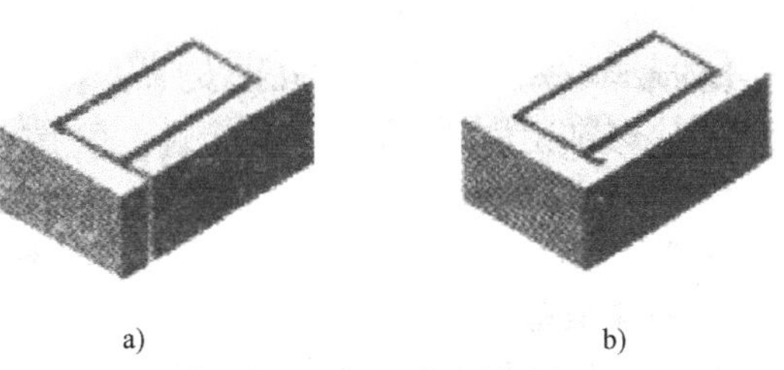

图 6-30　切割路线的选择

3）切割路线距端面距离应大于5mm，以保证工件的结构强度受影响较小，变形较小。

4）切割路线应向远离工件夹具的方向进行加工，以免加工中因内应力释放而引起工件变形，待到最后时，再转向工件夹具处加工。

5. 加工步骤

1）根据加工工件坯料的情况，选择合理的装夹位置和切割路线。

2）计算电极丝中心轨迹，编制加工程序。

3）接通电源，开机，输入程序。

4）选择脉冲电源的电参数。

5）调整进给速度。

6）装夹工件，要做到夹紧力均匀，不得使工件变形或翘曲。

7）将十字滑板移动到合适的位置上，防止滑板走到极限位置时工件还未切割好。

8）穿电极丝。

9）找正工件。

10）运行程序，进行线切割加工。

11）工件质量检验。

6.3.7 典型零件加工训练

如图6-31所示零件，其厚度为5mm，采用数控电火花线切割加工。

1. 工艺分析

材料毛坯尺寸为60mm×60mm×5mm，对刀位置须设置在毛坯之外，以图中 *C* 点（-20，-10）作为引入点。为便于计算，此例中不考虑钼丝半径的补偿值，采用逆时针方向走刀。

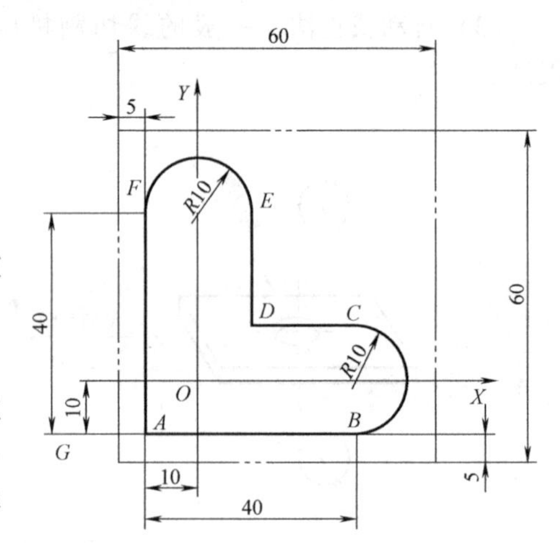

图6-31 加工零件

2. 编制程序（手工编制）

G代码程序如下：

G92 X-20000 Y-10000;	以 *O* 点为原点建立工件坐标系，引入点的坐标为(-20,-10)
G01 X10000 Y0;	从 *G* 点走到 *A* 点，*A* 点为切割起点
G01 X40000 Y0;	从 *A* 点到 *B* 点
G03 X0 Y20000 J10000;	从 *B* 点到 *C* 点
G01 X-20000 Y0;	从 *C* 点到 *D* 点
G01 X0 Y20000;	从 *D* 点到 *E* 点
G03 X-20000 Y0 I-10000 J0;	从 *E* 点到 *F* 点
G01 X0 Y-40000;	从 *F* 点到 *A* 点
G01 X-10000 Y0;	从 *A* 点回到切割起点 *G*
M00;	程序结束

3. 机床准备

开启机床，装好电极丝，加注润滑液、切削液等。

4. 模拟加工

对程序进行模拟加工，以确认程序的准确性。

5. 装夹工件

因此例中毛坯尺寸较小，采用磁性夹具将其固定在机床的工作台上，找正工件，使其两垂直边分别平行于机床的 X 轴和 Y 轴。

6. 确定切割起点

移动工作台面，将电极丝定位到指定点。

7. 选择电加工参数（略）

8. 自动加工

开启储丝筒，打开高频电源和切削液，单击控制界面上的“加工”按钮，即可进行自动加工。

9. 后处理工作

拆下工件、夹具，检查零件尺寸，清理机床，关闭总电源。

6.4　零件制造工艺分析实验

6.4.1　实验目的

1）进一步加深对机械制造工艺学理论知识的理解。

2）学会选择机床、夹具及零件的加工方法。

3）具有初步制订中等复杂零件的加工工艺路线的能力。

6.4.2　实验概述

每个零件的加工制造都需要制订工艺过程。它是在具体的生产条件下，以最合理或较为合理的工艺过程和操作方法，并按规定的图表或文字形式书写成工艺文件，经审批后用来指导生产的。工艺规程一般应包括下列内容：零件加工的工艺路线；各工序的具体加工内容；各工序所用的机床及工艺装备；切削用量及工时定额等。

工艺规程制订的步骤及方法如下：

1. 零件的工艺分析

（1）产品的零件图和装配图分析　首先要认真地分析与研究产品的零件图和装配图，熟悉整个产品的用途、性能和工作条件，了解零件在产品中的作用、位置和装配关系，弄清各项技术要求对产品装配质量和使用性能的影响，针对主要的和关键的技术要求，对零件图样进行分析。

1）零件图的完整性与正确性分析。零件的视图应完整、正确、清楚，并符合国家标准，尺寸及有关技术要求应标注齐全，几何元素（点、线、面）之间的关系（如相切、相交、垂直、平行等）应明确。

2）零件的技术要求分析。零件的技术要求主要指尺寸精度、几何精度、表面粗糙度及热处理等。这些要求在保证零件使用性能的前提下，应经济合理。过高的精度和表面粗糙度要求会使工艺过程复杂、加工困难、成本提高。

3）尺寸标注方法分析。零件图上的尺寸标注方法有局部分散标注法、集中标注法和坐标标注法等。对在数控机床上加工的零件，零件图上的尺寸在加工精度能够保证使用性能的前提下，拟采用集中标注或以同一基准采用坐标标注。这样既便于编程，又有利于设计基准、工艺基准与编程原点的统一。

（2）零件的结构工艺性分析　零件结构工艺性是指所设计的零件在能满足使用要求的前提下制造的可行性和经济性。好的结构工艺性会使零件加工容易，节省工时，节省材料。差的结构工艺性会使零件加工困难，浪费工时和材料，甚至无法加工。若发现图样上的视图、尺寸标注、技术要求有错误或结构工艺性不好时，应提出修改意见，及时进行修改补充。

2. 毛坯的确定

毛坯的确定包括确定毛坯的种类和制造方法。常用的毛坯种类有铸件、锻件、型材、焊接件等。一般来说，当设计人员设计出零件并选好材料后，也就大致确定了毛坯的种类。如铸铁材料的毛坯均为铸件，钢材料的毛坯一般为锻件或型材等。各种毛坯的制造方法很多。概括起来说，毛坯的制造方法越先进，毛坯精度越高，其形状和尺寸越接近于成品零件，这就使机械加工的劳动量大为减少，材料的消耗也低，使机械加工成本降低；但毛坯的制造费用却因采用了先进的设备而提高。因此，在确定毛坯时应当综合考虑各方面的因素，以求得最佳的效果。

3. 工艺路线设计

设计工艺路线是制订工艺规程的重要内容之一，其主要内容包括选择各加工表面的加工方法、划分加工阶段和工序以及安排工序的先后顺序等。

（1）加工方法的选择　机械零件的结构形状是多种多样的，但它们都是由平面、外圆柱面、内圆柱面或曲面、成形面等基本表面所组成的。每一种表面都有多种加工方法，具体选择时应根据零件的加工精度、表面粗糙度、材料、结构形状、尺寸及生产类型等，选用相应的加工方法和加工方案。常用加工方法的经济精度和表面粗糙度，可查阅有关工艺手册。

（2）加工阶段的划分　当零件的加工质量要求较高时，通常不可能用一道工序来满足其要求，而要用几道工序逐步达到所要求的加工质量。零件的加工过程通常有粗加工、半精加工、精加工和光整加工几个阶段。

（3）工序的划分　工序的划分原则通常采用工序集中原则和工序分散原则。工序划分时主要考虑生产纲领、所用设备及零件本身的结构和技术要求等因素。

（4）加工顺序安排　工序的顺序直接影响到零件的加工质量、生产率和加工成本。在进行工艺路线设计时，要充分考虑各个因素，合理安排好切削加工、热处理和辅助工序的顺序，同时做好各工序间的衔接。

4. 工序设计

工序设计的主要任务是为每一道工序选择机床、夹具、刀具及量具，确定定位夹紧方案、刀具的进给路线、加工余量、工序尺寸及其公差、切削用量及工时定额等。

5. 填写工艺文件

主要是填写机械加工工艺过程卡片和机械加工工序卡片。

6.4.3　典型零件加工工艺规程

对典型、中等复杂程度的零件，综合运用前面所学的知识，制订出相对合理的机械加工工艺规程，将有助于更好地理解和掌握机械制造工艺所涉及的相关内容，有助于提高综合分析问题的能力。

1. 轴类零件的加工工艺规程

图 6-32 所示为传动轴，从结构上看，它是一个典型的阶梯轴。该轴的材料为 45 钢（热轧钢），生产纲领为小批或中批生产，调质处理后硬度为 220~350HBW。

（1）分析传动轴的结构和技术要求　该轴为普通的实心阶梯轴。轴类零件一般只有一个主要视图，主要标注相应的尺寸和技术要求，而其他要素如退刀槽、键槽等的尺寸和技术要求，则标注在相应的视图里。

与轴承内圈配合的轴颈表面和与传动零件配合的轴颈表面，一般是轴类零件的重要表面，其尺寸精度、形状精度（圆度、圆柱度等）、位置精度（同轴度、与端面的垂直度等）要求及表面粗糙度要求均较高，这些要求是轴类零件机械加工时应着重保障的。

在图 6-32 中，轴段 *M* 和 *N* 用于安装轴承，各项精度要求均较高，其尺寸为 $\phi(35\pm0.008)$mm，且是其他表面的基准，因此是主要表面；轴段 *Q* 和 *P* 用于安装传动零件，与基准轴段的径向圆跳动公差为 0.02mm（实际上是与 *M*、*N* 的同轴度），公差等级为 IT6；轴肩 *H*、*G* 和端面 *I* 为轴向定位面，要求较高，与基准轴段的圆跳动公差为 0.02mm（实际上是与 *M*、*N* 的轴线的垂直度），也是较重要的表面。此外，还有键槽、螺纹等结构要素。

（2）明确毛坯状况　一般阶梯轴类零件的材料常选用 45 钢；中等精度且转速较高的轴可用 40Cr 钢制造；对于在高速、重载荷等条件下工作的轴，可选用 20Cr、20CrMnTi 等低碳合金钢制造并进行渗碳、淬火处理，或用 38CrMoAlA 渗氮钢制造并进行渗氮处理。阶梯轴类零件的毛坯最常用的是圆棒料和锻件。

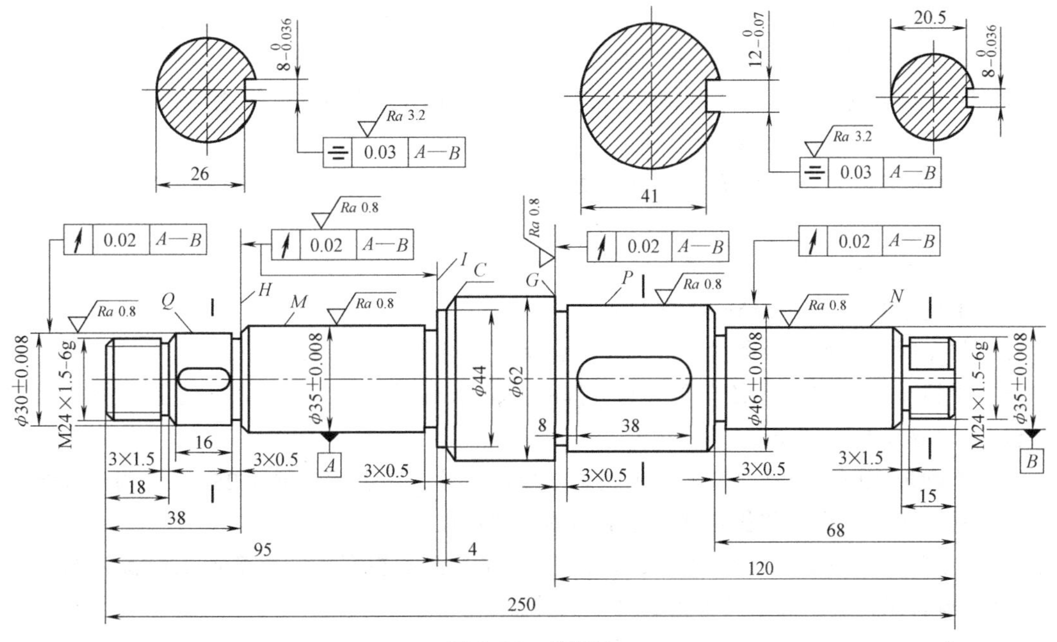

图 6-32　传动轴

(3) 拟定工艺路线

1) 确定加工方案。轴类零件在进行外圆加工时，会因切除大量金属引起残余应力的重新分布而变形。应将粗、精加工分开，先粗加工，再进行半精加工和精加工，主要表面的精加工放在最后进行。传动轴的加工面大多是回转面，主要采用车削和外圆磨削加工。由于该轴的 Q、M、P、N 段公差等级较高，表面粗糙度值较小，故应采用磨削加工。其他外圆面采用粗车、半精车和精车的加工方案。

2) 划分加工阶段。该轴的加工过程划分为三个加工阶段，即粗车（粗车外圆、钻中心孔)、半精车（半精车各处外圆、轴肩和修研中心孔等），粗、精磨 Q、M、P、N 段外圆。

3) 选择定位基准。轴类零件各表面的设计基准一般是轴的中心线，为加工的定位基准，最常用的是两中心孔。采用两中心孔作为定位基准，不但能在一次装夹中加工出多处外圆和端面，而且可以保证各外圆轴线的同轴度以及端面与轴线的垂直度要求，符合基准统一的原则。

在粗加工外圆和加工长轴类零件时，为了提高工件刚度，常采用一夹一顶的方式，即轴的一端外圆用卡盘夹紧、一端用尾座顶尖顶住中心孔来进行加工，此时以外圆和中心孔同时作为定位基面。

4) 热处理工序安排。该轴需进行调质处理。调质处理应放在粗加工后、半精加工前进行。如果轴的毛坯是锻件毛坯，则必须先安排退火或正火处理。该轴毛坯为热轧钢，不必进行正火处理。

5) 加工工序安排。应遵循加工顺序安排的一般原则，如先粗后精、先主后次等。另外还应注意如下事项：

① 外圆表面加工顺序应为先加工大直径外圆，然后加工小直径外圆，以免一开始就降低工件的刚度。

② 轴上花键、键槽等表面的加工应在外圆精车或粗磨之后、外圆精磨之前进行，这样既可以保证花键和键槽的加工质量，也可以保证精加工表面的精度。

③ 轴上的螺纹一般有较高的精度，其加工应安排在工件局部淬火之前进行，避免因淬火后产生变形而影响螺纹的精度。

该轴的加工工艺路线为毛坯及其热处理→预加工→车削外圆→铣键槽等→热处理→磨削。

(4) 确定工序尺寸

1) 毛坯下料尺寸为 $\phi 65\text{mm}\times 265\text{mm}$。

2) 粗车时，各外圆及各段尺寸均按图样加工尺寸要求留余量 2mm。

3) 半精车时，螺纹大径车到 $\phi 24_{-0.2}^{-0.1}\text{mm}$，$\phi 44\text{mm}$ 及 $\phi 62\text{mm}$ 台阶车到图样规定尺寸，其余台阶均留 0.5mm 余量。

4) 铣削加工时，止动垫圈槽加工到图样规定尺寸，铣键槽时留 0.25mm 作为磨削余量。

5) 精加工时，螺纹和各外圆均加工到图样规定尺寸。

(5) 选择加工设备　外圆加工设备为 CY-K360N 型数控车床，磨削加工设备为 M1432A 型万能外圆磨床，铣削加工设备为 X52 型铣床。

(6) 填写工艺卡片　阶梯轴加工工艺见表 6-3。

表 6-3　阶梯轴加工工艺

工序号	工种	工序内容	设备型号
1	下料	毛坯尺寸为 ϕ65mm×265mm	
2	车	用自定心卡盘夹持工件,车端面见平,钻中心孔用尾座顶尖顶住。粗车 P、N 段及螺纹段三个台阶,直径、长度均留余量 2mm	CY-K360N 型数控车床
		调头,用自定心卡盘夹持工件另一端,车端面,保证总长 259mm,钻中心孔,用尾座顶尖顶住。粗车另外四个台阶,直径、长度均留余量 2mm	CY-K360N 型数控车床
3	热	调质处理,硬度为 24~38HRC	—
4	钳	修研两端中心孔	CY-K360N 型数控车床
5	车	用双顶尖装夹,半精车三个台阶,螺纹大径车到 $\phi24_{-0.2}^{-0.1}$mm,P、N 两个台阶直径留余量 0.5mm,车槽(三个),倒角(三个)	CY-K360N 型数控车床
		调头,用双顶尖装夹,半精车余下的五个台阶,ϕ44mm 及 ϕ62mm 台阶车到图样规定的尺寸。螺纹大径车到 24mm,其余两个台阶直径上留余量 0.5mm,车槽,倒角(四个)	CY-K360N 型数控车床
6	车	用双顶尖装夹,车一端 M24×1.5-6g 螺纹;调头,用双顶尖装夹,车另一端 M24×1.5-6g 螺纹	CY-K360N 型数控车床
7	钳	划键槽及一个止动垫圈槽加工线	—
8	钳	铣两个键槽及一个止动垫圈槽,铣键槽时留 0.25mm 作为磨削余量	X52 型铣床
9	钳	修研两端中心孔	CY-K360N 型数控车床
10	磨	磨外圆 Q 和 M,并用砂轮端面靠磨台阶 H 和 I。调头,磨外圆 N 和 P,靠磨轴肩 G	M1432A 型万能外圆磨床
11	检	检验	—

2. 盘盖类零件的加工工艺规程

图 6-33 所示为泵盖零件图，材料为 HT200，毛坯尺寸为 170mm×110mm×60mm，小批量生产，试分析其数控铣削加工工艺过程。

（1）零件工艺分析　该零件主要由平面、外轮廓以及孔系组成。其中，ϕ32H7mm 孔和两个 ϕ6H8mm 孔的表面表面粗糙度 Ra 值要求较小，为 1.6μm，ϕ12H7mm 孔的表面粗糙度 Ra 值要求更小，为 0.8μm，ϕ32H7mm 孔表面对 A 面有垂直度要求，上表面对 A 面有平行度要求。该零件材料为铸铁，切削加工性能较好。

根据上述分析，ϕ32H7mm 孔、两个 ϕ6H8mm 孔与 ϕ12H7mm 孔的粗、精加工应分开进行，以保证表面粗糙度要求。同时以底面 A 定位，提高装夹刚度，以满足 ϕ32H7mm 孔表面的垂直度要求。

（2）选择加工方法

1）上、下表面及台阶面的表面粗糙度 Ra 值要求为 3.2μm，可选择“粗铣→精铣”方案加工。

2）孔加工方法的选择如下：

① ϕ32H7mm 孔表面粗糙度 Ra 值为 1.6μm，选择"钻→粗镗→半精镗→精镗"方案加工。

② ϕ12H7mm 孔表面粗糙度 Ra 值为 0.8μm，选择"钻→粗铰→精铰"方案加工。

③ 六个 ϕ7mm 孔表面粗糙度 Ra 值为 3.2μm，无尺寸公差要求，故选择"钻→铰"方案加工。

④ 两个 ϕ6H8mm 孔表面粗糙度 Ra 值为 1.6μm，选择"钻→铰"方案加工。

⑤ ϕ18mm 孔和六个 ϕ10mm 孔表面粗糙度 Ra 值为 12.5μm，无尺寸公差要求，选择"钻孔→锪孔"方案加工。

⑥ 两个 M16-7H 螺纹孔采用先钻底孔、后攻螺纹的工艺加工。

（3）确定装夹方案　该零件毛坯的外形比较规则，在加工上、下表面，台阶面及孔系时，可选用机用虎钳夹紧；在铣削外轮廓时，可采用"一面两孔"的定位方式，即以底面 A、ϕ32H7mm 孔和 ϕ12H7mm 孔定位。

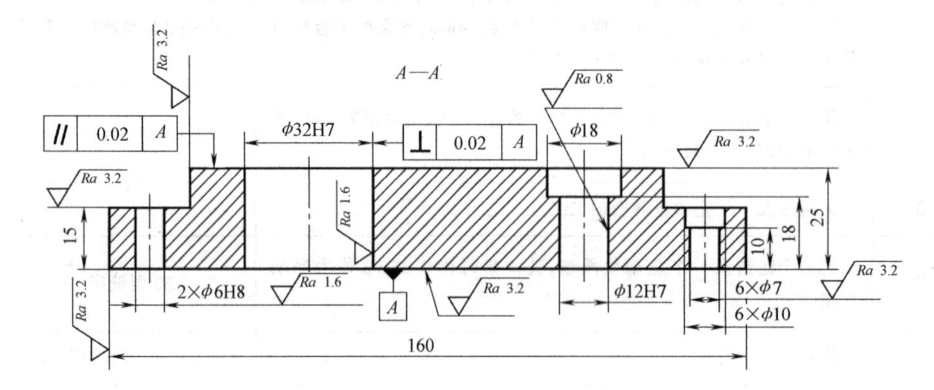

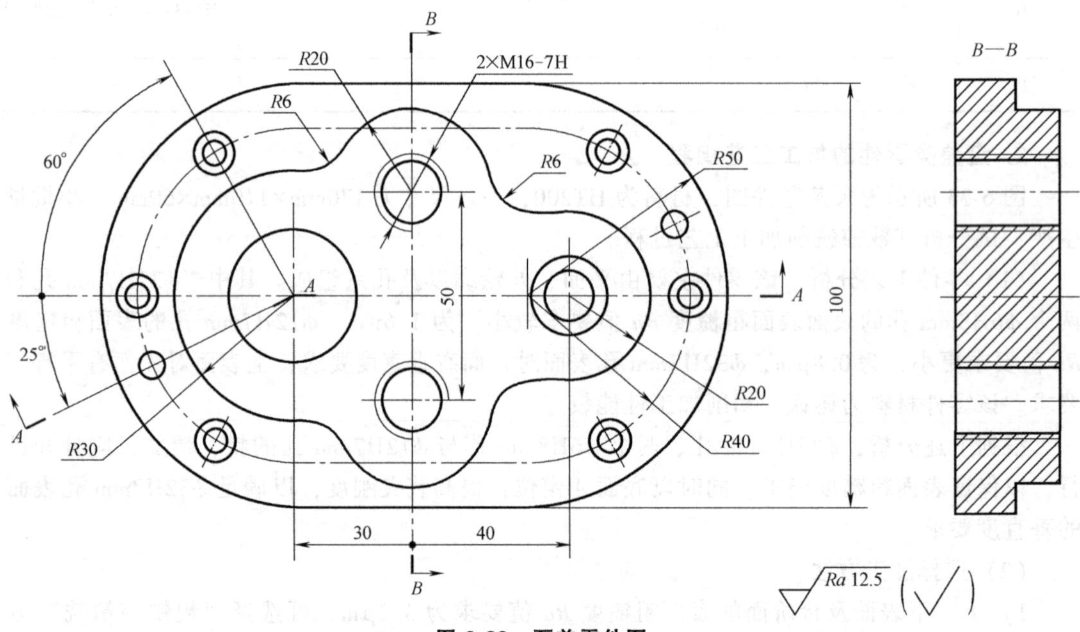

图 6-33　泵盖零件图

（4）确定加工顺序及走刀路线　按照基面先行、先面后孔、先粗后精的原则确定加工顺序。外轮廓加工采用顺铣方式，刀具沿切线方向切入与切出。

（5）刀具选择

1）零件上、下表面采用面铣刀加工。根据侧吃刀量选择面铣刀直径，使铣刀有合理的切入、切出角：铣刀直径应尽量包容零件整个加工宽度，以提高加工精度和效率，并减小相邻两次进给之间的接刀痕迹。

2）台阶面及其轮廓采用立铣刀加工，铣刀半径只受轮廓最小曲率半径的限制，取铣刀半径 $R=6$mm。

3）孔加工各工步的刀具直径应根据加工余量和孔径确定。泵盖零件数控加工所选刀具见表 6-4。

表 6-4　泵盖零件数控加工刀具卡片

产品名称或代号		×××	零件名称	泵盖	零件图号		×××
序号	刀具编号	刀具规格和名称		数量	加工表面		备注
1	T01	ϕ125mm 硬质合金面铣刀		1	铣削上、下表面		
2	T02	ϕ12mm 立铣刀		1	铣削台阶面及其轮廓		
3	T03	ϕ6mm 中心钻		1	钻所有孔的中心孔		
4	T04	ϕ27mm 钻头		1	钻中心孔		
5	T05	内孔镗刀		1	钻 ϕ32H7mm 孔		
6	T06	ϕ11. 8mm 钻头		1	粗镗、半精镗和精镗 ϕ32H7mm 孔		
7	T07	ϕ18mm×11mm 锪钻		1	锪 ϕ18mm 孔		
8	T08	ϕ12mm 铰刀		1	铰 ϕ12H7mm 孔		
9	T09	ϕ14mm 钻头		1	钻两个 M16 螺纹孔		
10	T10	90°倒角铣刀		1	两个 M16 螺孔倒角		
11	T11	M16 机用丝锥		1	攻两个 M16 螺纹孔		
12	T12	ϕ6. 8mm 钻头		1	钻六个 ϕ7mm 孔		
13	T13	ϕ10mm×5. 5mm 锪钻		1	锪六个 ϕ10mm 孔		
14	T14	ϕ7mm 铰刀		1	铰六个 ϕ7mm 孔		
15	T15	ϕ5. 8mm 钻头		1	钻两个 ϕ6H8mm 孔		
16	T16	ϕ6mm 铰刀		1	铰两个 ϕ6H8mm 孔		
17	T17	ϕ65mm 硬质合金立铣刀		1	铣前外轮廓		
编制		审核		批准		年　月　日	第　页

（6）切削用量选择　该零件材料切削性能较好，铣削平面、台阶面及轮廓时，应留 0. 5mm 的精加工余量；孔加工精镗余量留 0. 2mm，精铰余量留 0. 1mm。

选择主轴转速与进给速度时，先查阅切削用量手册，确定切削速度与每齿进给量，然后计算并确定主轴转速与进给速度。

（7）拟定数控铣削加工工序卡片　为更好地指导编程与加工操作，把该零件的加工顺序、所用刀具和切削用量等参数编入泵盖零件数控加工工序卡片，见表 6-5。

表 6-5 泵盖零件数控加工工序卡片

单位名称	××××	产品名称或代号		零件名称		零件图号	
		××		泵盖		××	
工序号	程序编号	夹具名称		使用设备		车间	
××	××××	机用虎钳+一面两顶自制夹具		×××		××	
工步号	工步内容	刀具号	刀具尺寸/mm	主轴转速/(r/min)	进给速度/(min/min)	背吃刀量/mm	备注
1	粗铣定位基准面 *A*	T01	ϕ125	180	40	2	
2	精铣定位基准面 *A*	T01	ϕ125	180	25	0.5	
3	粗铣上表面	T01	ϕ125	180	40	2	
4	精铣上表面	T01	ϕ125	180	25	0.5	
5	粗铣台阶面及其轮廓	T02	ϕ12	900	40	4	
6	精铣台阶面及其轮廓	T02	ϕ12	900	25	0.5	
7	钻所有孔的中心孔	T03	ϕ6	1000			
8	钻 ϕ32H7mm 孔至 ϕ27mm	T04	ϕ27	200	40		
9	粗镗 ϕ32H7mm 孔至 ϕ30mm	T05		500	80	1.5	
10	半精镗 ϕ32H7mm 孔至 ϕ31.6mm	T05		700	70	0.8	
11	精镗 ϕ32H7mm 孔	T05		800	70	0.2	
12	钻 ϕ12H7mm 孔至 ϕ11.8mm	T06	ϕ11.8	600	60		
13	锪 ϕ18mm 孔	T07	ϕ18	150	60		
14	粗铰 ϕ12H7mm 孔	T08	ϕ12	100	40	0.1	
15	精铰 ϕ12H7mm 孔	T08	ϕ12	100	40		
16	钻两个 M16 孔至 ϕ14mm	T09	ϕ14	450	60		
17	两个 M16mm 孔倒角	T10		600	40		
18	攻两个 M16 螺纹孔	T11	M16	100	200		
19	钻六个 ϕ7mm 孔至 ϕ6.8mm	T12	ϕ6.8	700	70		
20	锪六个 ϕ10mm 孔	T13	ϕ10	150	60		
21	铰六个 ϕ7mm 孔	T14	ϕ7	100	25	0.1	
22	钻两个 ϕ6H8mm 孔至 ϕ5.8mm	T15	ϕ5.8	900	80		
23	铰两个 ϕ6H8mm 孔	T16	ϕ6	100	25	0.1	
24	一面两孔定位，粗铣外轮廓	T17	ϕ65	600	40	2	
25	精铣外轮廓	T17	ϕ65	600	25	0.5	
编制		审核		批准	年 月 日	共 页	第 页

6.4.4 工艺分析的实物模型——挖掘机模型

如图 6-34 所示，挖掘机模型主要由挖掘机底座、回转臂和铲斗三部分组成。其工作过程是用铲斗的切削力切土并把土装入斗内，装满土后提升铲斗并回转到卸土地点卸土，再回转转台，铲斗下降至挖掘面，进行下一次挖掘。

图 6-34　挖掘机模型

6.4.5 实验过程与步骤

1）每个学习班级分三组，根据挖掘机模型，选择其中一个部件。

2）根据所选部件进行零件的结构分析。

3）用 UG、SolidWorks、CAD 等三维绘图软件完成底座、回转臂、铲斗的三维造型图。

4）在三维图的基础上完成各部件的三视图。

5）进行各部件的加工工艺分析（小组内进行讨论，可以选择几种不同的方案）。

6）对每个部件完成完整的加工工艺规程报告。

第7章 数字化检测与智能制造

7.1 数字化检测——箱体测量

7.1.1 实验目的

1）了解三坐标测量机的结构及组成。
2）掌握三坐标测量机测头校准、零件坐标系建立以及零件基本元素的测量。
3）完成箱体零件的测量，并绘制视图及标注完整尺寸。

7.1.2 实验概述

三坐标测量机是一种高效率、高精度、多功能的检测设备。以前的三坐标测量机主要面向航空航天等高技术产业，而如今，它在现代制造业的各个领域，尤其是在汽车、机械制造、电子等工业中得到了广泛应用。它可以进行零件和部件的尺寸、形状及相互位置的检测，例如箱体、导轨、涡轮和叶片、缸体、凸轮、齿轮等空间型面的测量，并可对连续曲面进行扫描及制备数控机床的加工程序等。由于它的通用性强、测量范围大、精度高、效率高、性能好、能与柔性制造系统相连接，已成为一类大型精密仪器，故有“测量中心”之称。

检测用的三坐标测量机，每米测量精度单轴可达 2~3μm。由于三坐标测量机可与数控机床和加工中心配套组成加工生产线或柔性制造系统，从而促进了自动化生产线的发展。

MQ/Daisy/ML 系列三坐标测量机是一种多用途、高效率的精密仪器；采用移动龙门式结构，操作空间开阔；采用 AC-DMIS 测量系统，该系统充分利用了 Windows 操作系统的人机交互功能，操作简单、直观。该测量机主要用于三维测量，可测量点、线、面、圆、球、锥、圆柱、梯形槽、方槽、阶梯面、阶梯轴、抛物面，特别适用于间接测量及几何公差的测量，如平行度、垂直度、角度、同轴度和对称度，也能测出两物体的相交元素及投影位置和中间面，还能测量曲面和复杂轮廓。

7.1.3 三坐标测量机的组成及操作

1. 三坐标测量机的组成

三坐标测量机由测量机和 AC-DMIS 测量系统组成。测量机组成示意图如图 7-1 所示。测量系统由计算机（个人计算机）、控制系统软件（AC-DMIS 测量软件）和相应的硬件接口组成，如图 7-2 所示。

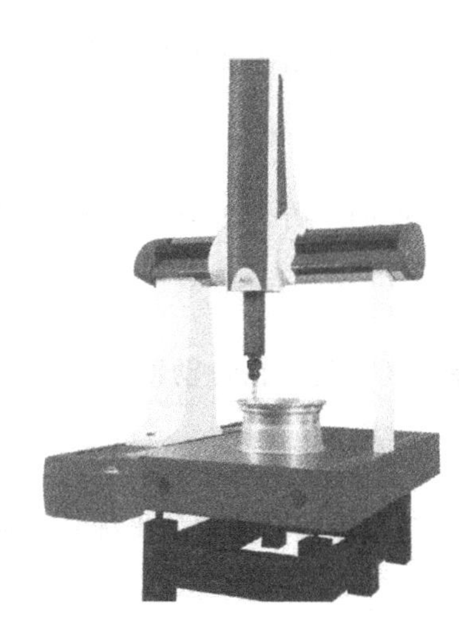

图7-1　测量机组成示意图

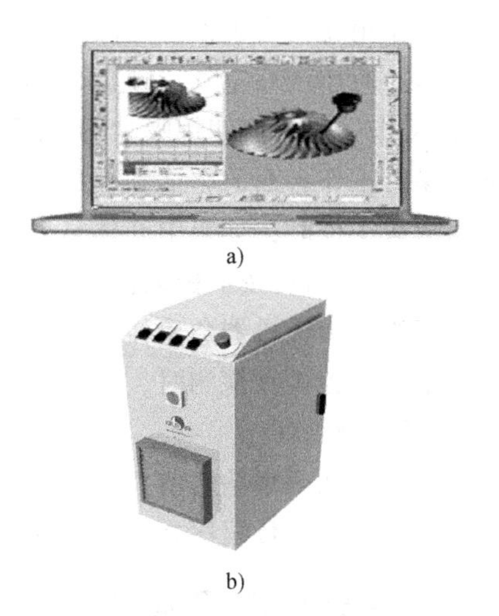

a)

b)

图7-2　测量系统

a) 测量软件系统　b) 控制系统

该测量机采用气动式导轨，故 X、Y、Z 轴的摩擦因数为零。测量工作台采用大理石材料，测尖采用人造宝石，耐磨性好，可减少因测尖磨损而引起的误差。

2. 三坐标测量机的日常操作

为了保证三坐标测量机能够长期有效地工作，应养成良好的操作习惯。

(1) 开机步骤

1) 检查是否有阻碍机器运动的障碍物。

2) 开总电源。

3) 开气压（检查测量机的气压表指示，不应低于0.5MPa）。注意：先开小气，后开大气。

4) 开控制柜电源（顺时针旋转，松开控制柜上的急停按钮）。

5) 打开计算机。

6) 启动AC-DMIS测量软件。

7) 打开机器和操纵盒上的所有急停开关；给 X、Y、Z 轴加上使能，单击“机器回零”按钮，使机器回零。

(2) 关机步骤

1) 把测头座转到90°。

2) 将三轴移到左上方（接近回零的位置）。

3) 按下操纵盒及控制柜上的急停按钮。

4) 退出测量软件操作界面。

5) 关闭计算机。

6) 关闭气源（先关大气，后关小气）。

7) 关闭总电源。

3. 安全操作注意事项

1) 只有在彻底了解在紧急情况下如何关机之后，才能尝试运行机器。

2）只能用花岗岩表面作为测量区域（轨道不能碰伤、划伤）。

3）不要使用压缩空气清理机器，未经良好处理的压缩空气可能导致污垢，影响空气轴承的正常工作。尽可能使用吸尘器清理机器。

4）保持工作台面的整洁和被测工件表面的清洁。

5）测量工件时，如果中间休息，请把 Z 轴移到被测工件的上方（安全平面），并留出一段安全距离，然后按下操纵盒上的急停按钮。

6）不要试图让机器急速转向或反向转动。

7）手动操控机器探测时，应使用较低的速度并保持速度均匀。在自动回退完成之前，不要用力扳动操纵杆。

8）测量小孔或窄槽之前，请确认适当的回退距离。

9）运行一段测量程序之前，请检查当前的坐标系是否与该段程序要求的坐标系一致。

7.1.4 三坐标测量原理

1. 测头校正

测头校正主要在标准球上进行。标准球的直径为 10~50mm，其直径和形状误差均经过校准（厂家配置的标准球均有校准证书）。测头校正前需要对测头进行定义，根据测量软件要求，选择（输入）测座、测头、加长杆、测针、标准球直径（即标准球校准后的实际直径值）等，有的软件要输入测针到测座中心距离，同时要分别定义能够区别其不同角度、位置或长度的测头编号。用手动、操纵杆、自动方式在标准球的最大范围内触测 5 点，点的分布要均匀。计算机软件通过这些点坐标 X、Y、Z 值，进行球的拟合计算，得出拟合球的球心坐标、直径和形状误差。将拟合球的直径减去标准球的直径，就得出校正后的测针宝石球直径，即“动态直径”。当其他不同角度、位置或不同长度的测针按照以上方法校正后，由各拟合球中心点坐标差，就得出各测头之间的位置关系，由软件生成测头关系矩阵。当使用不同角度、位置和长度的测针测量同一个零件不同部位的元素时，测量软件都把它们转换到同一个测头号（通常是 1 号测头）上，就像一个测头测量的一样。凡是经过在同一标准球上（未更换位置的）校正的测头，都能准确地实现这种自动转换。

2. 建立工件坐标系

建立工件坐标系时基准的选取原则：

1）先考虑装配基准，再考虑设计基准，最后考虑加工基准。

2）在同等条件下选择较大平面或者较长轴线作为基准。

3. 工件坐标系的建立过程

（1）坐标系初始化　把坐标系还原到机床坐标系。

（2）空间旋转、空间找正　一般情况下在同一基准做空间旋转。

1）空间旋转元素为平面和线元素（线元素包括直线、组合直线、圆柱轴线、圆锥轴线）。

2）元素的正方向：

① 平面正方向：向实体外即为正方向。

② 线元素正方向：A_1、A_2、A_3 与轴接近的为正方向，与坐标轴夹角为最小（锐角），该线元素方向与该坐标轴方向大概一致。

3）平面做空间旋转的含义：把某一坐标轴旋转到与该平面的法线平行。当选择+*X*、+*Y*、+*Z* 时，与平面的正方向一致；当选择-*X*、-*Y*、-*Z* 时，与平面的正方向相反。

4）线元素做空间旋转的含义：把某一坐标轴旋转到与该线平行。当选择+*X*、+*Y*、+*Z* 时，与直线的正方向一致；当选择-*X*、-*Y*、-*Z* 时，与直线的正方向相反。

（3）平面旋转、平面内旋转　一般情况下第二基准做平面旋转。

1）平面旋转元素一般情况下为线元素（平面也可以做平面旋转），且指平面的法线做平面旋转。

2）线元素做平面旋转的含义：先把该线投射到第一基准平面上（软件内进行），再把某一坐标轴旋转到与投射后的直线平行，当选择+*X*、+*Y*、+*Z* 时，与该直线的正方向一致；当选择-*X*、-*Y*、-*Z* 时，与该直线的正方向相反。

3）当第二基准平面与第一基准平面不垂直时，第二基准需要侧平面做平面旋转。

（4）坐标平移、置零位　其目的是确定坐标系原点。

1）三轴同时坐标平移，当确定坐标系原点时，可以使用该方法，如球心、对称中心交点、投影点、垂足等。

2）先平移一个坐标轴的方向，再同时平移另外两个坐标轴的方向，当图样要求把坐标系原点放到某一圆心或某一平面上时，可以用该方法。

3）三轴分别坐标平移，图样要求把坐标系原点放到工件棱角上时，使用该方法。

4）当图样要求把坐标系原点放到某一方形工件棱角上时，判断组成坐标系原点的三个平面是否分别与三个坐标轴垂直，如果垂直，则采用上述1）、3）方法；如果不垂直，则只能采用2）方法。

5）当图样要求把坐标系原点放到某一平面上时，判断该平面与哪个坐标轴垂直，就把该坐标轴的方向坐标平移。

6）当图样要求把坐标系原点放到某一圆心时，判断该圆所在的圆柱轴线与哪两个坐标轴垂直，就把这两个坐标轴的方向坐标平移。

（5）理论坐标系的变换

1）理论坐标系旋转：从围绕轴的正向朝负向看，顺时针该轴为负，逆时针为正；反之，从围绕轴的负向朝正向看，顺时针该轴为正，逆时针为负。

2）理论坐标系平移：向正方向平移为正值，向负方向平移为负值。

7.1.5 基本几何元素测量

1. 点

X、*Y*、*Z* 为该点在当前坐标系下的坐标值。

2. 直线

X、*Y*、*Z* 表示过当前坐标系原点，向该直线作垂直直线所得垂足的坐标值。A_1、A_2、A_3 分别表示该直线与 *X*、*Y*、*Z* 三轴的夹角；形状误差表示直线度误差。

3. 平面

在平面的最大范围内测点≥5 点；*X*、*Y*、*Z* 表示平面质心的坐标值；A_1、A_2、A_3 表示平面的法线与 *X*、*Y*、*Z* 轴的夹角；形状误差表示平面度误差。

4. 球

在球面的最大范围内测点≥5点（均匀）；X、Y、Z 表示球心的坐标值；距离表示球直径；形状误差表示球的球面轮廓度误差。

5. 圆柱

X、Y、Z 表示圆柱第一截圆心坐标值；A_1、A_2、A_3 表示圆柱轴线与 X、Y、Z 三轴的夹角（测两个截面，每个圆4点）；形状误差表示圆柱度误差。

6. 圆锥

测两个截面，方法同圆柱；X、Y、Z 表示圆锥顶点的坐标值；A_1、A_2、A_3 表示圆锥轴线与 X、Y、Z 三轴夹角；距离/直径/角度表示锥半径。

7. 圆

方法一：先测基准，空间旋转（扭动旋转键，垂直于被测平面的直线为 Z 轴），在圆周上测点≥4点。

方法二：先测矢量平面，再测圆；选择矢量平面，作圆；X、Y、Z 表示圆心坐标值；距离/直径/角度表示圆心直径；形状误差表示圆度误差。

8. 椭圆

测量方法与圆相同，测点≥6点；X、Y、Z 表示圆心的坐标值；A_1、A_2 表示椭圆的长轴和短轴；距离/直径/角度表示椭圆长轴与 X 轴的夹角。

9. 方槽

测量方法与圆相同，测量顺序如图7-3所示。X、Y、Z 表示方槽中心的坐标值；A_1、A_2 表示方槽的长和宽。

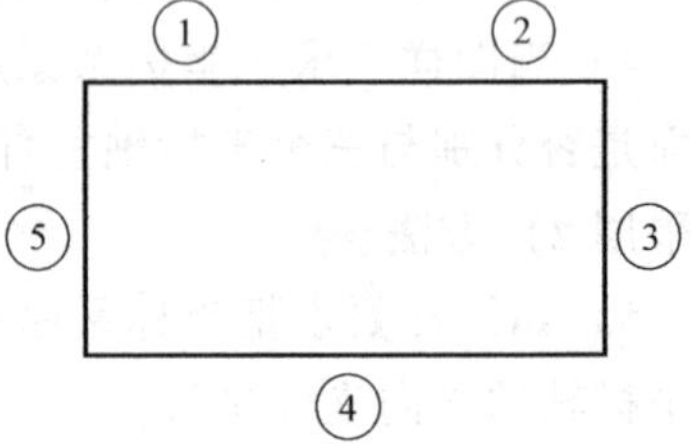

图7-3　方槽测量顺序

10. 圆槽

测量方法同上，测量顺序如图7-4所示。X、Y、Z 表示圆槽中心的坐标值；A_1、A_2 表示圆槽的长和宽。

11. 圆环

测量顺序如图7-5所示。X、Y、Z 表示圆环圆心的坐标值；A_1 表示圆环分度圆直径；A_2 表示圆环截面圆直径。

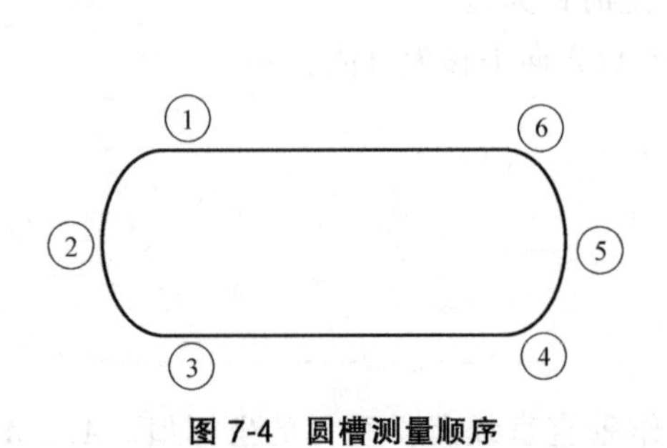

图7-4　圆槽测量顺序

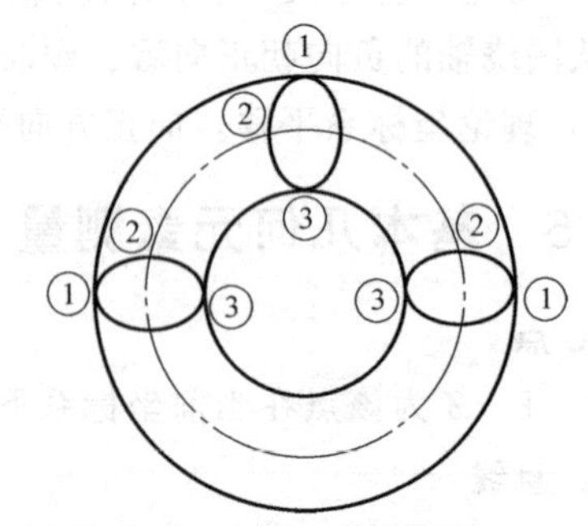

图7-5　圆环测量顺序

7.1.6　相关元素测量

1. 相交

1）线与线相交，结果为两直线公垂线的中点。

2）直线与圆相交，结果为直线投射到圆所在平面上的交点。

3）直线与球相交，结果为两个点。

4）直线与圆柱相交，结果为直线与圆柱表面相交或直线与圆柱轴线相交。

5）圆与圆相交，两圆必须在同一平面内。

6）平面与圆柱相交，结果为平面与圆柱表面相交或平面与圆柱轴线相交。表面相交结果为圆，过圆柱轴线与平面相交处，则为圆柱上的圆。

2. 角度

测两个元素，求角度；根据图样要求进行角度测量。

3. 距离

按图样要求测两个元素，求距离。

4. 垂足

过点元素向线元素或点元素向平面可以作垂足。

5. 对称元素测量

1）点元素与点元素对称。

2）线元素与线元素，角平分线，过两直线公垂线中心的角平分线。

3）平面与平面，元素间的角平分面。

6. 投影关系测量（略）

7. 圆锥计算

1）给定高度，求直径。

2）给定直径，求高度。

7.1.7　几何公差

1）平行度：先测基准元素，再测被测元素，求平行度。

2）垂直度：测量方法同上。

3）倾斜度：测量方法同上，注意输入倾斜理论角度。

4）位置度：先按图样建立工件坐标系，测量被测元素，求位置度。选择被测元素，选择投射平面，输入理论尺寸和公差，选择公差规则，确定。

对内孔，用最大内切法（最大实体要求时）；对外孔，用最小外接法。

5）同轴度：先测基准元素，再测被测元素，求同轴度。

6）同心度：先测基准，空间旋转，再测基准元素和被测元素，求同心度；在求同轴度时，当基准元素或者被测元素的高度比较小时，转换成同心度。

7.1.8　实验被测箱体

箱体零件如图 7-6 所示。

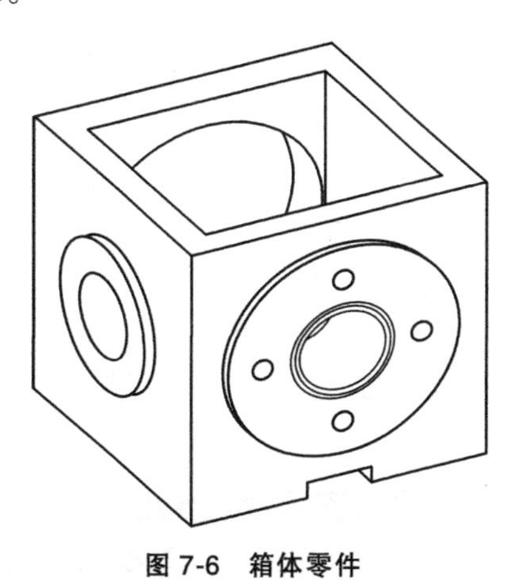

图 7-6　箱体零件

1）完成箱体零件各元素尺寸的测量，如圆、圆柱、平面等。

2）完成箱体零件各元素相对位置的计算，如箱体的长、宽、高等。

3）完成箱体零件的几何公差测量。

7.1.9 箱体测量步骤

1）打开三坐标测量机，先按前面介绍的内容进行测头校正。

2）根据被测零件，建立工件坐标系。

① 选择基准面（即重要的加工面，一般为零件的设计基准和加工基准）进行基准面测量，并确定基准面的法向为第一坐标轴 Z，如图 7-7 所示。

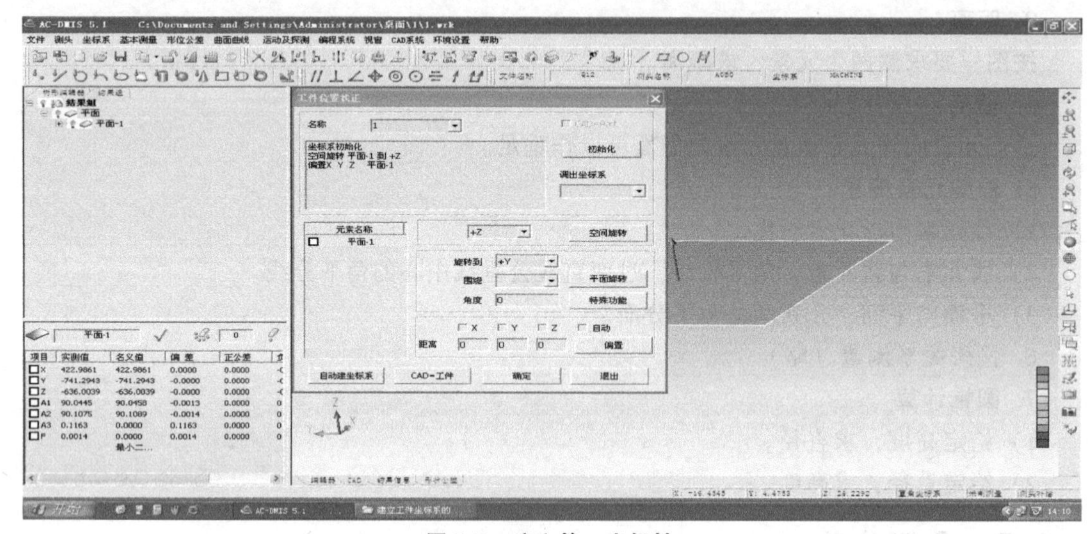

图 7-7 建立第一坐标轴

② Z 坐标轴确定后，在 XY 平面内选择一条直线，定义为 X 轴（或者 Y 轴），如图 7-8 所示。

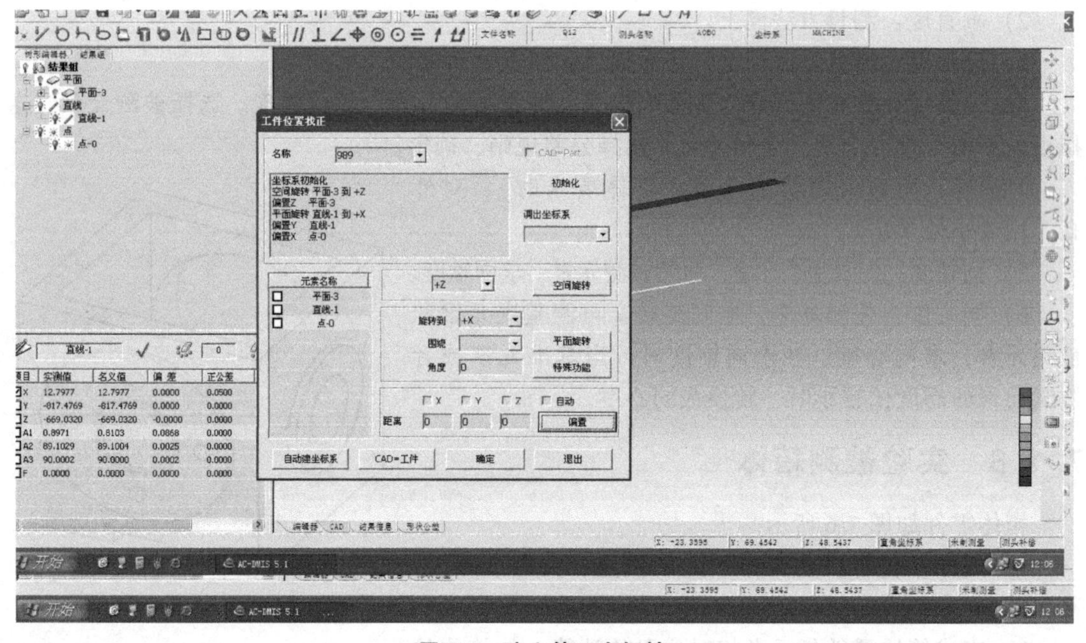

图 7-8 建立第二坐标轴

③ 这样，第三坐标轴自动产生，选择元素定义为原点，可以选择圆心为坐标原点，也可以选择两直线的交点（一般为箱体零件一个角），如图 7-9 所示。

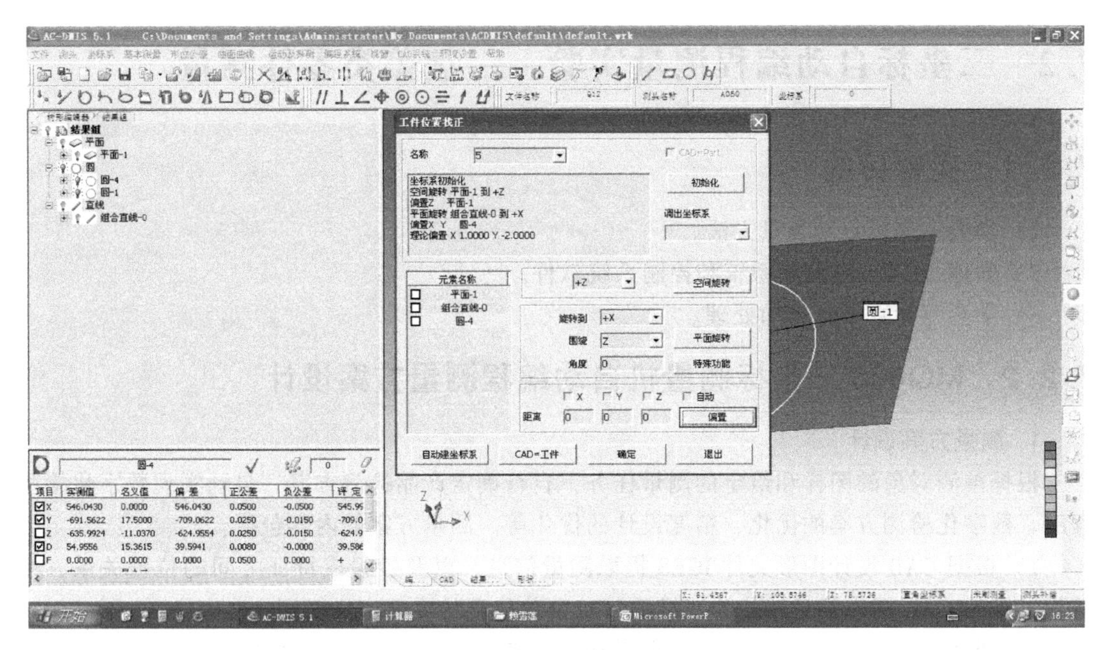

图 7-9　定义坐标原点

3）测量箱体零件的基本元素，如圆和组合圆，得到圆和组合圆的直径、圆心坐标和圆度误差，如图 7-10 所示。

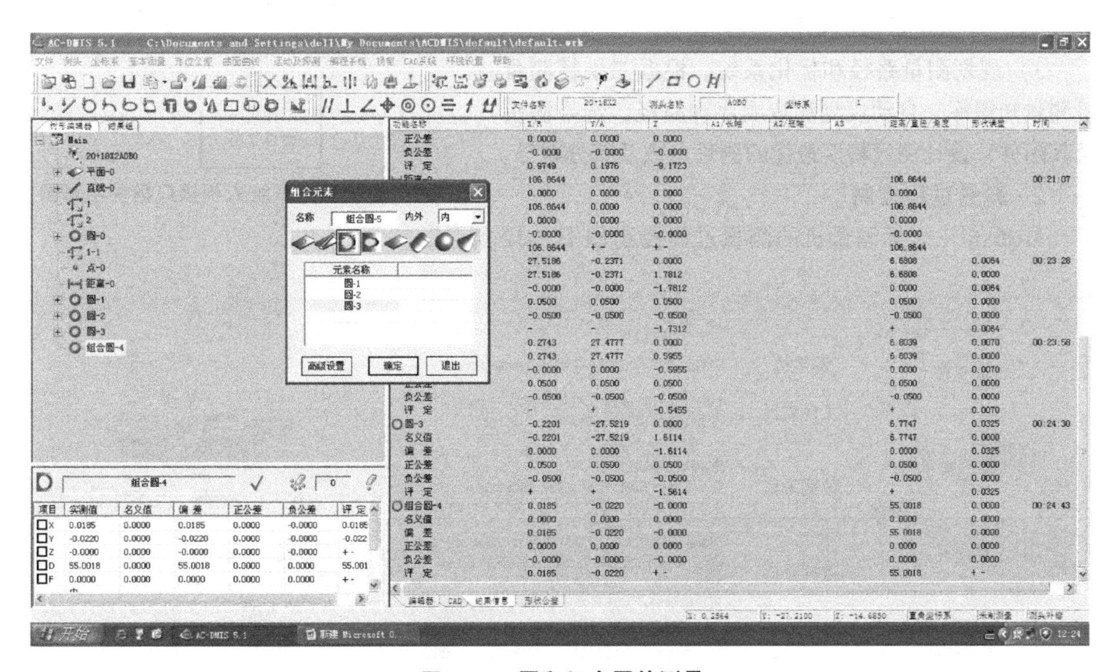

图 7-10　圆和组合圆的测量

4）计算相对位置，如得到箱体的长度、宽度、高度、厚度等参数。

5）测量位置公差，如箱体轴线与底面的垂直度，两圆柱的同轴度、位置度等。

6）根据尺寸完成箱体的三视图绘制，并标注完整的尺寸。

7.2 三坐标自动编程测量实验——盘盖类零件测量

7.2.1 实验目的

1）学会三坐标自动测量方法。

2）掌握 AC-DMIS 测量系统和控制系统软件。

3）学会测量数据分析和处理。

7.2.2 MQ686 三坐标测量机自动编程测量方案设计

1. 测量方案设计

根据被测对象的图样和给定的测量任务，自行确定产品检测方案，自动实现数字化检测程序、数字化检测方案的优化、精度设计的优化等。测量方案的内容包括：

1）根据 CAD 设计图形文件 IGES 提取测量信息，以及各组成特征之间的位置关系，然后将二维的 CAD 图样信息转化为三维的带有公差信息的零件定义模型。

2）智能装夹系统由定位模块、支承模块、锁紧模块、可调机构和链接模块组成，利用计算机视觉处理零件的图像，完成零部件在测量机中的位姿安装，并在此基础上建立零件坐标系。智能装夹系统人机接口模块示意图如图 7-11 所示。

3）规划测量路径和优化系统。根据三坐标测量机测量知识库，自动规划测量顺序和路径，选择测头及其附件，设计测量精度最优的测量点数及其分布等。

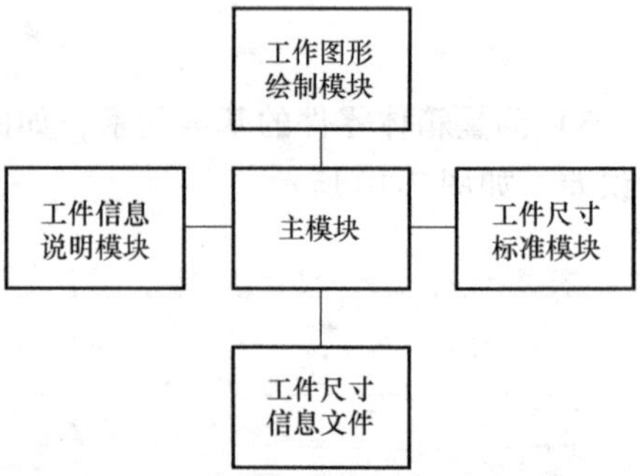

工作图形绘制模块

工作信息说明模块　　主模块　　工件尺寸标准模块

工件尺寸信息文件

图 7-11　智能装夹系统人机接口模块示意图

2. 测量过程控制

MQ686 三坐标测量机的测量过程控制如图 7-12 所示。

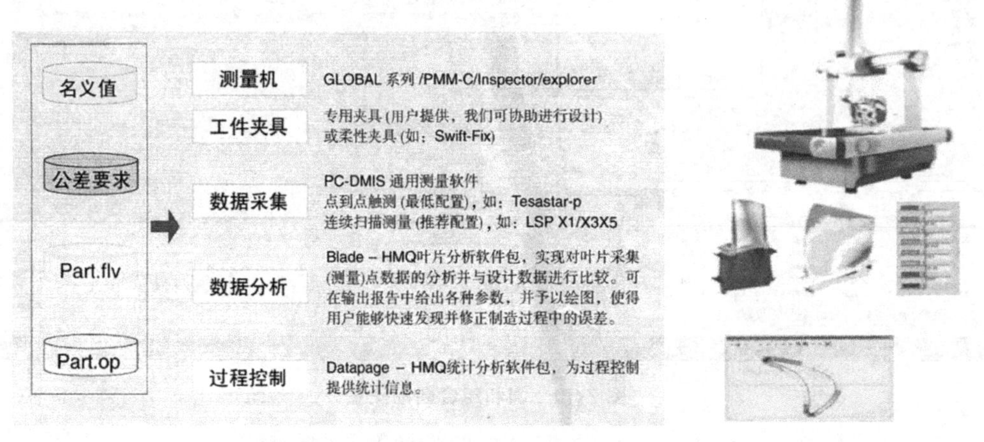

图 7-12　MQ686 三坐标测量机的测量过程控制

1）测量机：本实验采用德国 MQ686 三坐标测量机，配有扫描 LPX 系列测头和 AC-DMIS 测量软件。

2）工件夹具：采用柔性装夹系统，可实现数字化检测和智能装夹一体化。

3）数据采集：通过点到点触测或用扫描测头进行连续的扫描测量。

4）数据分析：其中的测量软件包可实现对零件所采集测量点数据的分析并与设计数据进行比较。可在输出报告中输出各种参数，并予以绘图，使用户能快速发现并修正制造过程中的误差。

5）过程控制：通过检测、分析等过程控制，以保证产品质量。

7.2.3　实验设备

1）三坐标测量机，详见 7.1 节。

2）AC-DMIS 测量软件系统，如图 7-13 所示。

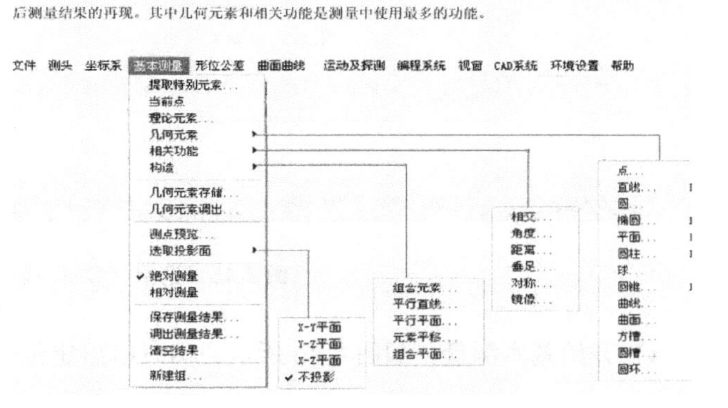

图 7-13　三坐标测量软件

7.2.4　自动测量实施过程

1）在软件菜单中选择编程系统，如图 7-14 所示，并输入安全语句。

2）用手动模式建立工件坐标系，详见 7.1.4 节。

3）在软件菜单中选择“运动与探测”，并选用“CNC 模式”，如图 7-15 所示。

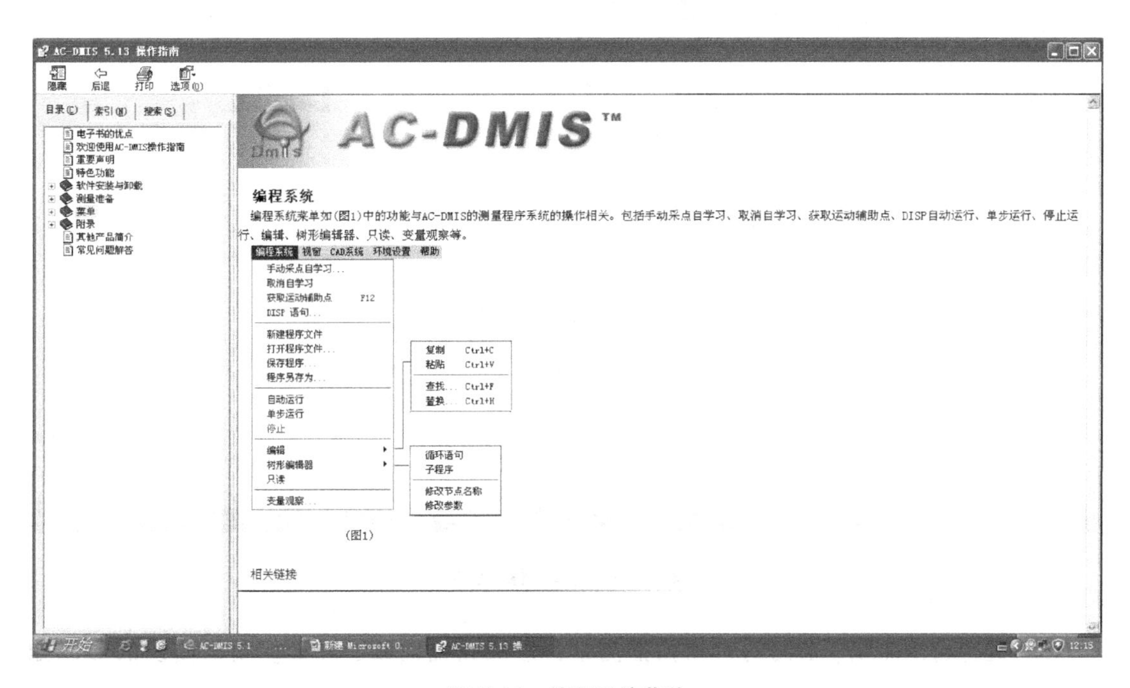

图 7-14　编程系统菜单

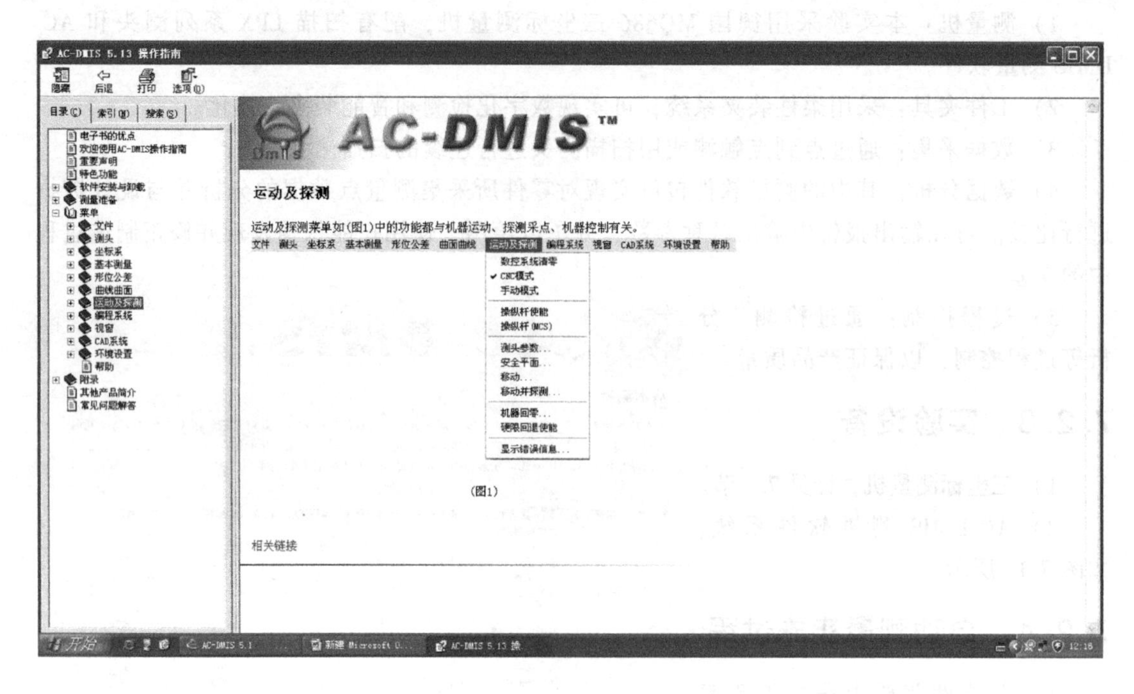

图 7-15　选用“CNC 模式”

4）开始基本测量，如图 7-16 所示，同时给出定位信号。

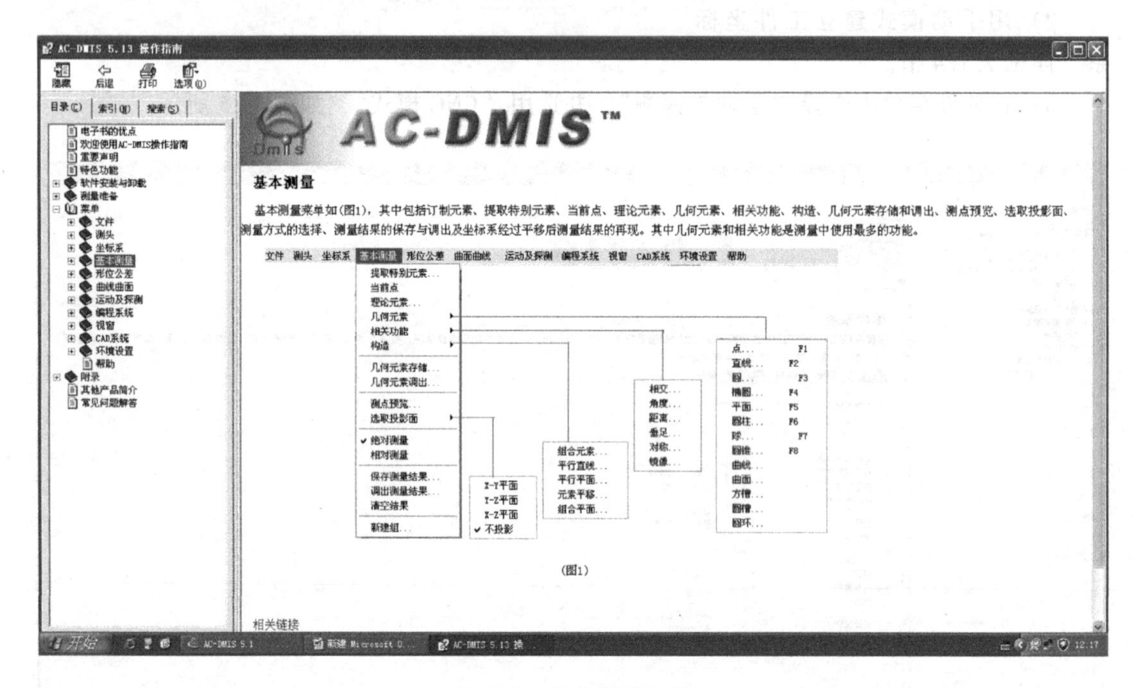

图 7-16　基本测量功能

5）进行自由曲线、曲面的自动扫描测量，形成扫描曲线、曲面。扫描曲线的形成如图 7-17 所示。

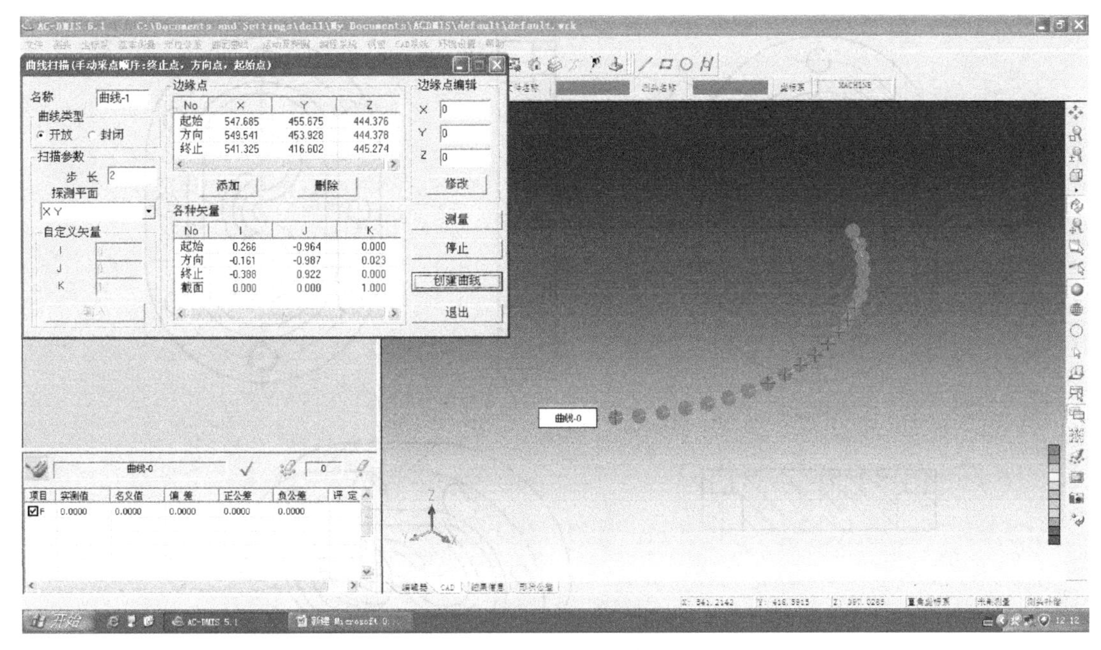

图 7-17　扫描曲线的形成

6）部分程序代码示例：

```
<xml version = " 1. 0" encoding = " UTF-8"  standalone = " yes" >
-<SysConfig>
  -<MashineDO>
    <Speed>80</Speed>
    <Acceleration>100</Acceleration>
    <Moderator>100</Moderator>
  -<Micrometer>
    <Explore Speed>4</Explore Speed>
    <Explore Distance>5</Explore Distance>
    <Search Distance>3</Search Distance>
    <Back Speed>8</Back Speed>
    <Back Distance>2</Back Distance>
    <touch Accel>5<touch Accel/>
    <Manual Back Dis>2</Manual Back Dis>
    <Manual Back Speed>10</Manual Back Speed>
```

7.2.5　实验被测盘盖类零件

盘盖类零件如图 7-18 所示。其测量步骤如下：

1）进入编程系统，给出相应的指令。

2）完成零件各元素尺寸的测量，如圆、圆柱、平面等，并实现自动测量。

3）完成零件各元素相对位置的计算，如盘盖的长、宽、高等。

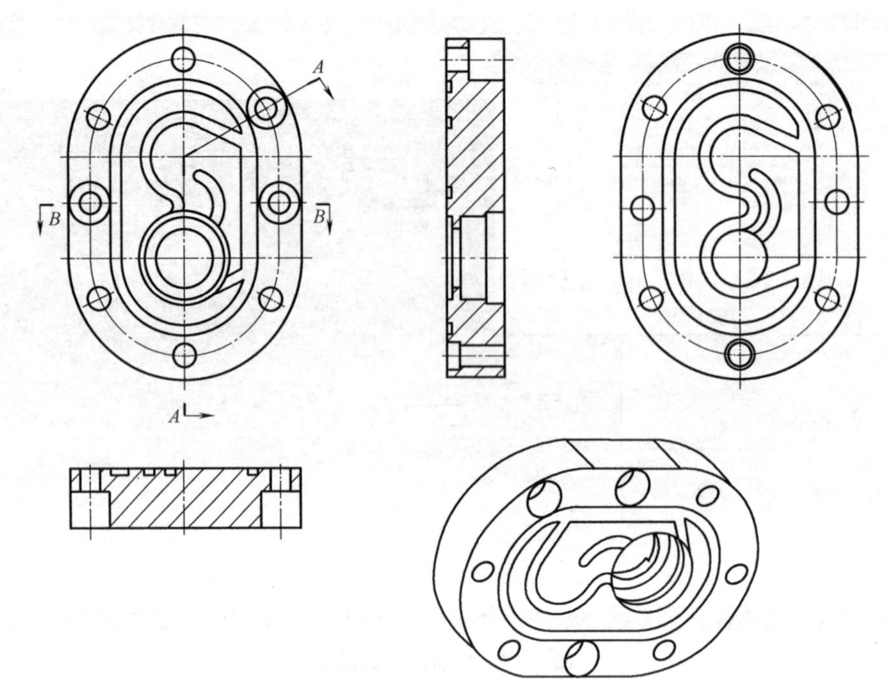

图 7-18　盘盖类零件

4）完成零件的几何公差测量。

5）生成盘盖类零件的测量程序。

7.2.6　实验数据分析

1. 测量软件的数据分析功能

测量软件 AC-DMIS 提供了完整的测量报告工具，能够自动生成图形化报告。该工具能用来向 Microsoft Excel 输出测量与检测数据而进行分析。如果尺寸数据显示不合适趋势，则测量操作过程就会相应地进行调整。同时，测量软件 AC-DMIS 还包括可视的工作编程环境，以及三维空间测量模拟，用来模拟整个测量过程（包括测量机、测头、被测工件）。一旦产生了检测程序，则测头路径的模拟以及碰撞测试工具可对程序进行修正，同时可以一并开展多个测量程序，从而大大提高测量效率。另外，测量软件 AC-DMIS 可以使实际测量数据与理论值进行直观比较，准确地找出加工过程后的任意位置偏差，快速地进行质量反馈，从而调整加工设备的生产过程，提高产品合格率。

2. 完成盘盖类零件的测量数据分析（略）

7.3　数控切削加工实验

7.3.1　实验目的

1）了解数控车床的基本组成及工作过程。

2）了解数控加工程序的编制方法、步骤以及数控加工与传统加工的区别。

3）掌握常用数控车床的操作方法与步骤，能够独立完成一般零件数控车削加工程序的编制，以及加工程序的输入、编辑和运行，了解并严格遵守数控车床的安全操作规程。

7.3.2　实验概述

数控车床主要用于加工轴类、盘盖类等回转体零件。通过数控加工程序的运行，可自动完成内外圆柱面、圆锥面、成形表面、螺纹和端面等工序的切削加工，并能进行车槽、钻孔、扩孔和铰孔等工作。

1. 数控车床的分类

（1）按主轴布置形式分类　数控车床可分为卧式数控车床（图 7-19）和立式数控车床（图 7-20）。

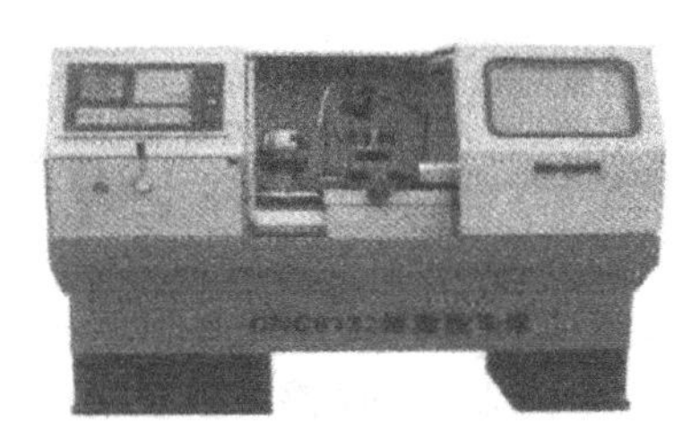

图 7-19　卧式数控车床

图 7-20　立式数控车床

（2）按导轨布置形式分类　数控车床可分为水平导轨数控车床和斜导轨数控车床（图 7-21）。

（3）按刀架的数量分类　数控车床可分为单刀架数控车床和双刀架数控车床。

（4）按精度和功能分类　数控车床可分为以下几种类型：

1）经济型数控车床。经济型数控车床是价格较低、不带主轴自动变速功能的数控车床。

2）多功能数控车床。多功能数控车床是指精度较高且功能完善的数控车床，如图 7-22 所示。

3）车削中心。车削中心是指在多功能数控车床的基础上，配置有刀库和机械手的多功能数控车床。

图 7-21　斜导轨数控车床

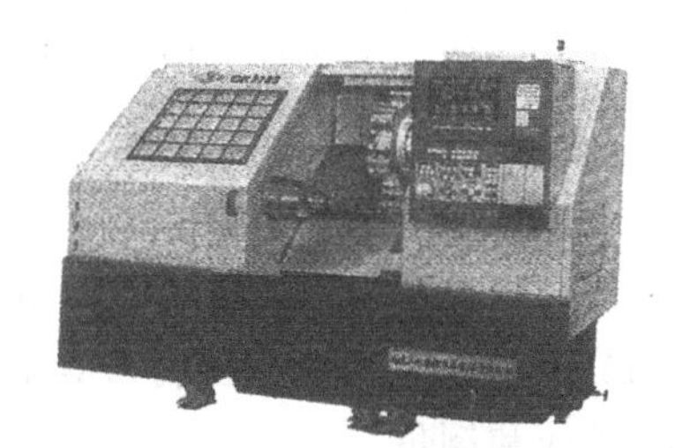

图 7-22　多功能数控车床

2. 数控车床的结构

数控车床的结构主要由床身、导轨、主轴变速系统、刀架系统和进给传动系统等组成，如图 7-23 所示。

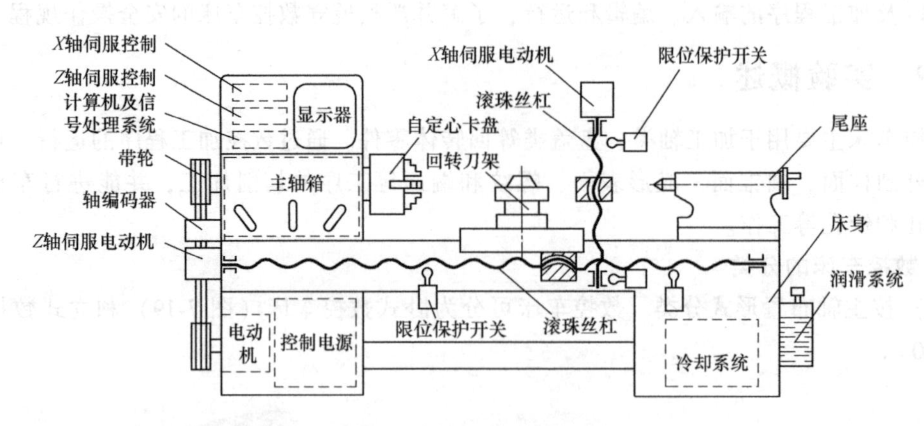

图 7-23　数控车床的结构

(1) 床身　机床的床身是整个机床的基础支承件，是机床的主体，一般用来放置导轨、主轴箱等重要部件。

(2) 导轨　车床的导轨可分为滑动导轨和滚动导轨两种。滑动导轨具有结构简单、制造方便、接触刚度大等优点；滚动导轨的优点是摩擦系数小，动、静摩擦系数很接近，不会产生爬行现象，可以使用油脂润滑。

(3) 主轴变速系统　全功能数控车床的主传动系统大多采用无级变速。目前，无级变速系统主要有变频主轴系统和伺服主轴系统两种，一般采用直流或交流主轴电动机，通过带传动带动主轴旋转，或通过带传动和主轴箱内的减速齿轮（以获得更大的转矩）带动主轴旋转。由于主轴电动机调速范围广，又可无级调速，使得主轴箱的结构大为简化。主轴电动机在额定转速时可输出全部功率和最大转矩。

(4) 刀架系统　数控车床的刀架是机床的重要组成部分。刀架用于夹持切削用的刀具，其结构直接影响机床的切削性能和切削效率。常用数控车床的刀架系统主要有回转刀架、排式刀架和带刀库的自动换刀装置等形式。

(5) 进给传动系统　数控车床的进给传动系统一般均采用进给伺服系统。它一般由驱动控制单元、驱动元件、机械传动部件、执行元件和检测反馈环节等组成。驱动控制单元和驱动元件组成伺服驱动系统。机械传动部件和执行元件组成机械传动系统。检测元件与反馈电路组成检测系统。

另外，数控车床还具有加工冷却充分、防护较严密、自动运转时一般都处于全封闭或半封闭状态等特点。

3. 数控车床的基本功能

不同的数控车床，其功能不尽相同，各有特点，但都应具备以下基本功能：

(1) 直线插补功能　控制刀具沿直线进行切削，在数控车床中利用该功能可加工圆柱面、圆锥面和倒角。

(2) 圆弧插补功能　控制刀具沿圆弧进行切削，在数控车床中利用该功能可加工圆弧面和曲面。

(3) 固定循环功能　固化机床常用的一些功能，如粗加工、切螺纹、切槽、钻孔等，使用该功能可简化编程。

(4) 恒线速度车削功能　通过控制主轴转速，保持切削点处的切削速度恒定，可获得一致的加工表面。

(5) 刀尖半径自动补偿功能　可对刀具运动轨迹进行半径补偿，具备该功能的机床在编程时可不考虑刀尖半径，直接按零件轮廓进行编程，从而使编程变得方便、简单。

数控车床除了具有前述的基本功能外，还常具有一些拓展功能，如 C 轴功能、Y 轴控制功能、加工模板等。

7.3.3　数控车床的一般操作步骤

1) 开机。合上机床电源总开关，使机床正常送电；按下控制面板上的电源按钮，给数控系统上电。

2) 各坐标轴回参考点，选择返回参考点的方式，将 X 轴、Z 轴分别返回参考点。

3) 程序编辑。输入加工程序，保证输入无误。

4) 调试程序。锁住机床，空运行程序，采用图形验证程序的正确性。

5) 对刀，设定刀具参数和工件坐标系，装夹试切工件毛坯和刀具。手动选择各刀具，用试切法测量各刀具的刀具补偿值，并置入程序规定的刀具补偿单元，注意小数点和正负号。

6) 试切工件。调出当前工件的加工程序，选择自动操作方式，选择适当的进给倍率和快速倍率，按启动循环键，开始自动循环加工。首件加工时应选择较低的快速倍率，并利用系统的“单段”功能，可减少由程序和对刀错误引发的故障。

7) 批量加工。首件加工完毕后测量各加工部位的尺寸，修改各刀具的刀具补偿值，然后加工第二件。确认尺寸无误后恢复快速倍率（100%），批量加工。

8) 工作结束，清理机床。手动操作机床，使刀架停在适当位置，先按下操作面板上的急停按钮，再依次关掉操作面板电源、机床总电源和外部电源。

7.3.4　数控车削加工编程

数控车床与普通车床一样，也是用来加工旋转表面的，但为了自动化和提高效率，工件装夹多用液压卡盘、气动卡盘和电动卡盘。在车削过程中，由于工件各处余量不同，或工件精度不同，要求粗、精加工分开等原因，一个表面的加工常需多次反复进行，故在数控系统中备有固定循环功能。在编程时，要充分利用这些功能。本小节以 FANUC Mate-TC 系统的编程加工为例进行介绍。

1. 简单零件的加工编程

在数控车床上加工图 7-24 所示的零件，其中 ϕ80mm 外径不加工。

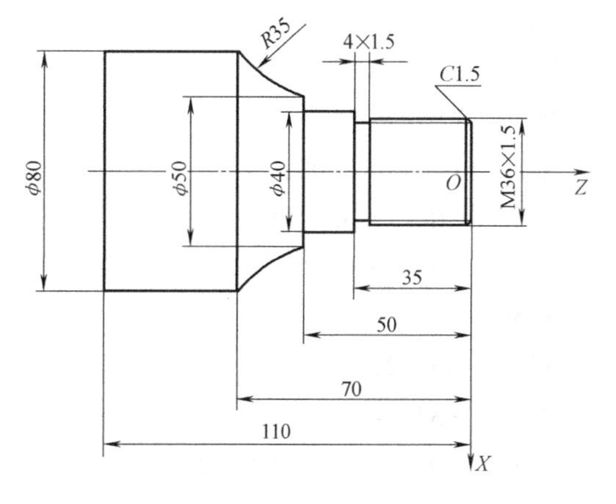

图 7-24　加工零件图

(1) 确定工件的装夹方式及工艺路

线　以工件左端面及 ϕ80mm 外圆为安装基准，以工件右端面回转中心为工件坐标系原点，其工艺路线为：

1）车端面，粗、精车外轮廓各部分尺寸。

2）切 ϕ33mm 退刀槽。

3）车 M36×1.5 螺纹。

（2）刀具选择　根据加工要求选择外圆车刀、切槽刀及 60°螺纹车刀各一把，其编号分别为 T01、T02 和 T03。

（3）编制加工程序　零件加工程序如下：

```
O0001                                    程序名
N10  T0101  M03  S600;                   T01 号刀及 01 号刀补，主轴正转
N20  G00  X85  Z0  M08;                  快速定位到切刀点，切削液开
N30  G01  X-1  F0.2;                     车端面
N40  G00  X80  Z2;                       快速定位
N50  G71  U2  R0.1;                      车外圆循环
N60  G71  P70  Q120  U0.3  W0.2  F0.25;
N70  G00  X29;                           快速定位
N80  G01  X35.8  Z-1.5  F0.08;           车倒角
N90  Z-35;                               车 φ35.8mm 外圆
N100  X40;                               车端面
N110  Z-50;                              车 φ40mm 外圆
N120  X50;                               车端面
N120  G02  X80  Z-70  R35;               车 R35mm 圆弧
N140  G70  P70  Q120;                    精车循环
N150  G00  X150  Z50  M09;               快速退刀；切削液停
N160  T0202  S500;                       T02 号刀及 02 号刀补
N170  G00  X42  Z-35  M08;               快速定位
N180  G01  X33  F0.08;                   切槽
N190  G04  X1;                           暂停 1s
N200  G00  X150  M09;                    快速退刀，切削液停
N210  Z50;
N220  T0303  S600;                       T03 号刀及 03 号刀补
N230  G00  X40  Z2  M08;                 快速定位，切削液开
N240  G92  X35.2  Z-33  F1.5;            螺纹切削循环
N250  X34.6;
N260  X34.2;
N270  X34.04;
N280  G00  X150  Z50  M09;               快速退刀，切削液停
N290  M30;                               程序结束
```

2. 复杂零件的加工编程

精车图 7-25 所示的零件。

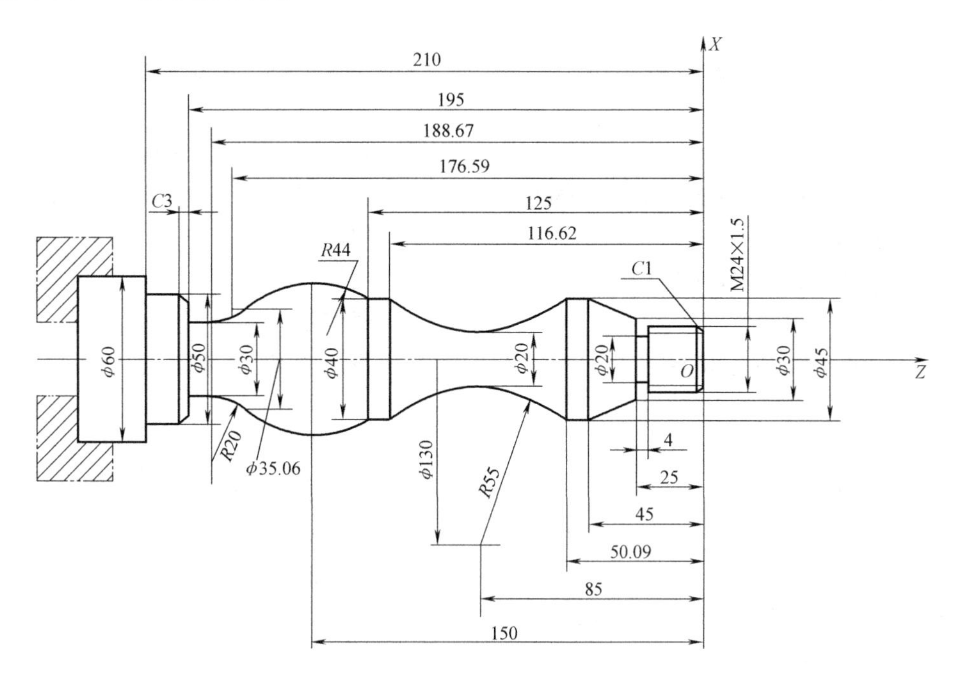

图 7-25　精车零件示意图

1）用 T01 号刀切削工件的外轮廓。加工路线为：倒角→车 ϕ24mm 外圆→车端面→车锥面→车 ϕ45mm 外圆→车 R55mm 圆弧→车 ϕ40mm 外圆→车 R44mm 圆弧+车 R20mm 圆弧→车 ϕ30mm 外圆+车端面→倒角→车 ϕ50mm 外圆→车端面。

2）用 T02 号刀切槽。

3）用 T03 号刀切削螺纹。

零件加工程序如下：

O0002	
N10　T0101　M03　S700；	T01 号刀及 01 号刀补
N20　G00　X20　Z1　M08；	快速定位，切削液开
N30　G01　X3.8　Z-1　F0.08；	倒角
N40　Z-25；	车 ϕ23.8mm 外圆
N50　X30；	车端面
N60　X45　Z-45；	车锥面
N70　Z-50.09；	车 ϕ45mm 外圆
N80　G02　X40　Z-116.62　R55；	车 R55mm 圆弧
N90　G01　Z-125；	车 ϕ40mm 外圆
N100　G03　X35.06　Z-176.59　R44；	车 R44mm 圆弧
N110　G02　X30　Z-188.67　R20；	车 R20mm 圆弧
N120　G01　Z-195；	车 ϕ30mm 外圆
N130　X44；	车端面

```
N140  X50  Z-198;                       倒角
N150  Z-210;                            车 φ50mm 外圆
N160  X60;                              车端面
N170  G00  X200  Z5  M09;               快速退刀，切削液停
N180  M01;                              选择停止
N190  T0202;                            T02 号刀及 02 号刀补
N200  G00  X36  Z-25  M03  S500;        快速定位
N210  M08;                              切削液开
N220  G01  X20  F0.05;                  切槽
N230  G04  X1;                          暂停 1s
N240  G00  X200  M09;                   快速退刀，切削液停
N250  Z5;
N260  M01;                              选择停止
N270  T0303;                            T03 号刀及 03 号刀补
N280  G00  X26  Z2  M03  S400;          快速定位
N290  M08;                              切削液开
N300  G92  X23.2  Z-21.5  F1.5;         螺纹切削
N310  X22.6;
N320  X22.2;
N330  X22.04;
N340  G00  X200  Z5  M09;               快速退刀，切削液停
N350  M30;                              程序结束
```

7.4 数控铣削加工实验

7.4.1 实验目的

1）了解数控铣床的基本组成及工作过程。

2）掌握常用代码的功能，并能独立完成一般零件的数控铣削加工程序的编制和运用。

3）掌握常用数控铣床的操作方法与步骤，能够独立完成一般零件的数控铣削加工。

7.4.2 实验概述

数控铣床采用铣削方式加工工件，能完成平面铣削、平面型腔铣削、外形轮廓铣削、三维及三维以上复杂型面铣削，如各种凸轮、模具等；还可进行管材钻削和内螺纹切削等孔加工。若再添加数控转台等附件，则应用范围将更广，可用于加工螺旋桨叶片等空间曲面零件。此外，随着高速铣削技术的发展，数控铣床可以加工形状更为复杂的零件，精度也更高。

1. 数控铣床的分类

（1）按照主轴与工作台的位置关系分类　数控铣床可分为立式数控铣床和卧式数控铣

床。立式数控铣床的主轴轴线垂直于工作台，是数控铣床中数量最多、应用最广泛的铣床，如图 7-26 所示；卧式数控铣床的主轴轴线平行于工作台，如图 7-27 所示。

（2）按照伺服控制轴数分类　数控铣床可分为两轴半数控铣床、三轴数控铣床和多轴联动数控铣床。两轴半数控铣床可对三轴中的任意两轴进行联动控制；三轴数控铣床为三轴联动；多轴联动数控铣床有四轴联动数控铣床（图 7-28）和五轴联动数控铣床（图 7-29），主要是增加了一个或两个旋转轴。

2. 数控铣床的结构

数控铣床由床身、立柱、主轴箱、工作台、滑鞍、滚珠丝杠、伺服电动机、何服装置和数控系统等组成。床身用于支承和连接机床各部件。主轴箱用于安装主轴。主轴下端的锥孔用于安装铣刀。当主轴箱内的主轴电动机驱动主轴旋转时，铣刀进行切削工件。主轴箱还可沿立柱上的导轨在 Z 向移动，使刀具上升或下降。工作台用于安装工件或夹具。工作台可沿床鞍上的导轨在 X 向移动，床鞍可沿床身上的导轨在 Y 向移动，从而实现工作台带动工件在 X 向和 Y 向的移动。无论是 X、Y 向，还是 Z 向的移动都是靠伺服电动机驱动滚珠丝杠来实现的。伺服装置用于驱动伺服电动机，控制器用于输入零件的加工程序和控制机床的工作状态，控制电源用于向伺服装置和控制器供电。

图 7-26　立式数控铣床

图 7-27　卧式数控铣床

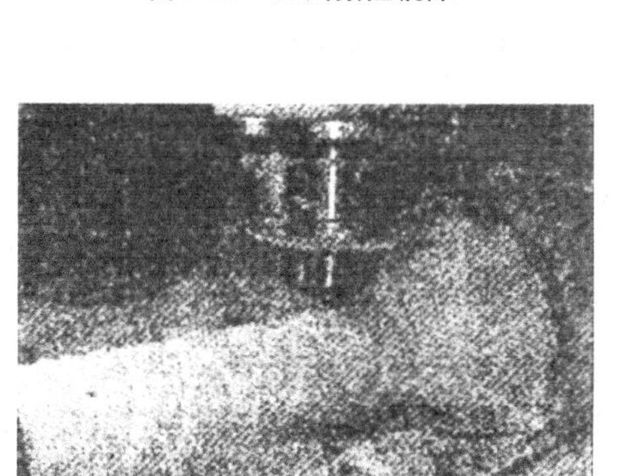

图 7-28　正在加工的四轴联动数控铣床

图 7-29　主轴具有旋转功能的五轴联动数控铣床

3. 数控铣床的功能

各种数控铣床所配置的数控系统虽然各有不同，但各种数控系统的功能，除一些特殊功能不尽相同外，其主要功能基本相同，一般有：

1）点位控制功能。

2）连续轮廓控制功能。

3）刀具半径补偿功能。

4）刀具长度补偿功能。

5）比例及镜像加工功能。

6）旋转功能。

7）子程序调用功能。

7.4.3 数控铣削加工注意事项

数控铣床是速度极高、功率极大的机床，因此，在各种情况下必须严格遵守所有的安全规则和操作指令。

1）必须遵守数控设备的操作规程。

2）开动机床前，必须关好防护罩。

3）在工作台上装夹工件和夹具时，需要考虑重力平衡和合理利用好台面。

4）加工铸铁、非金属材料等脆性材料时，要将导轨面的润滑油擦净，并采取保护措施。

5）加工中排屑装置应畅通无阻。

6）定期做好各类装置、部件的维护工作。

7.4.4 数控铣削加工编程

1. 常用 G 指令

本小节以 FANUC 系统数控铣床为例，列出部分 G 指令的功能。

1）G90：绝对坐标编程指令（模态指令）。编程格式：G90 G01 X30 Y-60 F100;

2）G91：增量坐标编程指令（模态指令）。编程格式：G91 G01 X40 Y30 F150;

这与数控车削加工编程不同。在车削加工编程中，绝对坐标编程直接用绝对坐标编程代码 X、Z 表示，增量坐标编程用代码 U、W 表示。因此，编程时一定要查看机床使用说明书的规定。

3）G41：左侧刀具半径补偿指令（模态指令）。顺着刀具运动方向看，刀具在零件轮廓的左侧，铣削时用 G41。编程格式：G41 G01 X__ Y__ F__;

4）G42：右侧刀具半径补偿指令（模态指令）。顺着刀具运动方向看，刀具在零件轮廓的右侧，铣削时用 G42。编程格式：G42 G01 X__ Y__ F__;

5）G40：撤销刀具半径补偿指令（模态指令）。G40 必须与 G41 或 G42 成对使用。编程格式：G40 G01 X__ Y__ F__；撤销刀补的程序段中必须用直线插补指令 G01 和编入数值，以撤销刀补轨迹。

2. 铣削编程举例

铣削图 7-30 所示底盘零件。已知工件材料为 Q235，外轮廓面留有 2.5mm 的精加工余量。图中：*A*、*B* 为铣刀的位置，箭头表示铣刀运动方向；P_1 ~ P_{10} 表示零件外轮廓的基点；*O* 为坐标原点。

零件加工分析：

1）选择工件坐标系，如图 7-30 所示，O 为坐标系原点。

2）选零件底面和 2×ϕ16mm 孔为定位基准。作为小批量生产，可设计一简单夹具。根据六点定位原理，采用”一面二销”定位。凸台上表面用螺母压板夹紧，用手工装卸。

3）选用 ϕ10mm 的立铣刀，刀号为 T01。

4）计算零件轮廓各基点（即相邻两几何要素的交点或切点）的坐标。由此计算得：P_1 点（X9.44，Y0）；P_2 点（X1.55，Y9.31）；P_3 点（X8.89，Y53.34）；P_4 点（X16.78，Y60）；P_5 点（X38.0，Y60.0）；P_6 点（X62.0，Y60.0）；P_7 点（X83.22，Y60.0）；P_8 点（X91.11，Y53.34）；P_9 点（X98.45，Y9.39）；P_{10} 点（X90.56，Y0）。

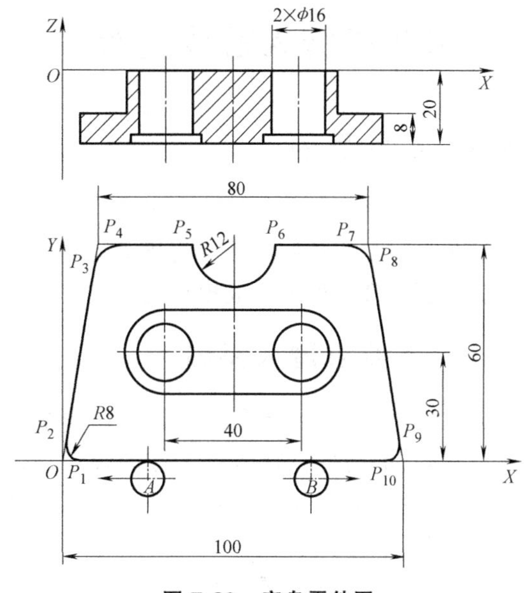

图 7-30　底盘零件图

底盘数控加工加工程序见表 7-1。

表 7-1　底盘数控加工加工程序

程序段号	程序内容	说　　明
N10	G92　X0　Y0　Z20.0;	设定坐标系，起刀点在 XY 平面中的原点上方
N20	G90　G01　Z5.0　T01　S800　M03;	绝对编程方式，1 号刀，转速 800r/min，正转
N30	G41　G01　X9.44　Y0　F300;	左补偿，刀具在 P_1 点上方，准备切入
N40	Z-21.0;	Z 向进刀切入，铣侧面 P_1 点处
N50	G02　X1.55　Y9.31　R8.0;	铣 P_1P_2 段(圆弧面)
N60	G01　X8.89　Y53.34;	铣 P_2P_3 段
N70	G02　X16.78　Y60.0　R8.0;	铣 P_3P_4 段(圆弧面)
N80	G01　X38.0;	铣 P_4P_5 段
N90	G03　X62.0　Y60.0　I12.0　J0;	铣 P_5P_6 段(圆弧面)
N100	G01　X83.22;	铣 P_6P_7 段
N110	G02　X91.11　Y53.34　R8.0;	铣 P_7P_8 段(圆弧面)
N120	G01　X98.45　Y9.31;	铣 P_8P_9 段
N130	G02　X90.56　Y0　R8.0;	铣 P_9P_{10} 段(圆弧面)
N140	G01　X-5.0;	铣完 $P_{10}P_1$ 段后继续向负 X 向移动
N150	G00　Z20.0;	Z 向退刀
N160	G40　G01　X0　Y0　F300;	取消补偿，返回 XY 平面中的原点上方
N170	M05;	主轴停止转动
N180	M02;	程序结束

7.5 工业机器人系统实验

7.5.1 实验目的

1）了解和掌握机器人系统的组成。

2）根据机器人控制系统，初步了解复杂空间的运动控制方式。

3）掌握工业机器人组成模块的功能。

7.5.2 工业机器人系统

工业机器人本体包括金属结构件、非金属外观件、伺服电动机、减速器、传动装置、传感器、连接件、管线等。工业机器人训练平台如图 7-31 所示。

图 7-31 工业机器人训练平台

1. 工业机器人的机械结构

工业机器人本体是工业机器人的支承基础和执行机构。工业机器人本体是工业机器人系统的重要部分，所有的计算、分析和编程最终都要通过本体的运动和动作来完成特定的任务。工业机器人的机械结构是用来完成各种作业的执行机构，执行机构本质上是一个模拟人手臂的机构，其一端固定在基座上，另一端可自由运动，通常由杆件和关节组成。

通过一些简单、巧妙的设计方式，将伺服电动机隐藏于手臂结构之中，并通过传动装置将输出传送到驱动轴，使得工业机器人的外形结构美观且小巧，能在有限的空间中完成复杂的工艺动作。同时，该训练平台可以让学生真实看到工业机器人的高性能伺服驱动和高精度减速器两大核心部件，以及各轴的动力输出方式，深入了解对于产品空间要求严格、自由度高的机电一体化产品的机械结构设计方法，并通过配套的装配图解，了解复杂精密机电设备的装配过程和细节要求。工业机器人各组成模块示意图如图 7-32 所示。

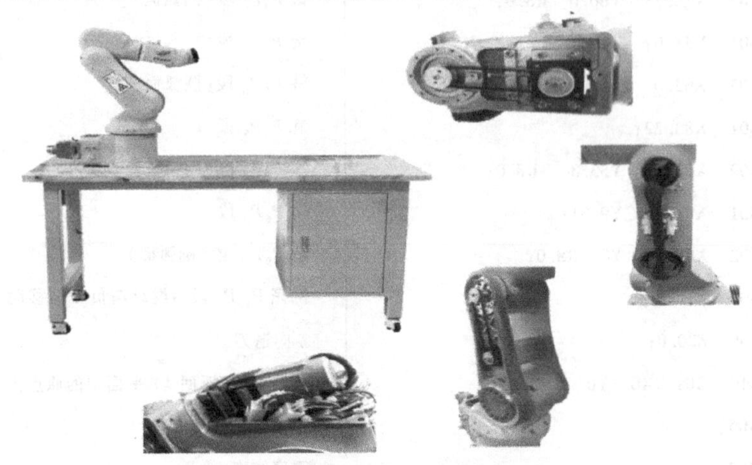

图 7-32 工业机器人各组成模块示意图

2. 工业机器人的伺服驱动机构

工业机器人的电动伺服驱动系统是利用各种电动机产生的力矩和力，直接或间接地驱动工业机器人本体，以获得工业机器人的各种运动的执行机构。

工业机器人关节轴驱动的电动机，要求高起动转矩、低惯量和较宽广且平滑的调速范围。特别是像工业机器人末端执行器（手爪）应采用体积、质量尽可能小的电动机，尤其是在要求快速响应时，伺服电动机必须具有较高的可靠性和稳定性，并且具有较大的短时过载能力。

工业机器人的六个关节均配有交流伺服电动机。各关节电动机的位置示意图如图 7-33 所示，其中一轴、二轴电动机相同。一轴~三轴电动机搭配 RV 减速器，四轴~六轴电动机搭配谐波减速器。

3. 工业机器人的控制系统

在工业机器人系统中，电气控制柜是很重要的设备，它用于安装各种控制单元，进行数据处理及存储和执行程序，是工业机器人系统的大脑。根据被控制设备的多少、大小来选择不同的电气元件，安装在一个防潮、防锈、防尘、隔热，又可以移动的柜子中。工业机器人控制系统的安装如图 7-34 所示。

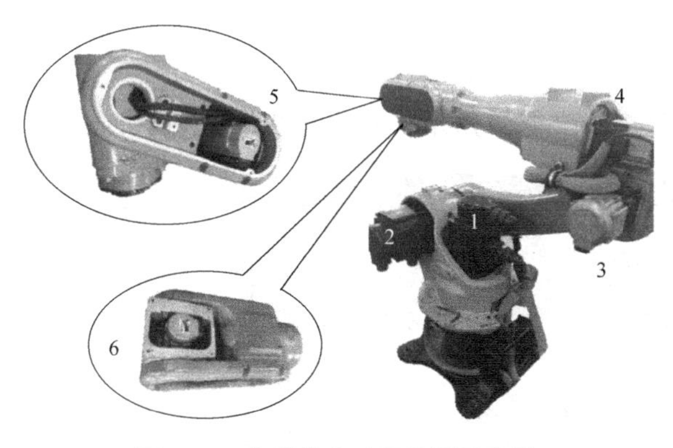

图 7-33　各关节电动机位置示意图

1—一轴电动机　2—二轴电动机　3—三轴电动机
4—四轴电动机　5—五轴电动机　6—六轴电动机

图 7-34　工业机器人控制系统的安装

从硬件结构了解工业机器人控制系统的构成、电气结构形式，快速掌握工业机器人基本维护操作内容、错误报警排除方法、电气接线方式和运动控制原理，初步了解更加复杂的空间逆解算法、运动控制方式。

4. 工业机器人示教器

在工业机器人的使用过程中为了方便地控制工业机器人，并对工业机器人进行现场编程，调试时都会有自己的手持编程器。工业机器人手持式编程器常被称为示教器。工业机器人示教器的外观如图 7-35 所示。

示教器各部分的主要功能如下：

1）触摸屏：示教器的操作界面显示屏。

2）钥匙开关：用于切换机器人的运行方式。

3）紧急停止按钮：按下此按钮，可立即停止机器人的动作。此按钮的控制操作优先于

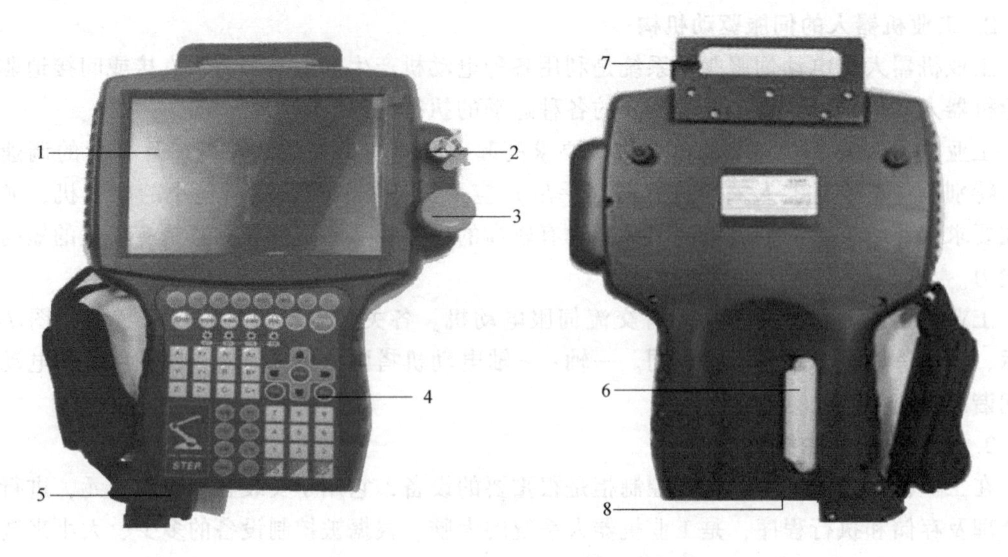

图 7-35　工业机器人示教器的外观

1—触摸屏　2—钥匙开关　3—紧急停止按钮　4—状态指示灯和按键

5—示教器线缆　6—使能器按钮　7—触摸屏用笔　8—数据备份用 USB 接口

机器人任何其他的控制操作。

4）状态指示灯和按键：上部按键和指示灯如图 7-36 所示，其功能可参考说明书。

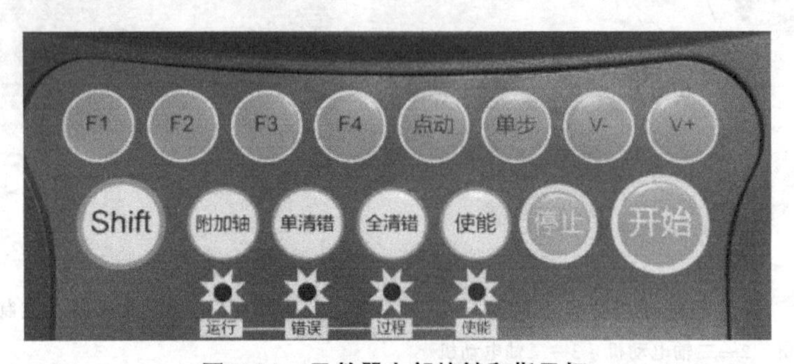

图 7-36　示教器上部按键和指示灯

5）示教器线缆：与机器人控制台连接，实现机器人的运动控制。

6）使能器按钮：机器人手动运行时，只有按下三位使能开关，并保持在电动机上电开启的状态，才能对机器人进行手动操纵与程序调试。

7）触摸屏用笔：触摸屏操作的工具。

8）数据备份用 USB 接口：用于外接 U 盘等存储设备，传输机器人备份数据。

7.5.3　工业机器人系统组成模块认知训练

1. 工业机器人机械结构认知

工业机器人按照组件的方式划分，可分为腕关节组件、前臂筒、前臂驱动组件、大臂镶钢丝螺套组件和旋转臂组件五个主要组成部分，如图 7-37 所示。旋转臂组件与大臂镶钢丝螺套组件构成工业机器人基体。

（1）腕关节组件　六轴工业机器人具有六个自由度从而使末端执行器达到目标位置和

处于期望的姿态，腕部自由度主要是用来实现所期望的姿态。腕关节末端可以安装各类专用工具，组成手部，也就是末端执行器，从而进行具体的任务操作。

腕关节组件包含六轴箱体和五轴箱体，是工业机器人机械结构中最为复杂的部分，如图 7-38 所示。

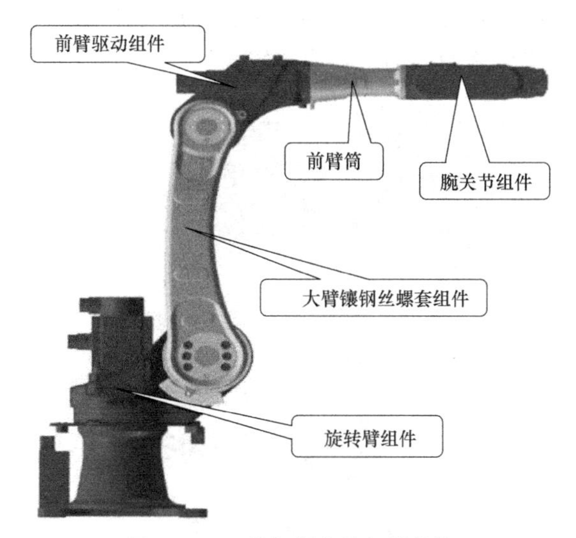

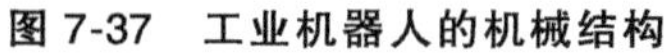

图 7-37　工业机器人的机械结构

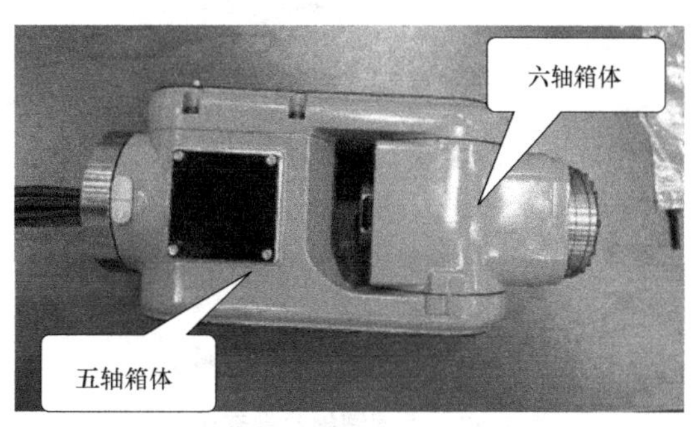

图 7-38　腕关节组件

（2）前臂筒和前臂驱动组件　前臂驱动组件连接大臂镶钢丝螺套组件与前臂筒，共同组成机器人的臂部。臂部是工业机器人的主要运动部件，主要用于改变腕关节组件和末端执行器的空间位置，并将各种载荷传递到机座组件。前臂驱动组件的内部安装有四轴伺服电动机和减速器，连接前臂筒（图 7-39a），可以驱动四轴转动。前臂驱动组件（图 7-39b）同时装有三轴减速器和三轴伺服电动机，连接大臂镶钢丝螺套组件，可以驱动三轴转动。

a)

b)

图 7-39　前臂筒和前臂驱动组件

a）前臂筒　b）前臂驱动组件

（3）大臂镶钢丝螺套组件　大臂镶钢丝螺套组件如图 7-40 所示，其两端分别与旋转臂组件和前臂驱动组件连接。前臂驱动组件与大臂镶钢丝螺套组件通过螺钉连接，三轴限位块和缓冲块起到限制三轴转动范围的作用。

（4）旋转臂组件　旋转臂组件包含旋转座组件、机座组件、一轴减速器组件和一轴电动机组件，如图 7-41 所示。机座组件主要起到支承机器人整体的作用。在机座组件上方安装一轴减速器和伺服电动机，与旋转座组件连接，构成一轴旋转座组件，其一端与机座组件相连，另外一端经过图 7-42b 所示二轴减速器与大臂镶钢丝螺套组件连接，如图 7-42a、d 所示。在旋转座组件上装有图 7-42c 所示的二轴防撞块组件，用于二轴限位；在旋转座组件上装有图 7-42e 所示的二轴电动机组件后可以驱动二轴来回摆动，构成二轴。

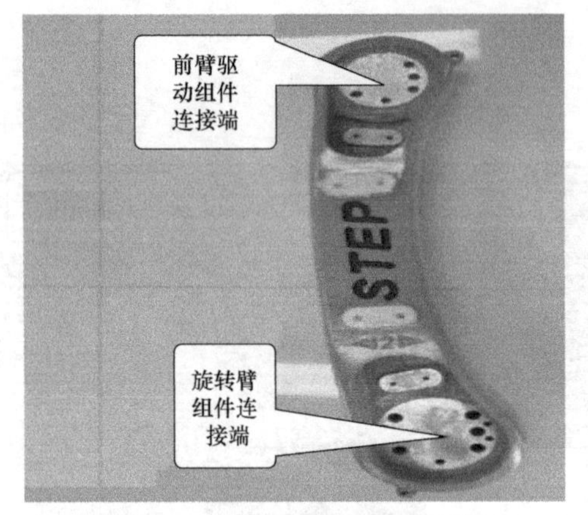

图 7-40　大臂镶钢丝螺套组件

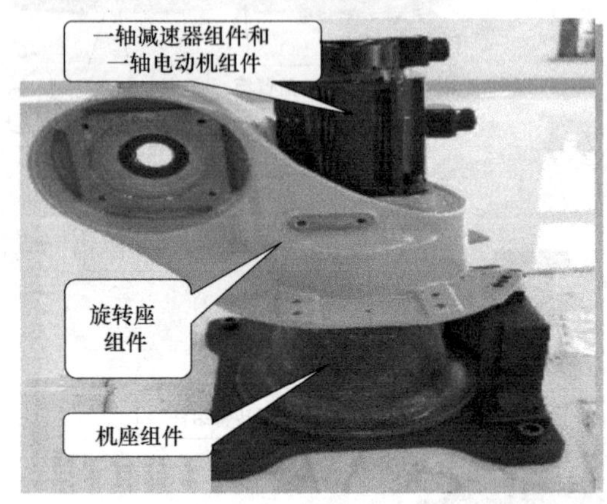

图 7-41　旋转臂组件

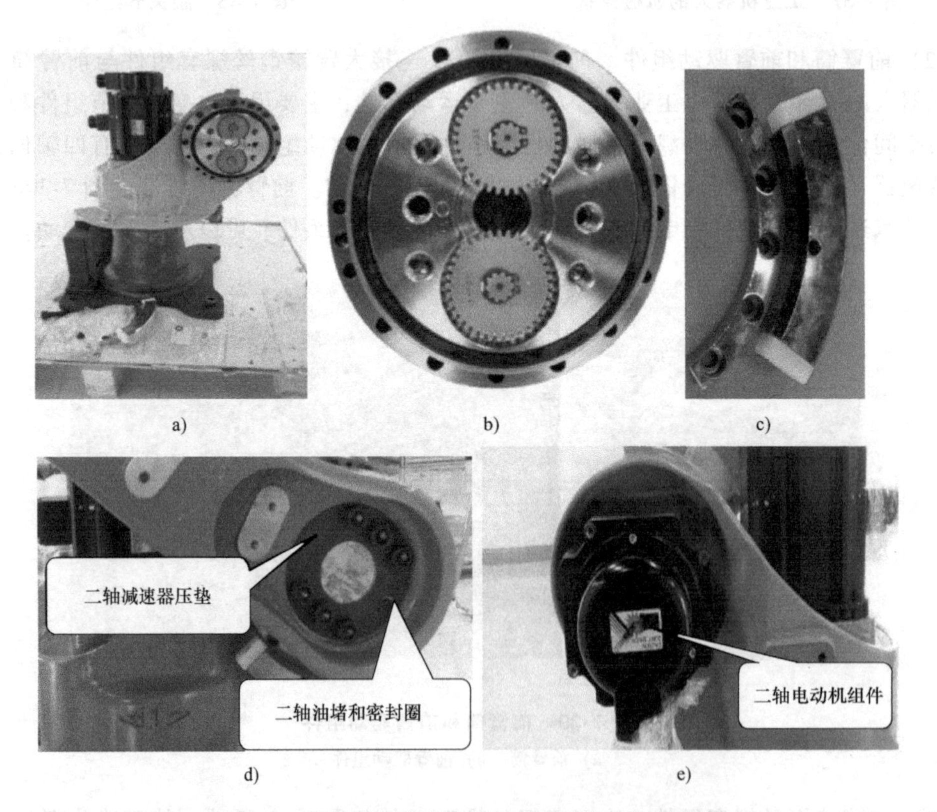

图 7-42　旋转座组件与大臂镶钢丝螺套组件的连接

a）装有二轴减速器的旋转臂组件　b）二轴减速器　c）二轴防撞块组件

d）旋转座组件与大臂镶钢丝螺套组件的连接　e）二轴电动机组件

2. 工业机器人控制系统-电气结构认知

(1) 控制器 图7-43所示的控制器是工业机器人控制系统的运算控制单元，通过与控制台其他元器件的通信和内部数据处理，实现对机器人行走轨迹和空间姿态的控制。如果将控制台比作计算机，那么控制器就类似于控制台的CPU。控制器工作电压为24V，由开关电源为其供电。

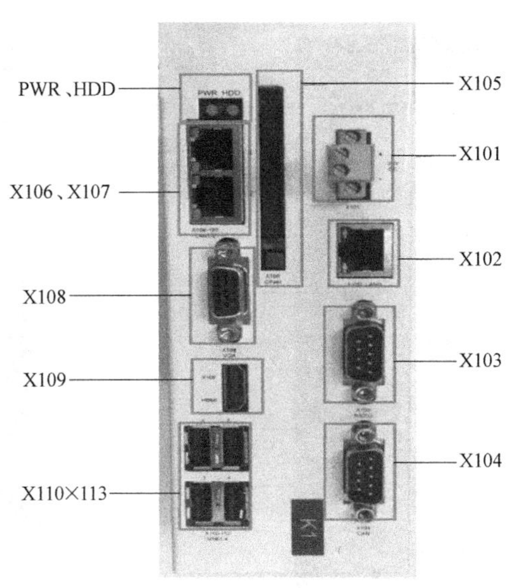

图7-43 控制器

控制器端口及指示灯说明见表7-2。其中，控制台使用的端口有：24V电源接口(X101)、Ethernet网口(X102、X106、X107)和CAN接口(X104)。

(2) 伺服驱动器 控制台上共有六个伺服驱动器，将控制器的控制指令转换为伺服电动机的转角及转速(正转/反转)信号，分别驱动和控制机器人一~六轴的电动机按控制器指令旋转。图7-44所示为伺服驱动器的正面、侧面和底面的接线端口，六个伺服驱动器完全相同。伺服驱动器本体的工作电压为220V，由隔离变压器将主电源380V电压变换为220V后输入伺服驱动器供电。伺服驱动器内部的控制单元工作电压为24V，由开关电源为其供电。

表7-2 控制器端口及指示灯说明

端口名称	功能
X101	24V电源接口
X102	Ethernet网口LAN0用于EtherCat总线通信
X103	RS232串口
X104	CAN接口
X105	Compact Flash卡槽
X106、X107	Ethernet网口LAN1~2，LAN1是调试网口，也可用于一些外接网络通信；LAN2用于和示教器进行数据交换
X108	VGA显示器接口
X109	HDMI显示器接口
X110、X113	HDMI显示器接口
PWR	电源指示灯
HDD	硬盘指示灯

(3) 开关电源 开关电源为控制台元器件提供24V控制电压，由隔离变压器将主电源380V电压变换为220V后输入供电。图7-45所示是开关电源的接线端口，其端口说明见表7-3。

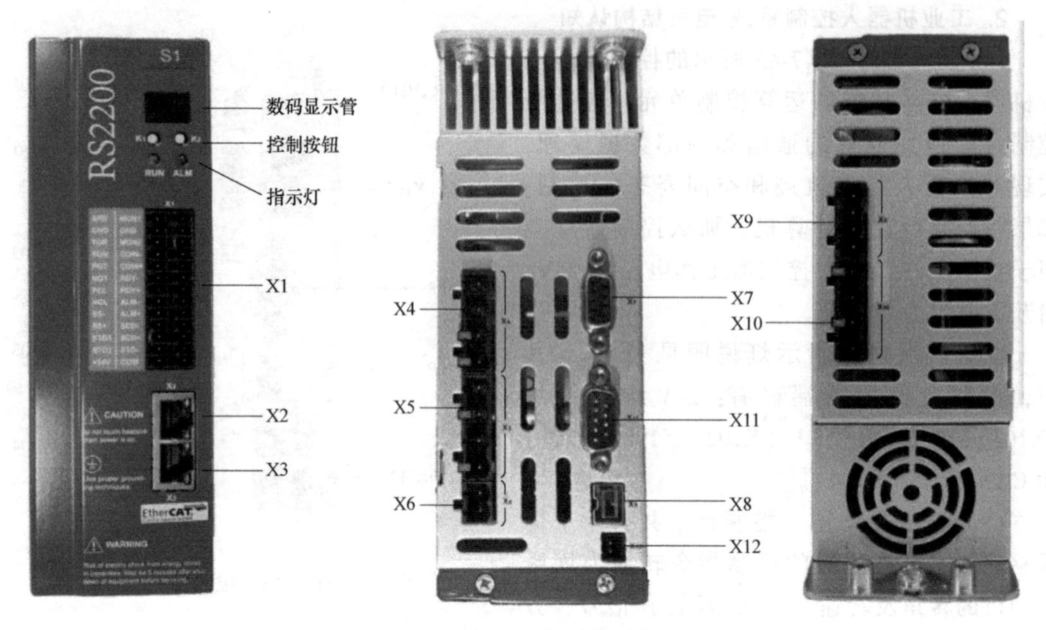

图 7-44 伺服驱动器接线端口

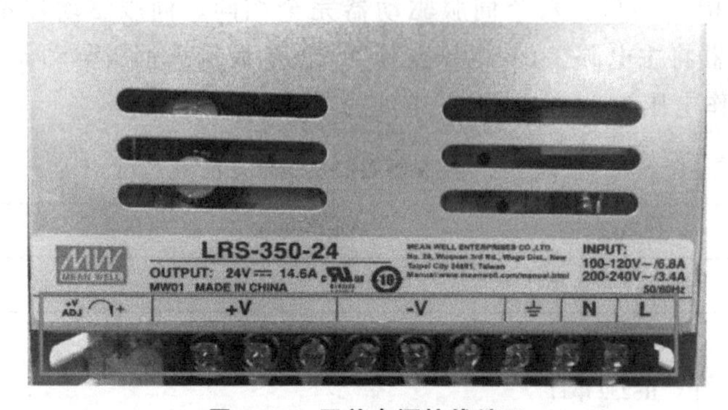

图 7-45 开关电源接线端口

表 7-3 开关电源端口说明

端口名称	功　能
开关电源指示灯	指示电源通电是否正常
+V、-V	电源的 24V/0V 端口,共三组,输出 24V 直流电压
N、L	输入交流电源

（4）安全逻辑板　图 7-46 所示的安全逻辑板是机器人控制系统安全逻辑管理部件，对整个系统的安全功能和相关逻辑进行集中管控，以确保整个系统安全可靠、逻辑正常，工作电压为 24V。

通过对安全逻辑板的控制主要实现以下功能：

1）电源控制功能。安全逻辑板检测到有 24V 控制电源输入后，自动输出到控制器、伺服驱动器、示教器，实现控制器回路供电控制；检测系统一切正常且门禁开关输入信号为“闭合”后，输出信号控制主接触器闭合，主回路导通。

2）快速停止控制功能。机器人在手动操纵模式下，用力按下使能器按钮第二档后触发，用于快速停止机器人。

3）安全转矩关断（STO）控制。紧急情况下，如安全回路断开、严重报警时，若按下紧急关断按钮，控制系统立即断开，触发紧急停止。

图 7-46 安全逻辑板

（5）I/O 通信模块　控制台 I/O 通信模块可以提供 16 路数字输入信号 DI、12 路数字量输出和 4 路开关量输出信号 DO 端口，输入输出信号端口可根据需要扩充为 32 路。输入输出信号端口引脚无法直接插接端子，需经过转接端子排（图 7-47a）转接实现接线功能。I/O 通信模块工作电压为 24V。图 7-47b 所示为 I/O 通信模块的接线端口，其端口说明见表 7-4。

a)

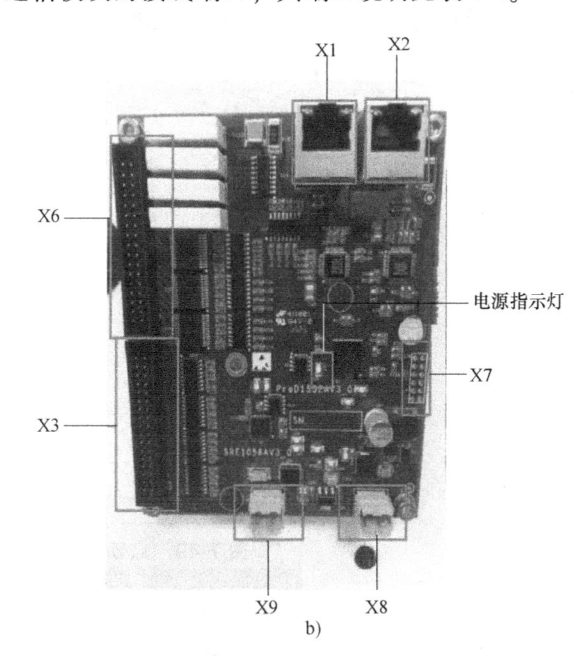

b)

图 7-47 转接端子排及 I/O 通信模块接线端口

a）转接端子排 b）I/O 通信模块接线端口

表 7-4 I/O 通信模块接线端口说明

端口名称	功　能
X1、X2	以太网接口，采用 Ether CAT 现场总线协议，与外部控制器进行通信
X3	16 路数字量输入（DI）端口
X6	12 路数字量输出和 4 路开关量输出（DO）端口
X7	I/O 通信模块输入输出接口数量的扩展接口，I/O 通信模块间采用 EBUS 总线通信
X8、X9	电源接口，采用 24V 电源供电，共有两组 24V 电源接口，X8 为系统工作提供电源，X9 为输入输出信号端口供电。这两组电源接口相互隔离，互不干扰
电源指示灯	指示 I/O 通信模块供电输入是否正常

7.5.4 工业机器人系统功能操纵实训

1. 在手动操纵下完成工业机器人在基坐标系下的线性运动

主要事项：①在操纵工业机器人线性运动前需先将机器人运动速度调低；②在运动过程中如有任何异常，可立即松开使能或按下紧急停止按钮。

具体步骤如下：

1）打开示教器钥匙开关，在运动方式模式中选择手动模式，如图7-48所示。

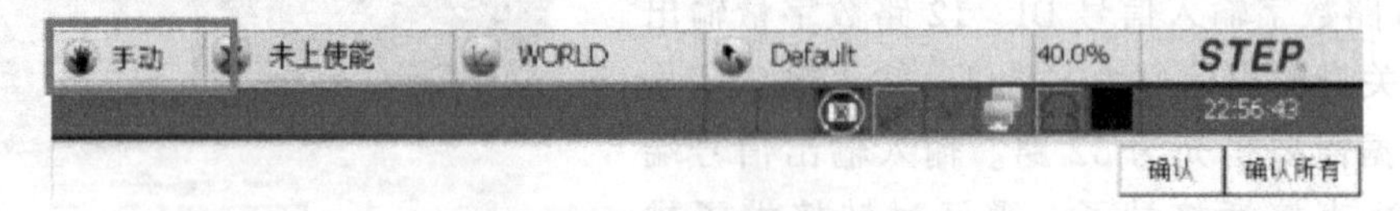

图7-48 示教器显示界面

2）单击“点动坐标系”按钮（图7-49），系统弹出点动参考坐标系设置对话框，选择“基坐标系”（或通过“点动”按键进行快捷键切换）。

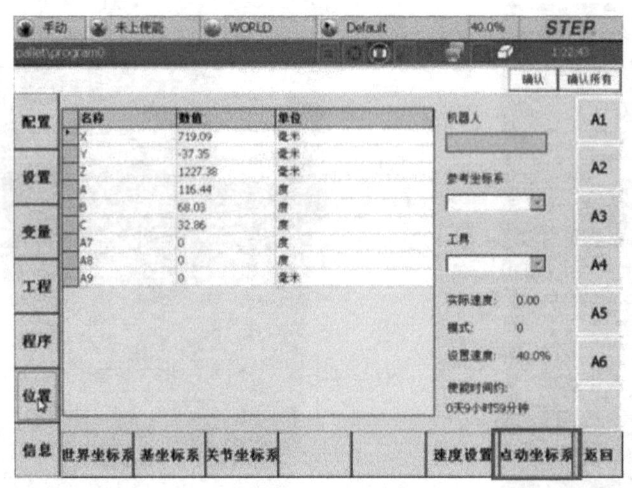

图7-49 点动坐标系设置

坐标系是从一个称为原点的固定点通过轴定义的平面或空间。机器人目标和位置是通过沿坐标系轴的测量来定位的。在工业机器人的操作、编程和调试时，坐标系具有重要的意义。机器人系统中可使用若干坐标系，每个坐标系都适用于特定类型的控制或编程。工业机器人的坐标系如图7-50所示。

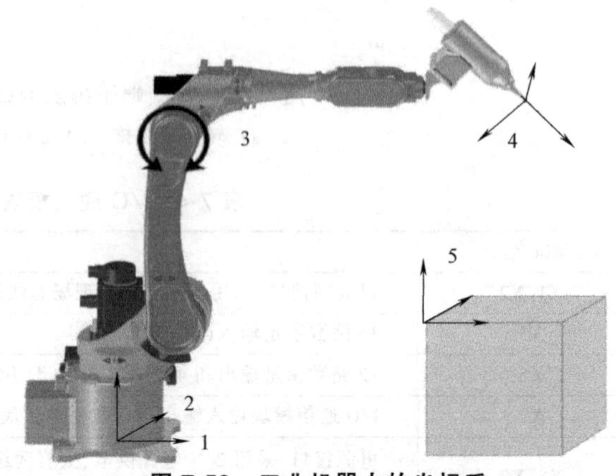

图7-50 工业机器人的坐标系

1—世界坐标系 2—基坐标系 3—关节坐标系 4—工具坐标系 5—工件坐标系

3）按住示教器功能按键（图7-51），X、Y、Z三个按键依次控制刀具中心点（TCP）沿基坐标系X、Y、Z轴平移，如“X-”控制X轴负向移动，“X+”控制X

轴正向移动；A、B、C 三个按键依次控制 TCP 沿基坐标系 X、Y、Z 轴旋转，如“A-”控制 X 轴负向旋转，“A+”控制 X 轴正向旋转，从而实现机器人的线性运动。

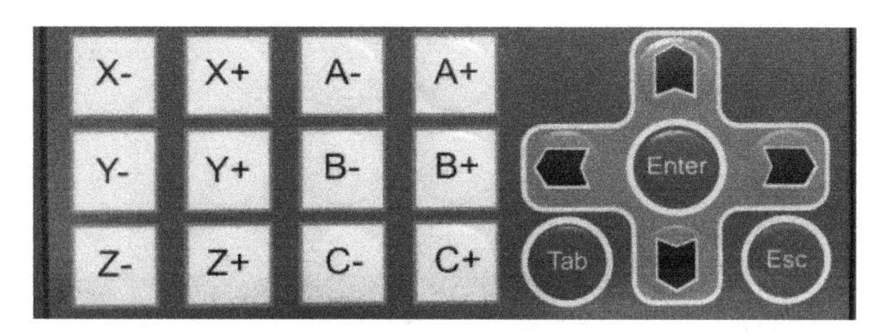

图 7-51　示教器功能按键

2. 操纵工业机器人 I/O 信号控制指示灯开关

在控制台上完成端口号为“1”的数字量输出端口与指示灯的连接后，按照操作步骤，配置机器人数字输出信号，通过输出信号控制指示灯的开启和关闭。

1）单击示教器上的“配置”按钮，在弹出的目录里选择信号配置，进入信号配置界面，选择 IO 配置，进入 IO 配置界面，如图 7-52 所示。

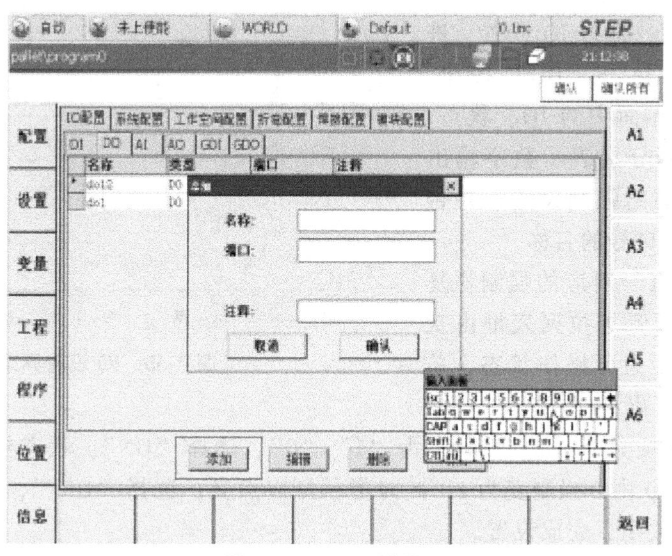

图 7-52　IO 配置界面

2）在 DO 配置界面，第一列为 DO 信号的名称，第二列为 IO 信号的类型，第三列为 DO 的端口号，第四列为 DO 信号的注释；单击 DO 配置界面的“添加”按钮，弹出“编辑”对话框，可添加 DO 信号，如图 7-52 所示。

3）在名称文本框中输入添加 DO 信号的名称“do1”，在端口文本框中输入 DO 端口号“1”，在注释文本框中输入字符串“light1”注释该 DO 信号，单击“确认”按钮，如图 7-53 所示。

4）如果端口号和名称没有与其他 DO 信号重复，就能成功添加 DO 信号，如图 7-54 所示，单击“保存”按钮，信号配置生效，否则 DO 配置无效。

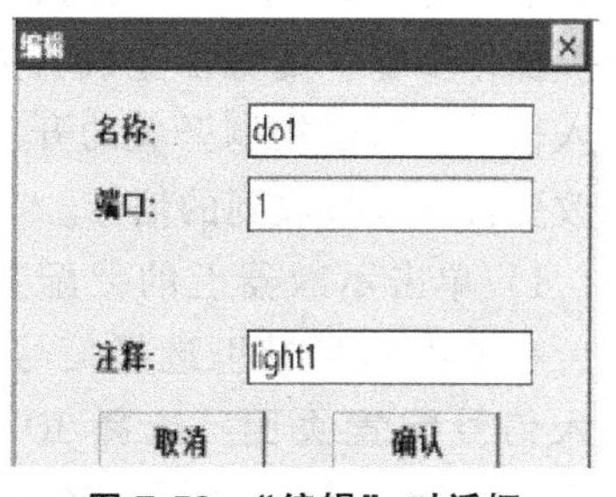

图 7-53　“编辑”对话框

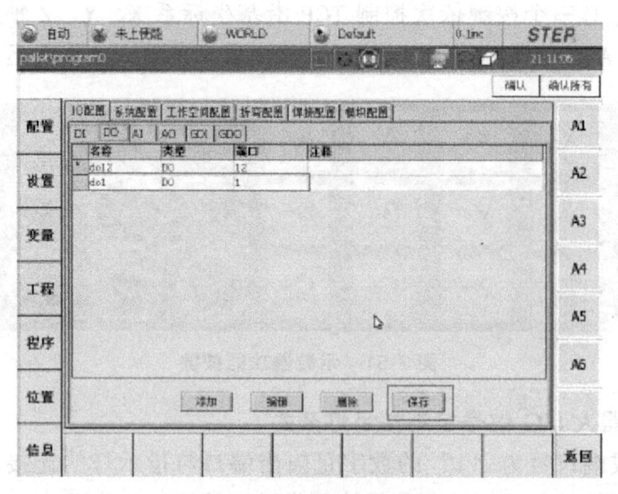

图 7-54　保存信号配置

5）单击示教器上的“设置”按钮，在弹出的目录里选择信号设置，进入信号设置界面，选择 IO 设置，进入 IO 设置界面，单击“DO”按钮，如图 7-55 所示，界面中的 ID、状态、设置、强制、注释分别表示数字输出端口号、状态、输出强制设置、是否打开输出强制、端口号的名称。

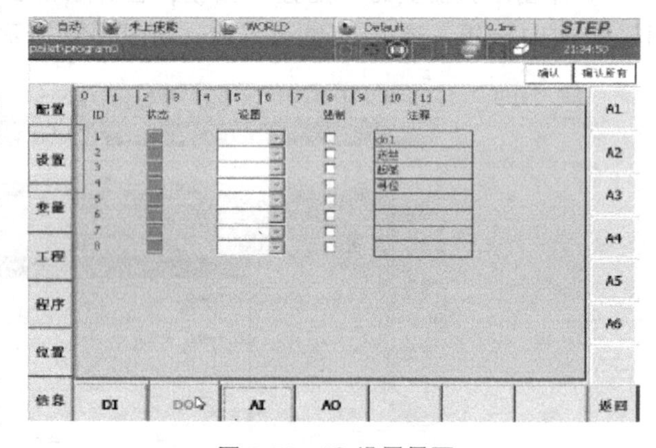

图 7-55　IO 设置界面

6）选中 ID“1”对应的强制栏复选按钮，对应的设置下拉列表框由灰色不可操作状态变为可操作状态，单击下拉列表框，弹出两个选项“ON”“OFF”，这两个选项分别对应 DO 状态为“1”“0”，选择“ON”，状态栏显示由灰色变为绿色，表示当前 DO 由 0 强制变为 1，此时指示灯应点亮；选择“OFF”，DO 由 1 强制变为 0，此时指示灯应关闭，完成设置。

3. 配置工业机器人 I/O 信号接收开关信号输入

在控制台上完成端口号为“1”的数字量输入端口与开关的连接后，按照操作步骤，配置工业机器人数字输入信号，通过控制开关的开启和关闭改变机器人接收到的信号。

1）单击示教器上的“配置”按钮，在弹出的目录里选择信号配置，进入信号配置页面，选择 IO 配置，进入 IO 配置界面，如图 7-56 所示。

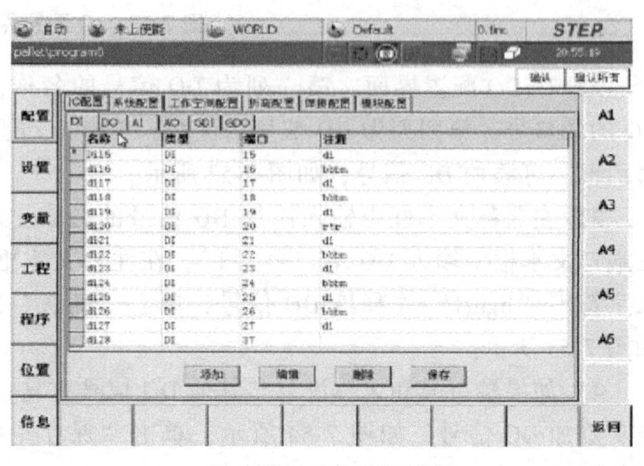

图 7-56　IO 配置界面

2）单击 DI 配置界面中的“添加”按钮，弹出“编辑”对话框，在名称文本框中输入添加的 DI 信号的名称“di1”，在端口文本框中输入 DI 端口号“1”，在注释文本框中输入字符串“ceshi”注释该 DI 信号，单击“确认”按钮，如图 7-57 所示。与输出信号配置相同，需要单击“保存”按钮，信号配置才能生效，否则，DI 配置无效。

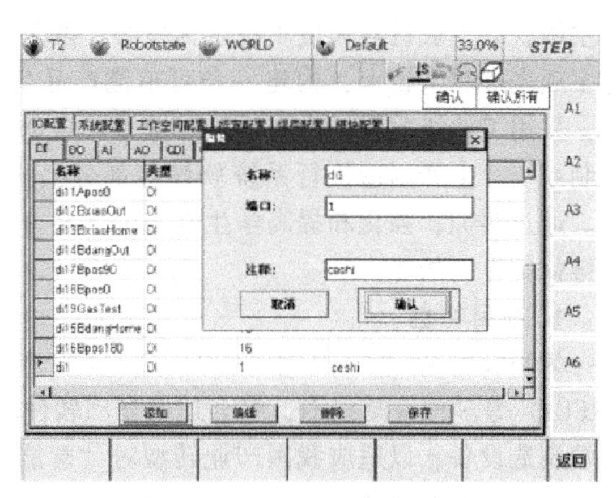

图 7-57　“编辑”对话框

3）单击示教器上的“设置”按钮，在弹出的目录中选择信号设置，进入信号设置界面，选择 IO 设置，进入 IO 设置界面，单击“DI”按钮，如图 7-58 所示，界面与 DO 信号设置的界面一致，界面操作方法也相同。

4）闭合控制台上的开关，ID“1”对应的状态栏显示应由灰色变为绿色，表示当前 DI 由 0 变为 1；断开控制台上的开关，状态栏应由绿色变为灰色，表示当前 DI 由 1 变为 0。

5）若需重新编辑一个已经保存过的信号，需在信号设置界面中选中此信号后单击“编辑”按钮，在弹出的“编辑”对话框中编辑，编辑之后需重新保存，如图 7-59 所示。

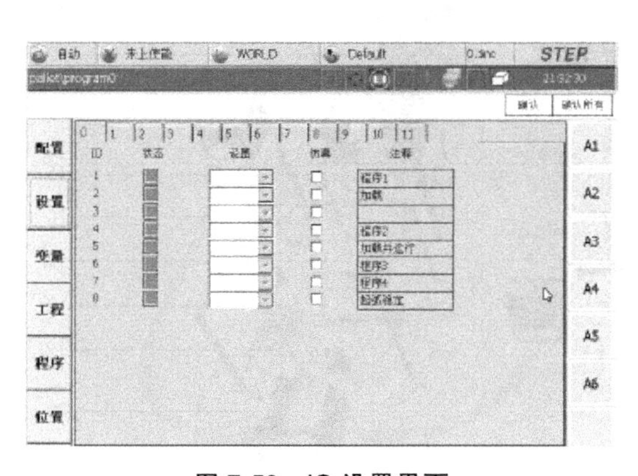

图 7-58　IO 设置界面

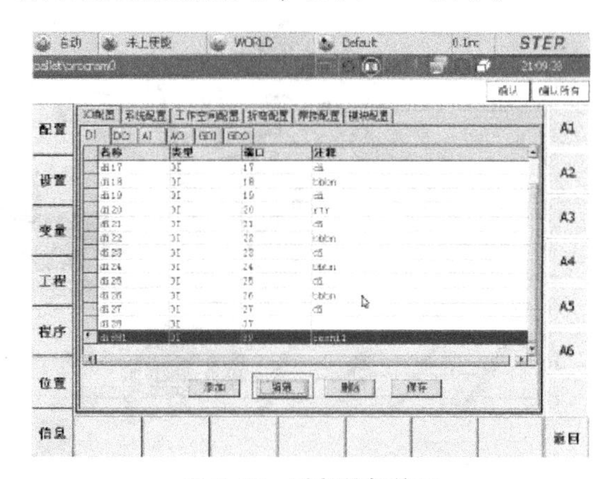

图 7-59　重新编辑信号

7.6　智能制造仿真系统实验

7.6.1　实验目的

1）了解智能制造技术、数字化智能车间、智慧工程等的应用领域。

2）了解和学习智能制造生产线建设方案仿真系统设计。

3）了解和学习智能制造车间一体化方案设计。

7.6.2　智能制造生产线建设方案仿真系统设计

本方案设计的智能制造生产线是以机械设备上普遍使用的伺服电动机安装座的加工流程

为主线，以工业机器人应用技术为核心，融集数控加工、物联网、机器视觉、无线射频识别等多项先进制造技术，构建一条可追溯产品生产流程的自动生产线。该生产线模拟生产现场，采用工业级配置，由自动加工单元、自动检测与装配单元、立体仓库单元、物流系统、控制系统、生产制造执行系统软件等部分组成。整个系统既源于生产实际，又符合实训要求。通过实训，强化和提高学生在先进柔性智造系统的安装、接线、编程、调试、故障诊断与维修等方面的能力。

1. 项目特色

为积极响应“中国制造 2025”，该生产线融集物联网、机器视觉、无线射频识别（RFID）等多种检测技术，综合运用自动软件的信息化手段，配置工业机器人和数控机床等高端制造设备，以适应我国产业转型对“智能工厂、智能物流、智能生产”的要求。

该生产线的主要工作流程：毛坯出库→数控加工→检测及装配→入库，除首次向仓储系统放置产品毛坯外，加工环节无需人工参与。生产线涉及工业机器人技术、智能视觉处理技术、射（RFID）应用技术、PLC 应用技术、电动机传动控制技术、传感技术、气动技术、组态监控与人机界面技术、现场总线与工业以太网技术等，采用西门子品牌的 PLC 控制系统，使系统达到“智能工厂、智能制造、智能物流”的目标。

2. 工业 4.0 智能制造生产线的基本构成（图 7-60）

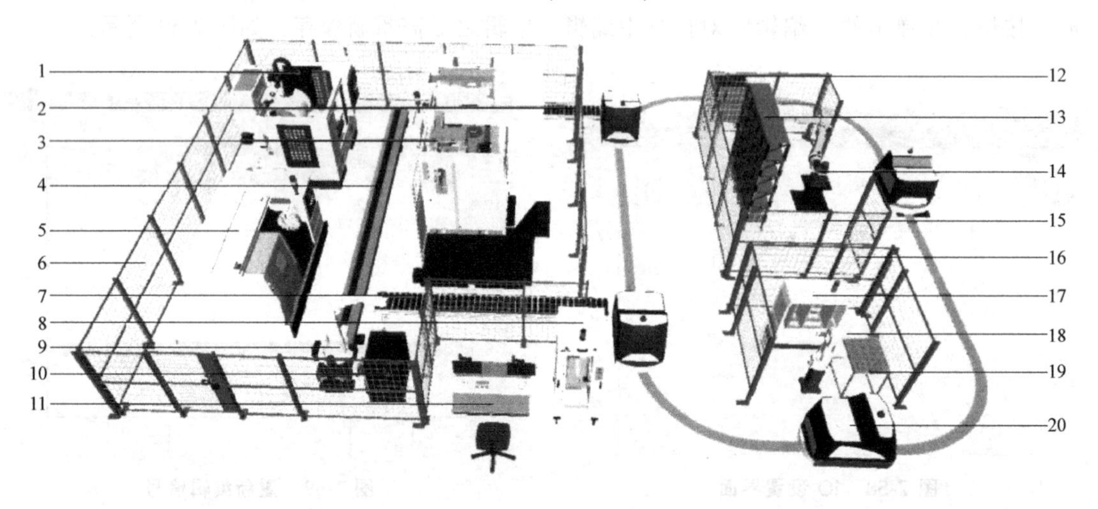

图 7-60 工业 4.0 智能制造生产线的基本构成

1—数控铣床 2—进料输送线 3—五轴加工中心 4—机器人移动导轨 5—数控车床 6—自动加工单元安全护栏 7—出料输送线 8—系统控制柜 9—上下料机器人 10、12—机器人控制器 11—系统总控台 13—立体仓库 14—搬运机器人 15—立体仓库单元安全护栏 16—自动检测及装配单元安全护栏 17—三坐标测量仪 18—检测装配机器人 19—装配工作台 20—AGV 小车

在该生产线上，工业机器人数量为 3 台：1 台工业机器人用于机床上下料，1 台工业机器人用于检测装配，1 台机器人用于出入库搬运。通过总控平台与各子系统的通信，并采用集成射频信息识别技术，将系统中各环节的状态显示在操作界面上，实时跟踪系统各环节的工况、状态、运行数据，掌握系统运行状态，真实再现产品生产与物流管理配送一体化。

系统以机械设备上普遍使用的伺服电动机安装座为生产加工载体，伺服电动机安装座由轴承座、轴承盖、防尘盖部件组成。轴承座由五轴加工中心加工，轴承盖由车床进行加工，再由铣床进行二次加工，防尘盖由铣床加工。

3. 生产线建设方案仿真项目内容

1）THMSRX-1型柔性自动化生产线仿真实训系统。

2）THMSRX-3型MES网络型模块式自动化生产线仿真实训系统。

3）THMSRX-5A/5B/5C/5D型ME模块式柔性自动环形生产线仿真实训系统。

7.6.3 智能制造车间一体化方案设计

智能制造车间利用新一代信息技术、信息物理融合，统一由总控站和相关软件进行管理和调度，系统互联自动化的生产，全面提升车间的资源配置优化、操作自动化、实时在线优化、生产管理精细化和智能决策科学化水平，实现生产制造自动化、流程管理数据化、企业信息网络化、智能制造云端化。

1. 系统架构

采用工业以太网总线将实训车间的各组成单元有机地结合在一起，通过远程I/O模块连接现场传感器和执行器，组合成全自动加工、检验、入库的生产流水线，演示从物料自动上料、加工、成品检测到自动入库的流程。

采用基于西门子SINUMERIK OPCUA的网络架构，将数控机床接入互联网（图7-61），实现数控机床数据和文件的网络化管理，包括机床状态（运行、空闲、未准备、故障灯）、主轴负载、功率消耗、主轴倍率、工件计数等，规范车间管理，信息透明，提高效率。

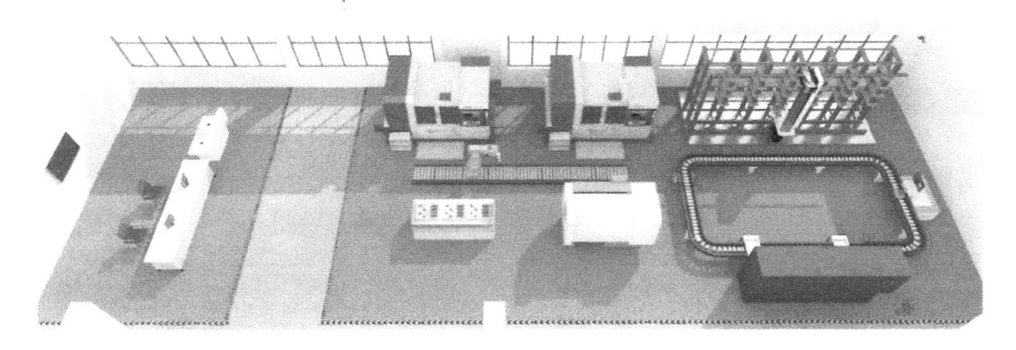

图7-61　数控机床接入互联网示意图

2. 基本组成（图7-62）

1）现场监控中心：包括监视器、总控台、控制计算机等，对实训车间的整个生产流程进行监控。

2）数控加工区：包括若干台数控车床或加工中心、工业机器人、机器人行走机构、上下料输送线、零件中转台等，主要任务是完成原料的自动加工。

3）检测区：包括工业视觉测量系统、RFID读写器和若干传感器等，实现工件的基本状态判别，如表面残缺、基本尺寸测量等，并完成产品标识。

4）清洗烘干区：包括超声波清洗烘干机、工件移动托盘、生产看板等，完成工件表面冲洗及吹干等功能。

5）仓储区：包括巷道式堆垛机、仓储货架、多功能操作台、传送带、RFID系统等，完成成品的出入库及存储。

6）MES（制造执行系统）软件：具备实训车间的生产管理、人员管理、物流管理、设备管理、产品质量管理、设备维护信息等功能。

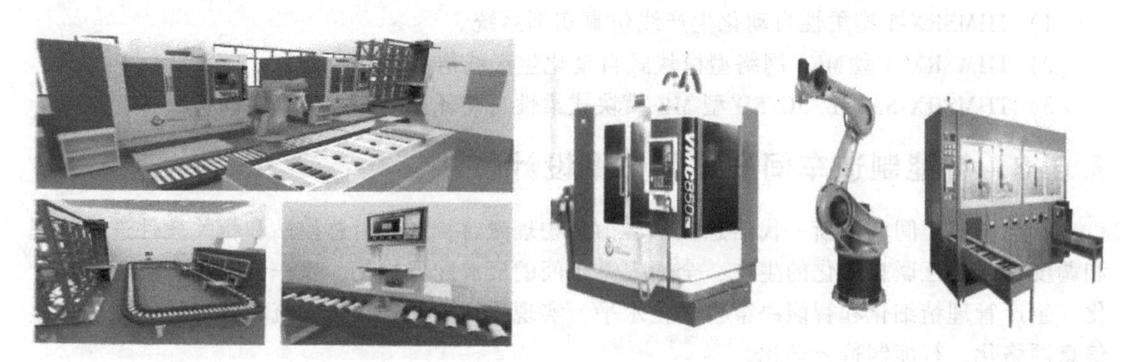

图 7-62 智能制造车间的基本组成

3. 智能制造车间一体化方案设计仿真项目内容

1）THMSZC-1A/1B 型机电一体化柔性生产综合仿真实训系统。

2）THMSCL-1A 型自动检测线仿真实训系统。

3）THMSRZ-1A/1B/1C 型 FMS 智能制造仿真实训系统。

附 录

材料实践课程思政案例

在实验教学过程中，根据相关知识点很自然地融入思政案例，使学生在实践过程中得到启发和教育，增强学生的历史使命感和责任感。

实验教学知识点	思政映射与融入点	学习方法	思政育人目标
金属材料力学性能实验	讲授我国飞机结构寿命可靠性评定理论的创建者——高镇同院士。高镇同院士等老一辈科学家白手起家,开始了我国飞机结构寿命可靠性领域的研究。他的成果指导着我国歼击机、轰炸机、客机、运输机、直升机等20个飞机型号、数千架飞机的定寿和延寿工作,为我国飞机的安全飞行保驾护航 	1)在力学性能测试过程中有机融入相关知识;2)学生课后查阅资料学习	学习高镇同院士报效祖国、服务人民、开拓创新、无私奉献的优秀品德,以及强烈的历史使命感和社会责任感
典型材料的应用和分析实验	讲授黄伯云院士对我国C/C航空制动材料研制所作出的重大贡献,解决了我国航空科技前沿领域的卡脖子技术。其科研团队完成的“高性能C/C航空制动材料制备技术”课题获得国家技术发明一等奖  	1)典型材料的应用与分析实验,有机融入前沿领域的材料知识;2)学生课后查阅资料学习	了解学习当代科学家放弃国外优厚的待遇,回国报效祖国,奋发图强,努力超越世界科技前沿的爱国精神

（续）

实验教学知识点	思政映射与融入点	学习方法	思政育人目标
相关新型复合材料实验	纤维增强金属基复合材料 金属的熔点高，故高强度纤维增强后的金属基复合材料（MMC）可以应用在较高温度的工作环境之下。常用的基体金属材料有铝合金、钛合金和镁合金。作为增强体的连续纤维主要有硼纤维、SiC 和 C 纤维；Al2O3 纤维通常以短纤维的形式用于 MMC 中  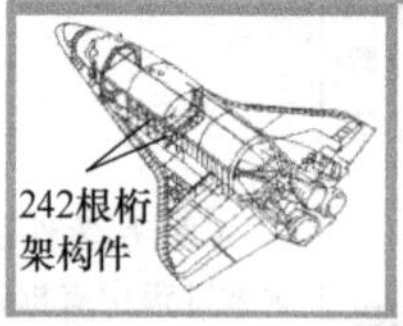 242根桁架构件 航天飞机内MMC (A1/B纤维)桁架	1）新型复合材料的应用与分析（有机融入前沿领域的材料知识），新型材料在航天航空中的应用；2）学生课后查阅资料学习	了解学习国家的尖端技术，致力于航天航空事业，奋发图强，努力超越世界科技前沿
结构钢的种类和应用相关实验	Q345 钢（16Mn）综合性能好，用于船舶、桥梁、车辆等大型钢结构；Q390 钢含 V、Ti、Nb，强度高，用于中等压力的压力容器；Q460 钢含 Mo、B，正火组织为贝氏体，强度高，用于石化中温高压容器   南京长江大桥	1）典型结构钢的应用与分析（有机融入前沿领域的材料知识），以及在工程领域的实际应用；2）学生课后查阅资料学习	了解工程知识，增加工程意识，奋发图强，努力超越世界科技前沿

参 考 文 献

[1] 刘鸿文，吕荣坤. 材料力学实验 [M]. 4版. 北京：高等教育出版社，2017.

[2] 林江. 工程材料及机械制造基础 [M]. 北京：机械工业出版社，2013.

[3] 徐志农. 工程材料实验教程 [M]. 2版. 武汉：华中科技大学出版社，2017.

[4] 王志刚，刘科高. 金属热处理综合实验指导书 [M]. 北京：冶金工业出版社，2012.

[5] 王世刚，王雪峰. 工程训练与创新实践 [M]. 北京：机械工业出版社，2013.

[6] 陶俊，胡玉才. 制造技术实训 [M]. 北京：机械工业出版社，2016.

[7] 周卫民. 工程训练通识教程 [M]. 北京：科学出版社：2013.

[8] 曲宝章，尹志华. 工程实践基础教程 [M]. 北京：机械工业出版社，2016.

[9] 叶辉. 工业机器人典型应用案例精析 [M]. 北京：机械工业出版社，2015.